LOCUS

LOCUS

from

vision

From154
時間的起源：史蒂芬・霍金的最終理論
On the Origin of Time: Stephen Hawking's Final Theory

作者：湯瑪仕・赫托 Thomas Hertog
譯者：余韋達
責任編輯：陳孝溥
封面設計：簡廷昇
校對：關惜玉
內頁排版：宸遠彩藝
印務統籌：大製造股份有限公司

出版者：大塊文化出版股份有限公司
105022 台北市松山區南京東路四段 25 號 11 樓
www.locuspublishing.com
locus@locuspublishing.com
讀者服務專線：0800-006-689
電話：02-87123898
傳真：02-87123897
郵政劃撥帳號：18955675
戶名：大塊文化出版股份有限公司
法律顧問：董安丹律師、顧慕堯律師

總 經 銷：大和書報圖書股份有限公司
新北市新莊區五工五路 2 號
電話：02-89902588
傳真：02-22901658

初版一刷：2024 年 7 月
定價： 650 元
ISBN：978-626-7483-23-7

時間的起源：史蒂芬．霍金的最終理論 / 湯瑪仕．赫托 (Thomas Hertog) 著；余韋達譯．-- 初版．-- 臺北市：大塊文化出版股份有限公司，2024.07
416 面；14.8×21 公分．-- (From；154)

譯自：On the origin of time：Stephen Hawking's final theory
ISBN 978-626-7483-23-7(平裝)

1. 霍金 (Hawking, Stephen, 1942-2018)　2. 宇宙　3. 宇宙論

323.9　　113008488

湯瑪仕・赫托 著

余韋達 譯

史蒂芬・霍金的最終理論
時間的起源

THOMAS HERTOG

ON THE ORIGIN OF TIME

STEPHEN HAWKING'S FINAL THEORY

獻給娜塔莉

對起源的疑問
深藏在疑問的起源當中。

—雅克敏（François Jacqmin）

作者的話

我與史蒂芬在過去二十年間的無數對話，
都如實且精確地編排到本書的敘事裡。
若史蒂芬說的話曾以某種形式出版，
我也會在備註加註。

目錄

前言

史蒂芬・霍金的辦公室有扇橄欖綠色的門，儘管辦公室位在熱鬧的公共活動室旁，史蒂芬卻喜歡讓門微微敞開。我敲了敲門走入房間，卻感覺像被傳送到不受時間影響的沉思世界裡。

我看到史蒂芬靜靜地坐在他的書桌後面，臉朝著入口，他的頭因為太重難以豎直，便靠在他的輪椅頭枕上。他緩緩舉目，以親切的微笑向我打招呼，好像他早就預料到我的到來。他的護士讓我坐在他旁邊，我瞥了一眼他桌上的電腦。螢幕保護程式有段文字持續捲動：**大膽走向《星艦迷航記》**（*Star Trek*）**不敢踏足的地方**。

那是一九九八年的六月中旬，我們人在劍橋大學著名的應用數學與理論物理系（DAMTP, Department of Applied Mathematics and Theoretical Physics）的迷宮深處。DAMTP位於康河畔舊印刷廠一棟年代久遠的維多利亞式建築裡，近三十年來，這裡一直是史蒂芬的基地，是他科學研究的重心。在此處，他就坐在輪椅上，即便連根手指都無法舉起，卻懷著熱情奮力以他的意志去彎曲這個宇宙。

史蒂芬的同事圖羅克（Neil Turok）告訴我說，史蒂芬想見我。圖羅克精采絕倫的課程，在最近激起我對宇宙學的興趣，這門課也是DAMTP著名的高等數學學位課程之一。史蒂芬似乎聽說我的課堂表現很優秀，所以想看看我夠不夠格成為他門下的優秀博士候選人。

史蒂芬那個塞滿書本和學術論文、布滿灰塵的舊辦公室讓我感到愜意。辦公室有著很高的天花板和一扇大窗戶，我後來才發現，即便在冷冽的冬天，他也會把窗戶敞開。門邊的牆上掛著夢露（Marilyn Monroe）的照片；下面放著一張裱框的簽名照，照片中霍金和愛因斯坦（Albert Einstein）以及牛頓（Isaac Newton）在**企業號**的全像甲板（holodeck）上打撲克牌。我

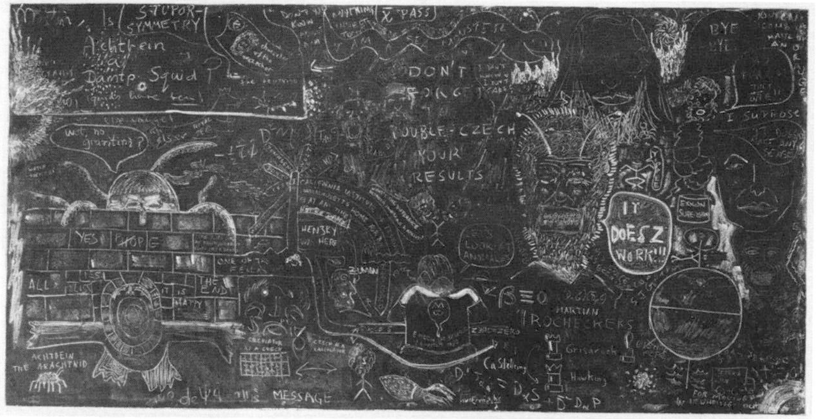

圖 1　這塊黑板掛在史蒂芬．霍金位於劍橋大學的辦公室裡，是他於一九八〇年六月召開一場超重力研討會的紀念品。黑板上頭畫滿著塗鴉、繪圖和方程式，它既是某種藝術作品，也能從中瞥見理論物理學家腦袋中的抽象宇宙。黑板的正下方畫了個背對著我們的霍金。[1]（彩色版本請見彩頁的圖 10）。

們右邊的牆上有兩塊寫滿數學符號的黑板。在其中一塊黑板可以看到尼爾和史蒂芬所寫下，他們近期對於宇宙起源理論的計算過程，而第二塊黑板上的繪圖和公式似乎可以追溯到一九八〇年代初期。這些會不會就是他最後的潦草手稿呢？

有個輕柔的喀喀聲打破沉默。史蒂芬開始說話了。十多年前的一場肺炎，使他接受氣管切開手術而失去自然說話的聲音，現在他通過無形的電腦語音溝通。這個過程非常緩慢且費力。

他使出已萎縮肌肉中的最後一絲力氣，用微弱的力量點擊精心放在他右手掌中、一個像是電腦滑鼠的裝置。安裝在輪椅其中一支扶手的螢幕亮了起來，在他的心智與外在世界間建立一條看不見的生命線。

史蒂芬使用一套內建詞庫和語音合成器的電腦程式，名為「等化器」（Equalizer）。他看似可以很直覺地運用「等化器」的數位詞彙庫，並帶著韻律感按出喀喀聲，彷彿裝置在隨著他的腦波跳舞。螢幕上有個選單列出許多常用的單字與字母表。這程式的資料庫還內建理論物理的術語，也能預測他下一個字要打什麼，並在選單的最下方顯示五個選項。不幸的是，選字系統以一套初階的搜尋演算法為基礎，它無法區分日常對話和理論物理學，有時會出現如「宇宙微波燴飯」與「額外的性別維度」的笑話。

在螢幕的選單下方出現一行文字，**安得烈宣稱**。我靜靜等待，心中充滿期待，熱切希望我能理解接下來的內容。過了一兩分鐘後，史蒂芬將游標指向螢幕左上角的「說話」圖示，並用他的電子語音說，**安得烈宣稱世界上有無窮多個宇宙。這實在太荒謬了**。

各位讀者，這就是史蒂芬的開場白。

安得烈是知名的俄裔美籍宇宙學家林德（Andrei Linde），他是一九八〇年代初提出宇宙暴脹理論（cosmological theory of inflation）的科學家之一。這個理論改進大霹靂理論（big bang theory），假設宇宙起源於一次短暫的超快速擴張——暴脹。林德後來從他的理論得出誇張的延伸性構想，認為這次暴脹產生出不止一個，而是多個的宇宙。

過去，我曾將宇宙視為世界的一切，但這一切到底有多大呢？在林德的構想裡，我們一直稱為「宇宙」（universe）的，只不過是無數個「多重宇宙」（multiverse）裡的極小部分。他將宇宙想像成一個不斷擴張的龐大空間，裡面有著無數個迥異的宇宙，而且每個宇宙之間都隔得很遠，就像位於一片不斷膨脹汪洋之中的各座島嶼。為此，宇宙學家得面對很大的變化，而當中最具冒險性格的史蒂芬，早已注意到了這件事。

為什麼要去煩惱其他的宇宙？我問他。

史蒂芬的答案相當難以理解。**因為根據觀察結果，宇宙似乎經過設計**，然後，他繼續敲擊裝置說，**為什麼宇宙是現在的模樣？我們為什麼在這裡**？

我的物理老師從未用這樣形上學的詞彙談論過物理學和宇宙學。

「這難道不是個哲學問題嗎？」我嘗試問道。

「哲學已死。」史蒂芬說，眼睛閃著光芒，準備展開辯論。可我還沒做足準備，但我不禁想著，像史蒂芬這樣棄絕哲學的人，在研究中運用哲學的方式卻反而很自由且很有創意。

史蒂芬有著特殊的氣場，僅僅透過一個小動作，就能為我們的對話注入豐富的生命力。他所散發出的魅力與風采是很罕見的。他那開懷的笑容與表情豐富的臉孔，既溫暖又俏皮，就連他機械化的聲音也因而聽起來很有個人特色，讓我想要更深入探索他沉吟的宇宙奧祕。

就像德爾菲神諭一樣，他掌握了用寥寥數語概括長篇大論的藝術。這最終形成一種思考與討論物理學的獨特方式；正如我接下來將會描述的，這也是種嶄新的物理學。但這樣的簡潔也代表著，即使是一個小小的敲擊失誤，像是少打一個字——譬如少打「沒有、不是」（not）——就可能會（其實常常）帶來挫折與混亂。不過，那天下午，我並不介意陷入這種混亂之中，甚至很欣慰能在史蒂芬瀏覽「等化器」的過程中，得到時間去思考我的回答。

我明白史蒂芬所謂「宇宙似乎經過設計」的意思，他的觀察結果指的是，在經過那般暴烈的開端過後，宇宙卻能藉由巧妙的配置，讓生命生活於其中——即便在是數十億年後的未來。這個看似理所當然的事實，卻用不同方式困擾著數個世紀的思想家，因為這感覺是個重大的安排。就彷佛生命和宇宙的起源糾纏不清，而宇宙一直都很清楚，總有一天自己會成為我們的家園。我們應該如何理解這個意圖所顯現出的神祕現象？這是人類對於宇宙的核心問題之一，史蒂芬深知宇宙學理論對此能有所斬獲。解開宇宙設計之謎的願景或希望，確實是驅使他著手大部分研究的動力。

這個議題非同小可。多數的物理學家都傾向避開這些困難的、看似哲學性的問題，或相信總有一天我們會發現到，宇宙結構的精心設計，是依循著萬有理論核心中的優雅數學理論而生。如果真是如此，那麼看似經過設計的宇宙，似乎就只是幸運的意外，是客觀、無人介入的自然定律所產生的偶然結果。

但是史蒂芬和安得烈都不是一般的物理學家。他們不願意押注在抽象數學的優美上，他們認為能孕育生命的宇宙有著不尋常的巧妙配置，且這個配置碰觸到關乎物理學本質的重大難題。他們不甘願只是直接套用自然定律，而想追求更全面、甚至能夠質疑定律起源的物理學觀點。這個精神促使他們去研究大霹靂，因為宇宙的有序設計，大概就是在宇宙誕生之際就規劃完成。但對於宇宙誕生的理論，史蒂芬和安得烈的觀點大相逕庭。

安得烈的構想是，宇宙是個龐大、不斷膨脹的空間，在這個空間中會不斷出現產生新宇宙的大霹靂，每一個宇宙都有自己的物理特性，就像是局部宇宙的天氣一般。他主張，我們不應該對自己身處在一個適合生命發展的稀有宇宙感到驚訝，因為很顯然的，我們也不可能處在任何一個生命無法發展的宇宙中。林德的多重宇宙理論認為，因為我們對宇宙的理解有限，才讓我們抱持著宇宙背後有著偉大設計的幻覺。

史蒂芬則主張，林德所謂從單一宇宙到多重宇宙的宏大宇宙觀，只是個無法解釋任何事情的形上學幻想（雖然我感覺他無法完全證明這論點）。儘管世界上最卓越的宇宙學家對這些基本問題有著明顯的分歧，卻仍以如此堅定的信念進行辯論，我對此感到很有趣且興奮。

我大膽提問：**林德是不是援引人擇原理**（anthropic principle），**以人類存在的現況，從多重宇宙中選出利於生命的宇宙？**

史蒂芬的眼睛轉向了我，嘴巴微張，我對這表情感到困惑。後來我才明白，這表情代表他不認同。當他意識到我對於他與熟人使用的這種非語言溝通方式還不熟悉後，他把眼睛轉回螢幕，開始輸入一個全新的句子。事實上，是兩個句子。

人擇原理是一種自暴自棄的手段，他寫道，隨著他敲出的字越多，我也越感困惑，**這概念否定了人類能基於科學途徑來理解宇宙基礎秩序的希望**。嗯，還真是讓人驚訝。我讀過《時間簡史》（*A Brief History of Time*），所以我知道早期的霍金曾屢次試著將人擇原理納入解釋宇宙的一部分。有著宇宙學家靈魂的史蒂芬，很早就意識到大規模的物理特性與生命的存在之間，有著驚人的關聯。早在一九七〇年代初期，他曾提出一套人擇理論論述（後來被證實有誤），用來解釋為什麼在空間中的三個維度上，宇宙擴張的速度皆一致。[2]難道他改變心意，不再覺得人擇理論的論述適合用在宇宙學中？

當史蒂芬為了清理氣管稍作休息時，我在他的辦公室四處瞧瞧。我們左側牆面有道橫越整面牆的架子，上頭堆滿各種語言的《時間簡史》譯本。我想知道還有哪些書裡面的概念是他不再認同的。我注意到在這些《時間簡史》旁，他過往研究生的博士論文一字排開。一九七〇年代初以降，史蒂芬在劍橋大學建立著名的思想學派，總是有一小群研究生和博士後研究員來來去去。

他們論文的主題涉及幾個在二十世紀末，物理學界努力想解開的最艱深問題。從一九八〇年代起，就有惠特（Brian Whitt）的〈引力：一個量子理論？〉（“Gravity: A Quantum Theory?”）以及拉夫拉姆（Raymond Laflamme）的〈時間與量子宇宙學〉（“Time and Quantum Cosmology”）。道克（Fay Dowker）的〈時空蟲洞與自然常數〉（“Spacetime Wormholes and the Constants of Nature”）把我帶回一九九〇年代初期，當時史蒂芬和他的同事們認為蟲洞——空間之中的幾何橋樑——影響了基本粒子的特性。史蒂芬的朋友索恩（Kip Thorne）後來在電影《星際效應》（*Interstellar*）中，用蟲洞將庫珀（Cooper）

帶回太陽系。在費伊的右邊是泰勒（Marika Taylor）的〈M理論中的問題〉（“Problems in M Theory”），她是史蒂芬最新的門生。在第二次弦論革命期間，馬里卡開始跟著史蒂芬研究，當時這個理論演變成規模更大的所謂「M理論」，而史蒂芬也終於開始對這個理論有所興趣。

書架的最左側有兩本綠色厚書封的舊書《宇宙膨脹的性質》（*Properties of Expanding Universes*）。這本是史蒂芬的博士論文。在一九六〇年代中期，貝爾實驗室大型的霍姆德爾喇叭天線首次偵測到來自大霹靂的微弱微波輻射訊號。史蒂芬在他的論文中證明，若愛因斯坦的引力理論是正確的，那麼這些訊號就代表了時間必然有個起始點。但這跟剛才討論到安得烈的多重宇宙理論要如何同時成立呢？

很快地，我在史蒂芬著作的右側看到吉伯森（Gary Gibbons）的《重力輻射與重力塌縮》（*Gravitational Radiation and Gravitational Collapse*）。吉伯森是史蒂芬指導的第一位博士生。一九七〇年代前期，美國物理學家韋伯（Joe Weber）宣稱他經常探測到傳自銀河系中心的重力波訊號。他所回報的重力輻射強度極高；在此條件下，銀河系散失質量的速度將使得銀河系無法永續存在——若真如此，銀河系將在短期內消失。史蒂芬和蓋瑞受到這個悖論所吸引，曾考慮在DAMTP地下室裡建造他們自己的重力波偵測器。幸好他們沒有付諸行動；這些重力波的謠言後來被證明有誤，需要再過四十年，雷射干涉引力波天文台（LIGO, the Laser Interferometer Gravitational-Wave Observatory）才終於成功地偵測到這些難以捉摸的波動。

史蒂芬通常每年會找一名博士生，跟他共同投入一項高風險但高報酬的研究，像是研究黑洞——視界之外的塌縮恆星——或是大霹靂。他會輪流安排，讓一位學生研究黑洞，下一位則研究大霹靂，這樣他麾下的博士生就隨時都有人投入在他兩個主要的研究方向。他會這麼做是因為，他認為黑洞跟大霹靂就像是太極的陰陽——史蒂芬對大霹靂的許多關鍵洞察都可以追溯到他之前在黑洞研究時發展出的想法。

在黑洞內部與大霹靂當下，引力的宏觀世界會完全與原子和粒子的微觀世界融合在一起。在這極端的條件下，愛因斯坦的廣義相對論和量子理論最好能相互彌合，只可惜事與願違，而這往往被視為物理學中最大的未解難題之一。舉例來說，這兩項理論對因果關係和決定論有著截然不同的看法。愛因斯坦的理論遵循牛頓和拉普拉斯（Pierre-Simon Laplace）的傳統決定論，而量子理論的基本組成就包含不確定性與隨機性，且只保留了弱化的決定論——大約只有拉普拉斯所認為的一半。多年來，史蒂芬的重力研究團隊（包含已畢業的成員）是世界上對這議題研究最深的團隊，揭開深層的概念性問題，這類問題將在試圖融合這兩個原則看似矛盾的物理理論於同一個協調框架時出現。

與此同時，史蒂芬已經「整理好了」（照他的護士的說法），並再次開始敲擊。（我們那天下午的對話遇到了第二次暫停，史蒂芬出現在《辛普森家庭》影集的預告中，他被要求審核這個預告）。

我希望你和我一起研究大霹靂的量子理論……

顯然地，我輪到大霹靂的年度。

……**一起整理多重宇宙**。他抬頭看著我，張大嘴微笑，眼睛再次閃爍。就是這樣。不以哲學式的探索或訴諸人擇原理，而是透過把量子理論更深地融入多重宇宙研究，我們才能掌握多重宇宙。從他的語氣聽起來，這問題好像只是普通的家庭作業，而且雖然我從他的表情看得出我們已經開始動工了，但我對於「霍金號太空船」要航向何方一無所知。

我要死了……（*I am dying*）這串文字出現在螢幕上。

我呆住。我瞥向在辦公室角落安靜閱讀的護士。我回頭看著史蒂芬，就我看來他看似乎沒啥問題，他繼續敲擊。

我……**想**……**要**……**杯**……**茶**，**想得要命**（*...for... a...cup...of...tea.*）

我們人在英國，那時下午四點。

單一宇宙還是多重宇宙？有設計（**者**）**存在嗎**？這個重大問題讓我們忙了二十年。一個家庭作業的題目帶出另一個題目；很快地，我和史蒂芬就發現我們身處二十一世紀上半葉，理論物理最熱議的主題之一。幾乎每個人都對多重宇宙都有看法，但沒有人真正明白該如何解釋。最初，這只是他指導我的博士論文題目，後來卻演變很美妙的緊密合作，直到二〇一八年三月十四日史蒂芬逝世才畫下句點。

我們的研究追尋的不僅僅是大霹靂本身——這個關於「存在」的核心謎團——還有自然定律更深層的意義。最後，宇宙學研究會發現哪些關於這世界的事？**人類**在其中又扮演怎樣的角色？這些思考把物理學帶離既有的舒適圈。但這正是史蒂芬喜歡涉足的領域，經過數十年潛心研究宇宙學之後，他所鍛鍊出來的超凡直覺如神諭般準確。

年輕的霍金就跟許多學界前輩一樣，將物理的基本定理視為永恆不變的真理。「如果我們真的找到一個完整的理論……我們就會真正瞭解上帝的心意。」他在《時間簡史》一書中寫道。然而，十多年後，當我們第一次碰面時——在林德多重宇宙理論的陰影籠罩之下——我感覺到他對這論點有所動搖。在大霹靂這個時間起源的當下，物理學真的提供這個世界超凡的運作基礎嗎？我們真的需要這樣的基礎嗎？

我們很快就發現，理論物理界的理論化的程度已經偏離現實太遠。當我們追溯到宇宙最初的時刻時，會遇到更深奧的演化；在那個狀態，物理定律本身也在變動與演化。物理定律在太古宇宙階段的變化，就像是達爾文演化論中的隨機變異和天擇一樣，此時粒子的種類、力，甚至時間（我們將會討論到）也會逐漸消失在大霹靂中。更進一步來說，我和史蒂芬認為大霹靂不僅是時間的起點，也是物理定理的起源。我們的天體演化學（cosmogony）的核心，是關於初始狀態的新物理理論，我們也漸漸意識到，這個理論同時包括了理論的源起。

與史蒂芬共事不僅僅是趟通往時空邊境的旅程，也能深入探索他的心靈——瞭解到史蒂芬的特質從何而來。共同探索的經歷讓我們變得親近。他是個真正的探索者。他的決心、以及認為我們能解決令人困惑的宇宙問題的知識樂觀主義，也感染到身邊的每個人。史蒂芬讓我們感覺就像在寫自己的創世故事，從某個意義上來說，確實也是如此。

而且物理學很有趣！跟史蒂芬在一起，你永遠分不清楚上班時間跟下班派對的分野。他對生活的熱愛以及冒險的精神，就跟他對知識的迷戀一樣深厚。二〇〇七年四月，史蒂芬六十五歲生日的幾個月後，他搭上一班經特殊改裝的波音727，進行零重力飛行，他將這趟飛行視為太空旅行的序曲；而他的醫生則對他搭乘歐洲之星穿過英吉利海峽來到比利時找我感到恐慌。

與此同時，雖然他再也發不出聲音，甚至連手指也移動不了，但他仍然成為我們這世代最偉大的科學傳播者。他深感我們人類是這個橫亙天地的偉大計畫的一部分，而這個計畫正等著我們解開，他為此與全球觀眾分享他探索的喜悅。在我們共事的中期，他寫了《大設計》（*The Grand Design*）這本書，本書呈現出我們當時的困惑。史蒂芬在書中堅持人擇原理、多重宇宙、終極「萬有理論」的想法，甚至討論到這理論如何與上帝創造的宇宙競爭。但《大設計》也蘊含了我們幾年後建構新宇宙典範的初步軌跡。就在他去世之前不久，史蒂芬告訴我，是時候寫本新書了。而本書就是那本新書。在接下來的幾章裡，我會寫下我們重返並進入大霹靂的旅程，以及這趟旅程到最後如何讓霍金放棄多重宇宙的觀點，改用驚奇的新視角來思考時間起源；這個視角在精神與本質上都深具達爾文主義的色彩，並提供對偉大宇宙設計的全新理解。

美國物理學家哈妥（Jim Hartle）經常加入我們的研究過程，他是史蒂芬的長期夥伴，早在一九八〇年代初期，兩人就共同開創出量子宇宙學領域。這些年來，他們倆習得透過「量子鏡片」審視宇宙的真本領，甚至連他們使用的語言都能體現他們的量子思維，彷彿他們的神經迴路也與眾不同。例如，當大多數的宇宙學家談到「宇宙」時，通常是指我們周圍的星星、星系，以及廣闊的空間。但當吉姆或史蒂芬談到「宇宙」時，他們指的是充滿不確定性的抽象**量子**宇宙：所有歷史的可能性都以某種疊加態（superposition）存在。但正是他們全面落實的量子觀點，最終讓達爾文演化論般的革命有可能發生在宇宙學界。後期的霍金認真看待量子理論（真的是非常認真），並決定採用這個理論去思考在超大尺度上的宇宙。直到史蒂芬生命的最後一刻，他仍一直待在量子宇宙學的研究前沿。

當我們共事一段時間後，他的手失去了最後一絲用敲擊裝置對話的力量，史蒂芬轉而使用安裝在他眼鏡上、藉由輕微抽動臉部肌肉啟動的紅外線感應器與外界溝通；到後來，就連這方式也變得越來越困難。他的說話速度變慢了，從每分鐘幾個字減少到每個字需要幾分鐘；在最終幾乎歸零之前，人們卻越來越想聽他發表意見。[3]這裡有位全球最著名的科學傳教士，但他卻無法說話。即使如此，史蒂芬也不輕言放棄，多年的密切合作讓我們建立深厚的智識聯結，我們越來越不仰賴言語溝通。我會忽略「等化器」、感應器、敲擊器，站在他面前讓他能清楚看見我，透過不斷提問來探索他的心智。當我的論點與他的直覺相符時，史蒂芬就會眼睛一亮。我們接著會透過這樣的聯結為基礎，在我們多年來所建立起的共同語言和相互理解之中航行並開拓。正是從這些「對話」中，霍金對宇宙的最終理論緩慢但穩定地萌生。

無論我們喜歡與否，形而上的考量在某些科學的轉折點會成為關鍵。在這樣的交叉路口，我們深刻體悟到的不僅是自然界的運作方式、怎樣的條件讓我們的科學實作可行且有價值、以及我們的發現可能孕育出的世界觀。物理學家想要理解「為什麼宇宙對生命來說恰到好處」，而這個探索把我們帶到了這個關鍵轉折點。這項追求的核心，是個遠大於科學的人文問題。這關乎到**我們**的起源。在史蒂芬對宇宙的最終理論中，也涵蓋某項極其深刻的反思：在這個利於生命的宇宙中，人類身為地球管家，可能具備著怎樣的意義。光是這個原因，就可能終將讓他的最終理論成為他最偉大的科學遺產。

第一章 悖論

即使是最大的望遠鏡接目鏡，也不可能比人眼大；這其中可能有著奇妙的關聯。
——路德維希・維根斯坦（Ludwig Wittgenstein）
《文化與價值》（*Vermischte Bemerkungen*）

一九九〇年代末期，是這個宇宙學不斷有新發現的黃金十年的頂峰。宇宙學這門敢於研究宇宙整體的起源、演進與命運的學科，長久以來被視為是個充滿無限狂想的領域，終於在此刻步入成年。從先進的人造衛星和地表儀器所得到的驚人觀測結果，使世界各地的科學家感到興奮不已，我們也從中對宇宙有了前所未有的認識。那就好像宇宙在和我們說話一樣。此外，理論家也要面臨嚴峻的現實考驗，他們被要求收斂推測過程、充實模型的預測結果。

我們在宇宙學裡發現過去。宇宙學家就像是時空旅人，而望遠鏡則是他們的時間機器。當我們凝望深空時，我們也看到遙遠的過去，因為來自遙遠星體和星系的光，需要耗費數百萬年甚至數十億年才能抵達我們這邊。早在一九二七年，比利時的神父暨天文學家勒梅特（Georges Lemaître）就預測，若考量時間尺度的漫長，那麼空間必是在擴張。但直到九〇年代，先進的望遠鏡技術才讓我們有能力去追溯宇宙擴張的歷史。

這段歷史有些意外的發現。例如在一九九八年，天文學家發現到，在大約五十億年前，空間擴張的速度提升，然而，所有已知形式的物質都會相互吸引，照理來說，擴張的速度應該會減緩。從那時開始，物理學家一直在思考這般奇異的宇宙加速擴張，是否是受到愛因斯坦提出的宇宙常數所驅使：這是種使引力產生排斥力而非吸引力，無形、與以太相似的黑暗能量。一位天文學家開玩笑說，宇宙就像是洛杉磯：三分之一是物質，三分之二是能量。

如果宇宙現在仍在擴張，那麼過去的宇宙一定是更為壓縮的。如果你倒轉宇宙的歷史（當然，這只是種數學上的行為），你會發現所有的物質曾經非常緊密地聚在一起，而且溫度非常高，因為當物質被擠壓的時候，會升溫且發出輻射。這種原始狀態被稱為**熱大霹靂**。在九〇年代的黃金十年之後，天文觀測的結果已經得出宇宙的年齡——自大霹靂以來經過的時間——為一百三十八億年，誤差範圍在兩千年以內。

出於對宇宙誕生的好奇，歐洲太空總署（European Space Agency, ESA）於二〇〇九年五月發射了一顆人造衛星，以完成有史以來最詳細、最雄心勃勃的掃描夜空計畫。這項計畫的研究標的是大爆炸遺留下來的熱輻射中令人困惑的規律閃爍。這些熱輻射從創生至今，已在擴張的宇宙中穿梭一百三十八億年，抵達我們這裡時已經冷卻：溫度為2.725K，或約攝氏負二百七十度。這個溫度下的輻射主要落在電磁波譜的微波帶，因此這些遺留下來的熱輻射，被稱為**宇宙微波背景輻射**（cosmic microwave background radiation）或簡稱為CMB輻射。

歐洲太空總署這項捕捉上古

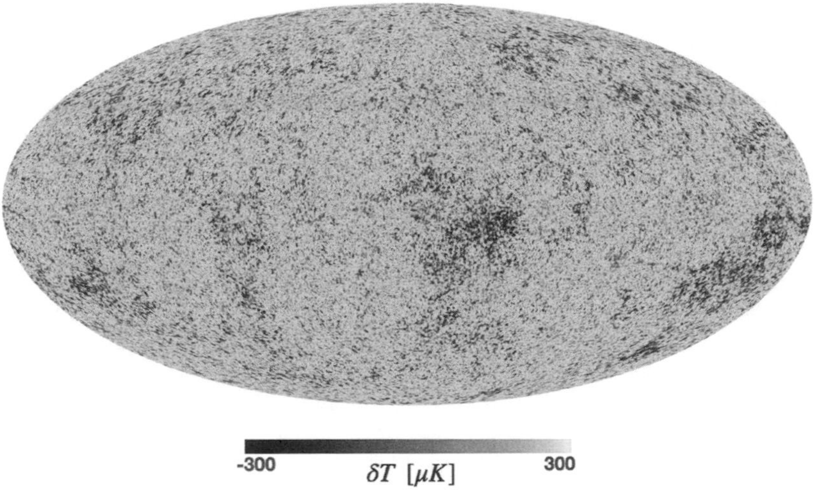

圖2　由歐洲太空總署的普朗克衛星拍攝的熱大霹靂餘暉全天圖，這個衛星是以量子研究先驅馬克斯．普朗克（Max Planck）命名。圖片中不同灰度的點代表遠古宇宙微波背景輻射，從不同方向抵達我們時的微小溫度差異。乍看之下，這些溫度變化看似隨機，但若仔細研究後會發現，地圖上不同區域之間存在著相互連結的線索。藉由研究這些資料，宇宙學家可以重建宇宙的擴張歷史、構想星系形成的模型，甚至預測星系的未來。

熱輻射的研究，在二〇一三年有了重大進展，當時一張像是點彩畫派作品的奇特點狀圖，登上了世界各大報紙的頭版。這張圖片（請見圖2）是整體天空的投影圖，由幾百萬個充滿精緻細節的像素所構成，這些像素代表的是空間不同方向所遺留下來的宇宙微波背景輻射溫度。這個對CMB輻射的詳細觀察結果，是大霹靂後僅三十八萬年的宇宙狀態快照，此時的宇宙已經降溫到幾千度。這個溫度低到讓原始輻射擺脫束縛，自那時起便毫無阻礙地在宇宙間穿梭。

CMB的全天圖證實，這些大霹靂遺留下來的熱量在空間中幾乎均勻分布，雖然未臻完美。圖片中的每個點代表極微小的溫度差異，每個亮點的差異只有攝氏百萬分之一度而已。然而，我們能從這些微小的差異中找出未來形成星系的可能，因此，這些差異無論多渺小都至關重要。如果熱大霹靂讓各處的溫度完全均勻，今日就不會有任何星系存在。

這張遠古CMB的快照也標識出人類的宇宙視界：我們無法看得更遠了。但我們可以從宇宙理論中獲得一些線索，理解在這張圖片呈現的時間以前，可能發生了哪些事情。就像是古生物學家可以透過化石理解地球過去的樣貌一樣，宇宙學家也可以透過解讀這些「閃光化石」的閃爍型態，拼湊出這張遠古熱量圖被印在天空之前，宇宙可能發生的事情。這研究途徑也把CMB變成一塊宇宙的羅塞塔石碑，我們能藉此追溯宇宙的歷史，最遠可能追溯到宇宙誕生後的那瞬間。

我們從中得出的知識相當驚人。正如我們將在第四章看到的，CMB輻射的溫度差異顯示出，宇宙最初擴張得非常快，後來開始放慢，並在最近（大約在五十億年前）再次加速。從極大的時間和空間尺度來看，擴張速度放慢似乎是個例外，而非常規。這是宇宙看似偶然的其中一個利於生命的特性，因為只有在擴張放慢的宇宙，物質才會相互聚集並形成許多星系。若不是因為宇宙擴張速度曾經近乎停止，今天就不會有任何星系與恆星存在，更別說生命了。

事實上，在人類存在的條件悄悄被納入現代宇宙學思想的最初階段，宇宙擴張的歷史就已經是核心問題之一。那是一九三〇年代初期，當時勒梅特在他的紫色筆記本畫下非凡的草圖，他在之中提到所謂「猶豫」的宇宙：一個與七十年後的觀測結果*吻合、擴張速度忽快忽慢的宇宙。（見彩頁，圖3）勒梅特考量到宇宙的宜居性後，接受了擴張速度長期放慢的想法。他從周邊星系的天文觀測結果得知，宇宙近期的擴張速度很快。但當他以近期的擴張速率去回溯宇宙演化的歷程時，他發現到這個速率下，所有的星系在十億年前就會交疊在一起。這顯然是不可能的，因為地球跟太陽的年紀比這個數字大得多。為了避

---

* 勒梅特經常會在筆記本的一側寫下對科學的見解，而在另一側記下心靈的反思，並在中間留下幾頁空白，彷彿是為了避免不必要地將科學和宗教混在一起。

免宇宙歷史與我們太陽系歷史之間存在顯著矛盾，他設想出一個擴張非常緩慢的中間時期，能為恆星、行星和生命提供足夠的時間發展。

在勒梅特的開創性研究出現後的幾十年裡，物理學家持續發現更多這種「幸運的巧合」。幾乎只要對任何一個基本物理性質做出微小的改變，小至改變原子和分子的反應方式，大至改變宇宙的結構，宇宙的宜居性都會岌岌可危。

以形塑、主宰著大尺度宇宙的引力為例。引力極其微弱，僅需地球的質量就能使我們的雙腳緊靠地面；但如果引力變強，恆星會變得更亮，壽命也會因此大幅縮短，這麼一來，就沒有足夠的時間讓複雜的生命體出現在繞著恆星公轉的行星上。

或者去思考大霹靂輻射的微小溫度差異，這些差異只有攝氏十萬分之一度。如果溫度差異變得稍大一些，譬如說攝氏萬分之一度，那麼大多數宇宙中的結構體就會演變成巨大的黑洞，而非擁有許多恆星的宜居星系。相反地，如果差異變小——無論是百萬分之一度或更小——也將不會有任何星系出現。熱大霹靂可說是恰到好處。不管怎麼看，大霹靂讓宇宙走上一條極其「利於生命」的軌跡，但要到數十億年後才開花結果。為什麼？

還有很多類似這種幸運宇宙巧合的案例。像是，我們生活在一個大型三維空間的宇宙裡。三維空間有什麼特殊之處呢？有的。光是再增加一個空間維度，就會讓原子和行星的軌道變得不穩定。地球將旋轉朝著太陽衝去，而非繞著穩定的軌道公轉。有著五個甚至更多空間維度的宇宙問題更多。但如圖3所示，只有兩個空間維度的世界，可能無法提供足夠空間使複雜系統運作。三維空間似乎對生命剛剛好。

此外，這般利於生命的不尋常現象，還延伸到宇宙中的化學性質，這些性質受到基本粒子的性質和交互作用力所影響。舉例來說，中子比質子稍微重一點。中子與質子的質量比是1:1.0014。如果情況顛倒過來，那麼在大霹靂沒多久後，宇宙中的所有質子就都會衰變成中子。若沒有質子，就不會有原子核，也就不會存在原子跟化學性質。

另一個例子是恆星如何製造碳。就我們所知，碳是生命不可或缺的元素。但碳不是一開始就存在宇宙中，而是經由恆星內部的核融合過程產生。一九五〇年代，英國宇宙學家佛萊德·霍伊爾（Fred Hoyle）指出，恆星之所以有辦法將氦合成為碳，必須仰賴（將核子結合在一起的）強核力和電磁力之間的微妙平衡。如果強核力稍微強或弱一點——就算只有幾個百分比——結合核子所需的能量就會改變，影響到

圖3　在只有兩個空間維度的宇宙中，似乎很難形成生命，更別說要維持生命。常見的狩獵與進食的機制都不適用於二維空間。

碳的融合，最終影響到碳基生命的形成。霍伊爾覺得這現象太奇怪了，他說宇宙看起來像是一個「設好的局」，彷彿「存在某個擅長操弄物理學，以及化學和生物學的超級智慧體」。[1]

但所有利於生命的巧妙配置中，最讓人最目眩神迷的是暗能量（dark energy）。我們所測得的暗能量密度極小——是多數物理學家所認定的自然單位（natural value）的10^{-123}倍。然而，正是因為暗能量如此小，宇宙才能在暗能量蓄積足夠力量加速膨脹之前，「猶豫」了約八十億年。早在一九八七年，史蒂芬·溫伯格（Steven Weinberg）就指出，如果暗能量的密度稍大一些——如自然單位的10^{-121}倍——那麼暗能量的斥力就會變強，因而更早發揮作用，也再一次關上在宇宙內形成星系的機會窗口。[2]

總之，正如史蒂芬在我們首次對話中所強調的，宇宙似乎以某種方式被設計為能夠維持生命的存在。在這樣的脈絡下，知名的作家和理論物理學家保羅·戴維斯（Paul Davies）提出宇宙的金髮女孩因素（Goldilocks factor）：「就像金髮女孩與三隻熊這個故事裡的那碗粥一樣，在許多層面上，宇宙似乎都非常驚人地『剛好』適合生命發展。」[3]雖然這不必然代表宇宙應該存在許多生命，但讓宇宙宜居的巧妙配置結果，絕不只是膚淺的世界特質，而是深深地銘刻在物理定律的數學形式中。一系列粒子的各別質量和性質、支配粒子交互作用的力量，甚至是宇宙的整體構成——所有種種看似都是為了支持某種形式的生命而量身打造的——也體現出物理學家稱之為「自然定律」這個數學關係的特質。因此，宇宙學的設計之謎就是：基本物理定律似乎是專門為了讓生命誕生而規劃的。就好像有個運作中的祕密計畫，把我們的存在與宇宙運行的基本定理給緊密地編織在一起。這看起來很不可思議。確實是如此！到底是怎樣的計畫呢？

首先我要強調，對理論物理學家來說，這是一個非常不尋常的謎題。物理學家通常會使用自然界的定律描述某個現象或預測實驗結果。他們也試圖類化既有的定理，將更多元的自然現象都含括在內。但這些關於設計的問題，帶領我們走上一條截然不同的道路。這些問題促使我們思考自然定理的深層意義，以及如何將人類納入這套定理。現代宇宙學讓人興奮的地方在於，它提供一個科學架構，我們有望藉此解釋種種謎團中最困難的那個；宇宙學是「人類本身也是待解謎團的一部分」的物理學領域。

在歷史上，世界明顯經過設計的觀點，被用來證明自然定理背後存在著潛在目的（purpose）。這種觀點最早可以追溯到亞里斯多德（Aristotle），這位也許是有史以來最具影響力的哲學家。同時投注心力研究生物的亞里斯多德，觀察到許多生物世界的進程似乎充滿著目的性。他認為，如果缺乏理性的生物也具備計畫，那麼一定存在一個「目的因」（final cause）在引導著宇宙整體。亞里斯多德這種目的論（teleological）的觀點很有說服力與邏輯，也讓人感到欣慰，並且在某種程度上也獲得實證支持；我們周遭的世界充滿無數「目的因」存在的例子，從鳥收集樹枝來築巢，到狗在花園裡挖洞尋找骨頭。所以在近兩千年，亞里斯多德的目的論幾乎未曾受過挑戰，也不大令人意外。

但在十六世紀，在歐亞大陸的某個邊陲地帶，一小群學者的研究引發現代科學革命。哥白尼（Copernicus）、笛卡兒（Descartes）、培根（Bacon）、伽利略（Galileo）以及他們的同代人強調，我們的感官會欺騙我們。他們信奉拉丁格言 *Ignoramus*，即「我們不知道」。這類觀點的變化帶來深遠影響，有些人甚至認為，這是人類在這顆星球上生活約莫二十萬年裡，最具影響力的變革。更重要的是，這項變革的完整重要性尚未全部顯露出來。科學革命直接帶來的結果（至少在學術界），是摒棄亞里斯多德根深蒂固的目的論世界觀，改而相信自然是由理性的定律所主導、在現世運作著，而且我們可以發現並理解它。事實上，現代科學的本質就是，當我們承認自己無知之後，便可以透過實驗和觀察，再將結果透過數學模型統整成普遍理論或「定律」，進而獲取新知識。

矛盾的是，科學革命讓宇宙利於生命發展的謎團變得更難解。在科學革命之前，人類對世界的認知奠基於某種一致性之上：有生命和無生命的世界都被認定是受到某個無所不在的目的（無論是神還是其他形式）所引導。整個世界的設計被視為在實現某個宏偉的宇宙計畫，而且這個計畫自然而然會賦予人類特權的地位。例如，來自亞歷山大港的天文學家托勒密（Ptolemy）在他的《天文學大成》（*Almagest*）中提出的古代世界模型，既是以地球為中心，也是以人類為中心。

但隨著科學革命的到來，最根本的生物自然定律和物理宇宙之間的關係變得疑團重重。經過了將近五個世紀，我們對於那些被認為是客觀的、天然的、永恆的物理定律，竟能近乎完美適合生命這點仍感到困惑。因此，儘管現代科學成功地將天空與地球的舊有二分法給廢除，但卻在生命與非生命的世界之間創造出可怕的新裂縫，使人類對於自己在偉大宇宙計畫中所處的地位感到極其不確定。

事實上，若想要更加理解人類對自然定理本體論的觀點是如何形成的話，我們可以回歸這個觀點的最深處，也就是認為有定律存在的概念。認為自然受定律主宰的文獻最早出現在公元前六世紀，出自今日土耳其西部的米利都中，伊奧尼亞（Ionian）學派的

圖4　古希臘哲學家米利都的阿那克西曼德的浮雕。二十六個世紀以前，阿那克西曼德為「重新思考世界」這條漫長而曲折的科學道路鋪下第一塊磚。

泰勒斯（Thales）。米利都是希臘伊奧尼亞地區最富裕的城市，位於門德雷斯河與愛琴海交會處的天然港口附近。在那裡，傳奇的泰勒斯就像現代科學家一樣，為了追求更深層的知識，樂意探究世間表象背後的世界。

泰勒斯有名學生叫做阿那克西曼德（Anaximander），他創造出希臘人稱之為「περι φυσεως ιστορια」的行為，即「探究自然」，也就是後來的物理學（physics）。

阿那克西曼德也被認為是宇宙學的祖師爺，因為他是第一位認為地球是顆星球（一塊在廣袤空間裡自由漂浮的巨大岩石）的人。他推論，地球下方不是無窮無盡的土地，也不是龐大的柱子，而是我們舉頭所見的同一片天空。他的觀點為宇宙賦予更大的深度，將它從一個天在上地在下的封閉盒子，轉變為一個開放的空間。這個概念上的轉變使得人們可以想像天體穿過地球的下方，也為希臘天文學做鋪陳。此外，阿那克西曼德寫了一本名為《論自然》（*On Nature*）的專著，雖然該書已佚失，但據信其中包含以下的片段：[4]

萬事萬物皆源於彼此，
並且必然會
消失於彼此；
因為它們給予彼此正義，

並對其不義作出賠償；
且遵循時間的規定。

在這行文字中，阿那克西曼德發表一項很革命性的觀點，即自然既非無序，也不荒謬，而是受到某種定律所支配。這也是科學的基本假設：在自然現象的表面之下，存在著抽象但一致的秩序。

阿那克西曼德並未詳細闡述自然定理可能的形式，只透過民法對人類社會的管控進行類比，但他最著名的學生畢達哥拉斯（Pythagoras）提出以數學為基礎的世界秩序。畢達哥拉斯派賦予數字神祕的意涵，並試圖用數字來建構整個宇宙。他們認為世界可以用數學來描述的想法，獲得柏拉圖的接受與推崇，並成為他「真實理論」的其中一個支柱。我們所感受到的經驗世界——根據柏拉圖的比擬——只是某個與人類感知幾乎不同，但更加優越、完美數學世界的影子。因此，古希臘人開始相信，即使我們無法輕易碰觸或看到世界的基本定理，我們也可以通過邏輯和理性來推斷。然而，儘管他們的理論可能讓人印象深刻，但古人對於自然的臆測和現代物理學相比，在本質、方法或風格上幾乎毫無共通之處。像是早期的希臘人幾乎完全是基於美學與先驗假設的基礎來進行推理，幾乎很少或從未試圖去驗證。他們從沒想到要這麼做。因此，他們對於「物理學」和定律般事物規律的概念，與現代科學理論截然不同。在已故溫伯格的最後著作《給世界的答案：發現現代科學》（*To Explain the World*）中，他認為從當代觀點來看，最好把這些古希臘人視為詩人，而非物理學家、科學家甚至是哲學家，因為他們的研究方法從根本上，就與當今的學術研究大相逕庭。當然，現代的物理學家看到了他們理論中的美，多數的物理學家在研究時也會審慎考量美感，但這些考量不能取代通過實驗和觀察來驗證理論的過程，畢竟，這些才是科學革命的關鍵革新。

儘管如此，柏拉圖用數學解釋世界的想法對後世影響深遠。二十個世紀以後，當現代科學革命開展之際，其中的關鍵人物都是直接受柏拉圖的知識觀所啟發、驅使，試圖在實體世界背後，尋找以數學觀念構成的潛在秩序。「自然的偉大著作，」伽利略寫道，「只有懂其語言的人才能閱讀。而那語言就是數學。」[5]

身為煉金術士、神祕主義者的艾薩克．牛頓，雖然其性格有些難以相處，卻是有史以來最偉大的數學家之一，他用《自然哲學的數學原理》（*Philosophiae Naturalis Principia Mathematica*）一書奠定用數學去描述自然哲學（natural philosophy）的方法，這本書可謂科學史上最重要的書籍。一六六五年，因為黑死病爆發，劍橋大學關閉校園。學士剛畢業的牛頓回到林肯郡的母親家及其蘋果園。他在那裡思索微積分、引力和運動，並用一枚稜鏡分解光線，證明白光是由彩虹的各種顏色所組成。但一直要到一六八六年四月，牛頓才將《自然哲學的數學原理》提交給皇家學會出版，其中包括三條運動定律和萬有引力定律。後者或許是最知名的自然定律，說明兩個物體之間的引力與它們的質量乘積成正比，並與它們之間距離的平方成反比。

牛頓在《自然哲學的數學原理》中論證，神聖的天體與我們身處的不完美人類世界，都遵循著相同的普世原則，這個想法在概念與精神上，都與過去一刀兩斷。會有人說牛頓統一了天與地。他用幾個數學方程式就整合出天體運行的邏輯，也轉變了過去對太陽系的所有圖像描繪，更標誌著人們正從巫術時代過渡至現代物理學的世界。牛頓的架構為所有後繼的物理學提供共通的典範。與當代物理學家幾乎不認識的古希臘「物理學」不同的是，牛頓的物理學讓我們感到非常自在。

牛頓定律最著名的成功案例，是科學家利用它在一八四五年發現海王星。早期的天文學家就注意到，天王星的軌道稍微偏離牛頓引力定律所預測的軌道。法國人於爾班・勒威耶（Urbain Le Verrier）試圖解釋這個難解的不一致現象，並大膽提出這是由一顆更遠的未知行星所造成，其引力微微影響天王星的運動軌跡。利用牛頓定律，勒威耶能預測這顆未知行星應該出現在天空的哪個位置，才能解釋天王星軌道的偏移——前提是牛頓的定律得是正確的。果然，天文學家很快就在勒威耶指示的位置附近發現海王星。這成為了十九世紀科學界最值得紀念的時刻之一。有人說，勒威耶「用筆尖」找到新的行星。[6]

數個世紀以來都存在像這樣令人驚豔的成功案例，似乎能證實牛頓的定律是普遍且絕對的真理。早在十八世紀，法國數學家約瑟夫・拉格朗日（Joseph-Louis Lagrange）就指出，牛頓很幸運能活在那個人類歷史的獨特時代，才有機會發現**那個**自然世界的定律。事實上，牛頓本人似乎沒有太認真去抑制這樣新興神話的萌生。牛頓深受神祕主義傳統的影響，將其定律能以優雅的數學呈現視為上帝智慧的體現。

而當今物理學家談論到「理論」一詞時，指的就是像這樣用數學公式去表達自然的定理。物理學理論之所以有用，並具備預測能力，就是因為他們用抽象的數學方程式去描述真實世界，透過這些方程式，人們無須實際進行觀察或實驗，就能預測結果，而且真的有效！從發現海王星到偵測重力波，再到預測新的基本粒子和反粒子，物理學定律使用的數學基礎一次又一次地指出，那些後來才實際觀察到的新奇和驚人現象。對這種預測能力印象深刻的諾貝爾得主狄拉克（Paul Dirac），出了名地推崇要將探索有趣與美麗的數學，視為物理學研究方式的首選。他說，數學「牽著你的手，帶領你發現新的物理理論」。[7]在尋找最終的統一理論時，當今的弦論學家多數都遵循狄拉克的格言——有時甚至會屈服於古人對數學框架之美的誘惑，將之視為理論真實性的保證。弦論研究的多名先驅都曾詩意地表示，作為一個數學結構，這個理論實在太美，不可能與自然界無關。

然而，當我們深入思考時，我們仍然不明白為什麼理論物理學能獲得如此不合理的成功。大自然為什麼會遵守其表面之下幽微的數學關係系統？這些定理的真正意義到底是什麼？定理為什麼會選擇以現存的形式出現？大多數的物理學家在這一點上仍然遵從柏拉圖的觀點。他們傾向於將物理學的定理視為永恆的數學真理，這些真理不僅存在我們的思想中，還會在超越實體世界的抽象現實當中運作。例如，引力或量子力學的定理，普遍被認為與某個在尚未被發現的領域中存在的最終理論相似。因此，雖然在現代科學時代，物理學定律首先是用於描述在自然界找到的規律，但自從牛頓確立其數學基礎之後，它們就有了自己的生命，獲得某種超越實體世界的現實。對二十世紀初的法國博學家亨利・龐加萊（Henri Poincaré）來說，無條件接受柏拉圖式的定律，是從事科學研究不可或缺的前提。

雖然龐加萊的看法既有趣又重要，但也令人困惑。究竟這些與人類社會隔得很遠、位於柏拉圖領域的定律，是如何影響實體世界，而且還是這麼一個驚人地利於生命的宇宙？更關鍵的是，大霹靂的發現就代表著這個問題，不「只是」一個哲學問題。其實，如果大霹靂確實是時間的起源，那麼龐加萊似乎就是對的：如果物理定律決定宇宙如何開始，那麼物理定律在時間起源之前必然以某種形式存在。所以有意思的是，大霹靂理論把原先認定只隸屬於形而上的思考，拉進物理學和宇宙學的領域。這個理論迫使我們重新思考，關於「物理定律究竟為何」的假設。

不管怎麼說，認為物理定律能以某種方式超越自然世界的想法，會使得「物理定律如此適合生命」的現象變得徹底神祕。支持這種觀點的物理學家只能希望在未來的某天，能找到最終理論核心中的某個強大數學原理，並解釋其利於生命的特質從何而來。當代的柏拉圖主義者，對於設計之謎的回答是，最終我們將發現這不過是數學必然性的問題：宇宙會長這樣，是因為自然沒有選擇。在某種程度上，這個回答有點像亞里士多德的「目的因」，只不過是披上現代理論物理的外衣。再者，姑且不論找到最終理論仍是個遙遠夢想的這一事實，就算有天人類真的找到這般強大的數學定理，也難解釋**為什麼**宇宙如此極度有利生命。任何柏拉圖式的真理，都無法真正填補起現代科學前期的理論，在非生命與生命之間所創造出的鴻溝。我們反而會不得不得出一個結論：生命和智慧不過就是發生在完全無人介入、完全理想的數學事實當中的幸運巧合，沒有其他東西需要進一步理解。

在物理學和宇宙學對於設計的思想上，柏拉圖式的傾向雖然並非明顯有誤，卻與查爾斯·達爾文（Charles Darwin）以降，生物學家對於生物界的設計有截然不同的視角。

目標導向的過程和看似有存在目的的設計，在生物世界中無處不在。確實，這些現象最初是亞里斯多德建構自然界目的論的基礎。生物體極其複雜，即便是單細胞生物也擁有多樣的分子元件，而這些元件能優美地協作並完成多項任務。在大型生物體裡，大量的細胞協作並構築出複雜、有目的的結構，像是眼睛和大腦。在達爾文出現之前，人們無法理解物理和化學反應怎麼能創造如此驚人，具備功能且複雜的事物，因此他們訴諸存在一位「設計師」（designer）的想法來解釋這一點。十八世紀的英國牧師佩利（William Paley）將生物世界的種種奇蹟與鐘表的運作相提並論。就跟鐘表一樣，佩利主張，生物世界的設計痕跡太過明顯、無法忽視，而「設計一定得有設計師」。[8]但達爾文的演化論打破典範，從此把這種目的論的思想從生物學中移除。達爾文的偉大見解認為，生物演化是一種自然過程，而其中的簡單機制──隨機變異和自然選擇──可以不用召喚「設計師」就能解釋生物體的顯著設計。

在加拉巴哥群島上，達爾文發現鳥喙大小和形狀不同的各種雀鳥。地雀的鳥喙強壯，非常適合咬碎堅果和種子，而樹雀的鳥喙尖銳，非常適合取出昆蟲。達爾文從這些觀察，加上旅途中蒐集到的其他資料獲得啟發，認為不同種類的雀鳥之間有關聯，牠們都是受到特定的生態棲位影響，隨著時間各自演化。一八三七年，剛結束搭乘小獵犬號造訪加拉巴哥群島旅程的達爾文，在一本紅色筆記本中畫下一張不對稱的樹狀圖。這張系譜樹圖精準傳達出達爾文這套深遠且初生的理論全貌，即地球上所有生物都是單一共同祖先（樹的主幹）的後代，再經過自然環境對於隨機突變複製體的選擇，一步步開枝散葉。（見彩頁，圖4）

達爾文主義的核心論點是，大自然不會擘畫未來──它不會預期哪些特質可能有利於生存；所有的趨勢，像是鳥喙形狀的改變或是長頸鹿的脖子逐漸增長，都是因為生物在環境選擇壓力的長時間影響下，強化了這些有用的特質。

「這種思考生物的觀點是極其壯麗的，」達爾文在二十年後寫道，「生命的各種能力，原先只存在少數甚至一種形式當中；當這顆星球根據引力的既存定理持續運行時，最美麗、最奇妙的各種形式就從如此簡單的開端演化出來，迄今仍持續演化。」[9]

達爾文主義推翻佩利的論點，證明鐘表並不需要瑞士鐘表匠。它提供一套很全面的演化論描述，來說明生物世界的那些明顯設計（以及其遵循的定理），是自然進程裡湧現的特質，而不是某種超自然創造行為的結果。

然而，儘管生物學中的定理如此美麗和偉大，卻被認為與物理學的定律相比，稍稍不那麼足以構成基礎。因為儘管這些近似定律的湧現模式能持續一段時間，但沒人將其視為永恆的定理。此外，在生物學中，決定性與可預測程度相對不重要。牛頓的運動定律是具決定性的，物理學家能基於今天（或任何過去時間點）的位置和速度，來預測物體在未來任一時刻的位置。在達爾文的理論中，生物系統的隨機突變，代表著幾乎沒辦法提前確定任何事情——甚至「某天會出現某定律」也不行。決定性的缺乏也為生物學增添懷舊色彩：只有透過回顧，才能理解生物演化。達爾文的理論沒有詳盡描述出從最早的生命，到今日多樣且複雜的生物環境之間的實際演化途徑。這理論沒有對生命之樹進行預測，因為那不是——也不可能是——它的目的。達爾文的天才反而體現在他對整體理論架構的描繪，把記錄具體歷史的工作留給了種系發生學（phylogenetics）和古生物學（paleontology）。也就是說，達爾文的演化論認為，我們所認識的生命是定律般的規律和特定歷史的聯合產物。這套理論的實用之處在於，能讓科學家從我們對現今生物圈的觀察，以及對共同祖先的假設出發，以回顧的方式建構生命之樹。

以達爾文遇到的雀鳥為例。如果達爾文從地球出現生物以前的化學環境開始順著時間推理，嘗試預測加拉巴哥群島上的各種雀鳥的演化歷程的話，他會完全失敗。雀鳥或者是在星球上遊蕩的任何物種的存在，無法僅僅憑藉物理和化學的定理進行推論，因為整個生物演化的過程都與巧合有關。一些大環境偏好的巧合結果會被凍結住，且常常造成隨之而來的劇變。這些「凍結的意外」（frozen accident）會決定接下來演化出的生物特性，甚至可能成為新的生物定理。例如格雷戈爾．孟德爾（Gregor Mendel）提出的遺傳定律，就是在有性生殖行為出現之後，集體開始得以分支的結果。

圖5是一張基於核糖體RNA的序列分析結果，所繪製而成的現代版親緣關係生命之樹，圖中顯示出三域生物——細菌、古菌和真核生物——以及位於樹最底端的共同祖先。這顆樹的一切，從其分子的基礎到雀種的分支，都涵括了數十億年化學與生物「實驗」

的複雜和曲折歷史，使生物學成為一門以回顧為主的學科。演化生物學家史蒂芬・古爾德（Stephen Gould）這般說道：「如果我們把生命的歷史倒帶再重新播放，演化出來的物種、身體結構和表現型可能就會截然不同。」[10]

生物演化固有的隨機性也延伸到其他層面的歷史，從自然發生說（abiogenesis）到人類歷史。跟達爾文一樣，歷史學家藉由述說「如何發生」和解釋「為什麼發生」來說明歷史過程裡的意外轉折。為了述說如何發生，歷史學家會像生物學家一樣進行事後推理，重建導致已知結果的一系列特定事件。但若要解釋「為什麼

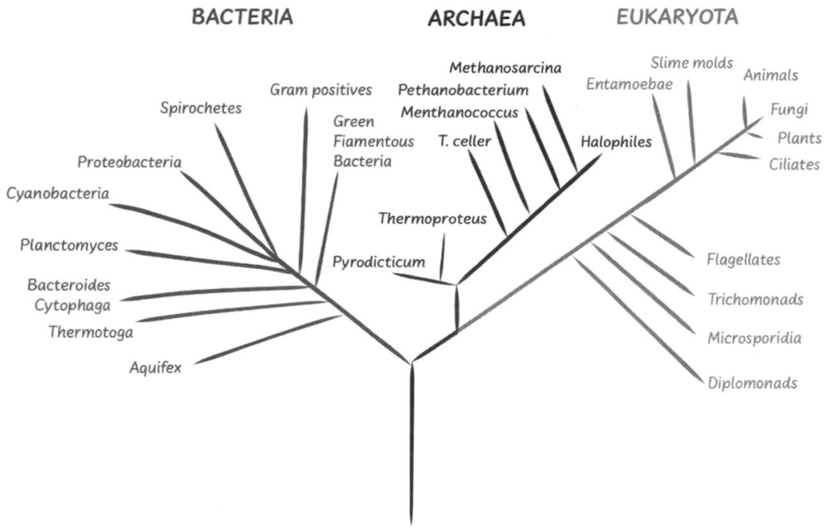

圖 5　這張生命的樹狀圖展示著三域生物，而在樹的底部是他們的最後共同祖先（last universal common ancestor，縮寫為 LUCA），所有現存的生物都是從此演化而來的。

發生」，就需要像物理學家一樣思考，由過去向前推進時間，找出事件之間確切的因果關係，**預測**某個特定的歷史路徑，並排除其他任何路徑。若只是草率讀過歷史，經常會從中得知事件為什麼會以這種方式，而非另種方式發生的一個決定論的因果說明。但更細緻的分析有助於揭示出，歷史背後存在著由相互競爭的力量和大量突發事件所構成的複雜網路，導致歷史的結果非但不單純，也並非命中註定，迫使歷史學家轉向描述「如何發生」而非「為什麼發生」。

以我辦公室窗外就看得見的森林為例，它位於滑鐵盧戰場以南幾英里的地方。在一八一五年六月十七日，也就是那場戰役的前一天，拿破崙・波拿巴（Napoléon Bonaparte）命令他的將軍格魯希（Emmanuel de Grouchy）追趕普魯士軍隊，防止他們與佔領北邊據點的英國聯軍合併。格魯希盡責地帶領大部分的法國部隊向東北方走，但未能找到普魯士軍。隔天早上——在我看到的這片森林——他聽到遠方法國大砲的低沉砲聲，並意識到戰爭已經開打。短短幾分鐘的關鍵時刻裡，他猶豫著是否要違抗拿破崙的命令，掉頭回去支援其他法國部隊。但他選擇繼續前行追趕普魯士軍。格魯希那一刻的決定，是個著名的「凍結的意外」，不僅影響了戰役的結果，也影響了歐洲歷史的走向。

或者，來看另一個例子：西元四世紀羅馬帝國基督教的崛起。當君士坦丁大帝（emperor Constantine）於西元三〇六年登基的時候，基督教不過是在與各種教派競爭影響力的一個小教派。基督教為何能在羅馬帝國壯大，並崛起成為大眾的信仰？歷史學家哈拉瑞（Yuval Harari）在他的書《人類大歷史》（*Sapiens*）中認為，這個問題無法單就因果解釋；基督教在西歐取得龐大影響的結果，最好被視為另一個「凍結的意外」。哈拉瑞引用生物學家古爾德的觀點，指出「如果我們能將歷史倒轉，把西元四世紀的歷史重播一百次，我們會發現基督教只會在少數幾次的歷史中於羅馬帝國壯大」。但基督教這個「凍結的意外」具有深遠的影響。譬如，一神論鼓勵人們相信，造物主上帝對祂創造的世界有著理性的計畫。因此，當現代科學在十二個世紀以後的基督教歐洲出現時，早期科學家會將他們的研究視為一種宗教追求也就不足為奇，也為我們仍在探索的設計之謎做好準備。

一般而言，從人類歷史到生物和天體的演化，每個歷史時刻都有無數可能的道路，這也意味著，決定論的解釋只在最初階、粗略的階段有效。在任何演化階段，決定論和因果關係只塑造了最籠統的結構趨勢和特性，通常能在較低複雜度階層運作的基本定理上看到。例如，充滿意外轉折的人類歷史，至今除了少數幾次到太陽系的其他天體考察之外，大部分都發生在地球上。考量到孕育出人類生命的物理和地質環境，出現這種星球的限制並不令人意外，也很容易預測得到，但這樣的限制幾乎無法告訴我們關於任一人類歷史時期的具體資訊。

同樣地，化學元素的排列以及門得列夫（Mendeleev）元素週期表的架構基本上是受低層次的粒子物理學定律影響而固定不變。但地球上各種元素的多寡，則取決於演化過程中發生的無數意外事件。

再看到生物化學的層面，想想為什麼地球上的所有生命都由DNA組成、而基因是由縮寫為A、C、G、T的四種核苷酸組成。DNA分子有特定的組成單位，可能就是我們星球生命起源的意外結果。但生命體為了延續下去所必須掌握的基礎計算能力就有很深的根源，可能會根據基礎的數學和物理定律，決定遺傳資訊分子載體廣泛的結構特性。出生於匈牙利的美國籍數學家馮紐曼（John von Neumann），在一九四八年從理論上建構出自我複製的自動機就證實了這一點。在華生與克里克（Watson and Crick）發現DNA結構的前五年，馮紐曼就辨識出生命所必須克服的關鍵計算問題，並提出一個巧妙的結構——顯然是唯一可行的結構——來實現複製的能力。他所得出的結構一眼就能看出跟DNA很相似。

演化過程不斷在連鎖的「凍結的意外」之上發展。複雜度較低的層次，為較高層次的演化設置環境，但仍給驚人的轉折留下了很多空間，導致機率極低的發展經常成真，決定論失效。在無數分支事件的巧合結果，為演化注入了真正的新元素。因為這些結果加入大量不受低階定理控制的結構與資訊，因而在更高層級就可能——而且經常會——出現定律般的新規律。例如，即便現在沒有嚴肅的科學家會相信，生物學中存在著沒有任何物理化學來源的「生命力」（vital forces）之類的東西，但光靠物理也無法確認地球上存在哪些生物學定律。

• • •

在達爾文於一八五九年十一月二十四日出版他的鉅作《物種起源》（*On the Origin of Species*）後的短短十八天後，他收到赫歇爾爵士（Sir John Herschel）的一封信。赫歇爾是天王星發現者的兒子，他對於達爾文演化觀點中的任意性表示懷疑，說他的書是「亂七八糟的定律」。[11]然而，達爾文理論的長處正是這一點。達爾文理論的精彩在於，它結合了生物界中隨機變異和環境選擇這兩股相互對抗的力量。達爾文在生物學的「為什麼」與「如何」之間找到一個完美的平衡點，把因果解釋和歸納推理整合在一致的框架之中。他也證明儘管生物學的本質是關乎歷史且充滿意外，但仍然可以成為一門正統且提供價值的科學，能夠強化我們對生物界的理解。

達爾文主義加深科學革命的力道，並推展到生物界——一個曾經是目的論觀點看似無懈可擊的領域。但其展露的世界觀，卻與基礎物理學大相逕庭。這項差異最顯著的地方，就體現在它們對設計之謎的不同看法。達爾文主義提供從演化的角度，徹底解釋設計是如何出現在生物界。然而物理學和宇宙學，則尋求在永恆的數學定律之中，找到生命最初有可能出現的解釋。生物學家和物理學家都經常將達爾文「亂七八糟」的演化系統，與物理定律嚴密和不變的特性進行比較。他們認為主宰物理學最底層的不是歷史和演化，而是永恆的數學之美。勒梅特認為宇宙在擴張的不朽見解，顯然將強烈的演化思想帶入宇宙學中。然而在更深的層次上，針對明顯存在設計的基本起源，勒麥特和達爾文在彩頁（分別是圖3跟圖4）的草圖，似乎流露出截然不同的世界觀。這是自科學革命以來，生物學和物理學之間一直存在的概念性鴻溝。

將這項隔閡消除，一直是史蒂芬科學事業前期的一個重大議題，但一直到二十世紀末，當他大部分的研究精力都圍繞著宇宙設計之謎而凝聚在一起時，才真正成為一項實際的研究計畫。事實上，這與他試圖從內部改變宇宙學的嘗試一樣重要。

讓我們回到那個黃金時代。觀察到宇宙擴張正在加速這個意外發現的同時，同樣令人驚喜的理論發展指出，物理定律可能並非一成不變。越來越多的證據指出，物理定律中至少有一些特性，可能不是數學上的必然，而是偶然，並反映出這宇宙從其熱霹靂中冷卻下來的特定方式。從粒子的種類、力的強度到暗能量的數量，我們逐漸發現，宇宙有利於生命的條碼，可能並不像某種出生證明那樣，從一開始就刻在其基本結構上的，反倒是隱藏在熱大霹靂時代深處的某種古老演化的結果。

很快地，弦論學家開始設想充滿多樣性的多重宇宙：在一個巨大的膨脹空間中，裡頭包含擁有各自物理定律的島宇宙。這個從宇宙學概念出發的重大延伸，使人們對於「宇宙巧妙設置」問題的看法徹底改變。多重宇宙的支持者，並沒有因為失去一套預測「世界本應如此」這獨特最終理論的夢想而感到遺憾，而是試圖藉由將宇宙學變成一門環境科學（儘管這環境非常的大！）來扭轉這個尷尬的失敗。一名弦論學家將多重宇宙中物理定律的局部特性，與美國東海岸的天氣進行比較：「變幻莫測、幾乎都很糟，但在極少數的情況下會非常美好。」[12]

透過科學史，我們可以感受到這般變化的重要性。在一五九七年，德國天文學家克卜勒（Johannes Kepler）提出一個太陽系模型，其原型是參考古老的「柏拉圖立體」（Platonic solids），在這五個正多面體當中，最有名的是立方體。克卜勒想像將當時已知的六顆行星近似圓形的軌道，會附著在環繞著太陽旋轉的不同無形球體上。他接著假設，這些球體的相對大小是由以下條件決定的：除了最外圈的土星之外，每個球體內都剛好能放入其中一個正多面體中，並且除了最內圈的水星外，每個球體都剛好適合放在其中一個正多面體之中。[*]圖6的克卜勒的繪圖說明了這個配置。當克卜勒把五個幾何立體依照正確的順序一個套著一個，而且全部都緊密地結合在一起時，他發現套在一起的球體之間的間距，會與每顆行星與太陽的距離成比例，同時，土星沿著附在最外層的正多面體的球體上移動，相對半徑也毫無改變。基於上述理由，他預測出行星的總數量——六顆——以及它們軌道的相對大小。對克卜勒而言，行星的數量與它們和太陽的距離，體現出自然界的深層數學對稱性。他的《宇宙的奧祕》（*Mysterium Cosmographicum*），其實就是試圖將古代柏拉圖主義對和諧天體的夢想，與十六世紀對行星繞著太陽移動的見解進行調和。

在克卜勒的時代，一般會將太陽系視為整個宇宙。當時沒有人知道，那些星星其實是有著自己行星系統的太陽。因此，就非常自然地認為行星軌道只是最基本問題。然而現在我們知道，行星的數量或者它們與太陽的距離，並沒有什麼特殊的意義。我們明白太陽系中的行星群，既非唯一也不特殊，而是太陽系從原太陽（protosun）周邊由氣體和塵埃組成的螺旋星系中所形成的歷史的意外結果。在過去的三十年間，天文學家觀察到數千個有著不同軌道結構的行星系統。有些星系內存在幾天內就完成公轉的類木行星，有些則存在三顆甚至更多宜居的類地行星，還有其他星系擁有兩顆恆星，導致日夜模式的變得混亂，以及許多其他奇特的天文現象。

如果我們確實生活在一個多重宇宙中，那麼我們宇宙中的物理定律，將跟太陽系之中

＊克卜勒依照下列的順序，從太陽開始向外排列：水星的球體、八面體、金星的球體、二十面體、地球的球體、十二面體、火星的球體、四面體、木星的球體、立方體，最後則是土星的球體。

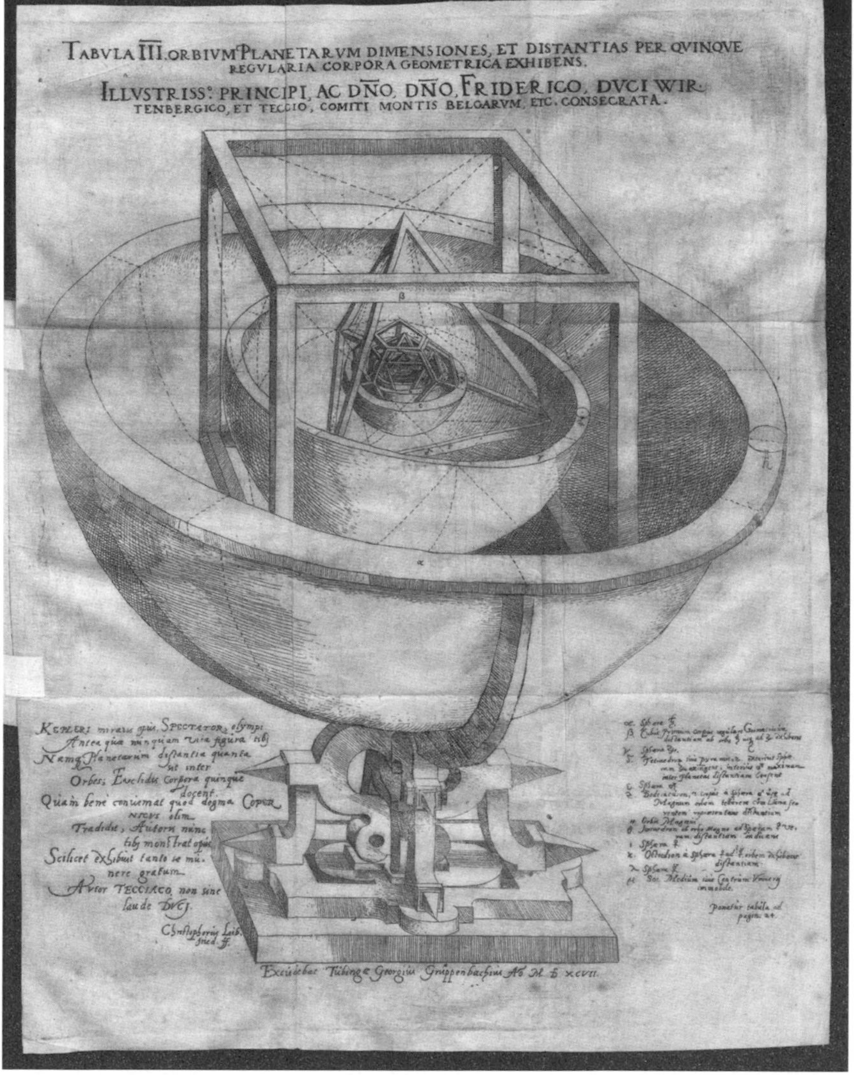

圖 6　在他的首部天文學鉅作《宇宙的奧祕》中，克卜勒提出了一個使用柏拉圖模型的太陽系系統，認為行星的（圓形）軌道尺寸與五個正多面體有關。在克卜勒的圖畫中，可以清晰地看到四個行星的球體，以及十二面體、四面體和立方體。

的行星軌道遇到相同的命運。跟著克卜勒的腳步，尋找更深層次的理由，來解釋生命起源的巧妙設置是徒勞的。在多重宇宙中，這個利於生命的定律特性，只不過是催生我們的特定島宇宙的熱大霹靂，其隨機過程所帶來的偶然結果。多重宇宙的支持者認為，現代的柏拉圖主義者一直找錯方向了。他們認為，讓宇宙利於生命的並非什麼深刻的數學真理，只不過是「局部宇宙的氣候」特別好。任何對偉大宇宙設計的印象都是幻覺。

然而，在這樣的推論中隱藏著一個問題，而且這個問題在我討論霍金最終理論的核心時將極其重要：多重宇宙本身就是個柏拉圖式概念。多重宇宙的宇宙學假設，存在某種超越時間的「終極定律」（metalaws）在支配著多重宇宙。但這些終極定律並沒有明確指出，**我們**應該位於多重宇宙中的那個宇宙。這就導致一個問題，因為若沒有一條規則能將多重宇宙的終極規則，與我們島宇宙內的區域定律連結起來的話，這套理論就會陷入一個矛盾的螺旋中，人們無法做出任何可驗證的預測。在根本上，多重宇宙的宇宙學就是不確定且模糊的。這套理論缺乏關於在這個瘋狂的宇宙拼布中，我們到底位於哪裡的重要**資訊**，因而無法預測我們應該看到什麼。多重宇宙就像是沒有密碼的簽帳金融卡，或者更糟，像一個沒有說明書的 IKEA 衣櫥。從深遠的意義來看，這套理論不能解釋在宇宙中我們是誰，以及為什麼我們在這裡。

然而，多重宇宙主義者不輕易放棄。他們提出了一種修補這套理論的方式，但概念十分激進，至今仍震撼著科學界，也就是人擇原理。

人擇原理於一九七三年首次出現在宇宙學中。天文物理學家、史蒂芬在劍橋的同學卡特（Brandon Carter），在克拉科夫舉辦的一場紀念哥白尼的研討會中提出了這個原理。這是十六世紀之後的一個奇怪歷史轉折，因為哥白尼是當初第一位把人類從宇宙的中心地位降級的人。[13]而在四個多世紀後，卡特同意哥白尼的看法，即人類並不是宇宙秩序的中心。然而他的推論認為，如果我們假設自己在任何方面都不特殊，特別是在我們在關於宇宙的觀測結果上，我們會不會根本搞錯方向了？也許我們所發現的宇宙樣貌是如此，是因為我們在這裡？

卡特的觀點有一定的道理。畢竟我們無法在我們不存在的地方或時間，進行觀測。早在一九三〇年代，像勒梅特和美國天文學家迪克（Robert Dicke）這樣的科學家，就已經在思考宇宙需要具備哪些特性才能支持智慧生命的存活。例如，無論生命形式有智慧與否，都會需要碳，而碳會在恆星在熱核燃燒過程中產生，這過程需要幾十億年的時間。但一個不斷擴張的宇宙，除非它有著數十億光年的空間，否則無法提供數十億年的時間。因此，勒梅特和迪克很自然地得出一個結論：我們生活在一個又老又大的宇宙中。擴張中的宇宙存在一個黃金時期，此時，以碳組成的天文學家有辦法工作，這勢必會影響到他們能看到什麼。這種結論，跟討論選擇偏差（selection biases）如何影響我們日常生活所得出的結論，在本質上沒有區別。但卡特的觀點還更進一步——而且很大步。他認為，選擇的效果不僅發生在一個宇宙（我們的宇宙）中，而是發生在整個多重宇宙中。他認為有個運作中的人擇原理，這條規則高於支配多重宇宙、無人介入的終極定理，能體現出對生命最理想的宇宙情境，並「主動」選擇哪一個多重宇宙中的宇宙應該是我們的。

這確實是個激進的提案。卡特的人擇原理似乎再次將生命置於解釋宇宙的中心地位，並把我們帶回五個世紀以前，在哥白尼之前的時代。人擇理論藉由假設一個包含生命、智慧體，甚至意識的特定優先狀態，此外還有意納入目的論——一個被科學革命成功推翻的亞里斯多德的觀點，或者我們以為我們推翻了。

不意外的是，當一九七三年卡特首次提出他的宇宙學人擇原理時，因為能證明任何形式多重宇宙存在的最佳理論證據都還很零碎，他的想法普遍被認為是在胡說八道。但到了二十世紀末，經過許許多多的歷史轉折，多重宇宙理論開始得到支持，而卡特的人擇原理也重新獲得重視，用來理出我們在這個宇宙拼布中的地位。人擇原理被視為將多重宇宙理論從一個抽象的柏拉圖精神堡壘，轉變為一個正統的、具備真正解釋潛力的物理理論的關鍵密碼。

多重宇宙的狂熱支持者宣稱，他們找到了解釋宇宙設計之謎的第二個可能解答——第一個可能解答認為這只是個巧合，是位於存有的核心中一個深刻但（至今仍）神祕的數學原理產生的幸運結果。來自人擇原理的多重宇宙學新解答認為，這種明顯的設計是我們「局部」宇宙環境的特質：我們居住在一個罕見地利於生命的宇宙裡，而人擇原理從由島宇宙所組成的廣袤宇宙群像中，選出我們的宇宙。人們對於這項理論發展感到非常興奮。「我們與宇宙是一體的，」林德宣稱，「我無法想像一個忽視生命和意識的宇宙的一致性理論。」[14]來自史丹佛大學（一個值得信賴他們大膽推測的學府）、堅持己見的弦論學家色斯金（Leonard Susskind）在他的《宇宙景觀》（*The Cosmic Landscape*）一書中，將客觀的終極定律與主觀的人擇原理，都視為基礎物理學的新**典範**。

粒子物理學的泰斗溫伯格也認為，人擇論證標誌著宇宙學的新世代即將到來。他在一九六〇年代末提出，電磁力與弱核力是同一種力的統一觀點，已成為粒子物理學標準模型的基礎。後來標準模型的某些預測已經獲得驗證，且很驚人地精準到小數點後至少十四位，使其成為有史以來獲得最精確檢驗的物理理論。然而，儘管已如此精確，溫伯格仍覺得若想理解標準模型之所以是這般特殊形式的深層原因，就會需要用截然不同類別的原理，來補充傳統物理學的數學原理。「大多數的科學史進展，都是藉由發現大自然的奧祕而獲得，」他在劍橋大學的「生活在多重宇宙」（“Living in the Multiverse”）講座中告訴我們，「但其中有某些轉折點，是我們對科學本身，以及對我們認為可接受的理論有了新的發現。我們現在可能正處於這樣一個轉折點……多重宇宙證明了人擇原理的論證法，有資格成為物理理論的新基礎。」[15]溫伯格在這裡所援引的世界觀，很像某種形式的二元論。世界存在著物理定律和終極定律，我們正在探索它們，但它們很冷漠且無情。除此之外，還存在著人擇原理，以自己神祕的方式，將（終極）定律與我們感受到的實體世界連結起來。

這番言論受到非常激烈的反彈。多年來，人擇原理無疑是理論物理學中最有爭議的話題。許多人明確表達他們的反對。「暴脹理論在自掘墳墓。」共同發現宇宙暴脹的普林斯頓大學教授斯坦哈特（Paul Steinhardt）公開表示。「這舉動等同認輸。」加利福尼亞大學的諾貝爾得主格羅斯（David Gross）直言不諱道。還有人覺得，關於我們在宇宙中地位的討論還為時過早。「現在討論這種問題還言之過早。」[16]二〇一九年的夏天，另一位很有遠見的理論學家阿卡尼-哈麥德（Nima Arkani-Hamed）向一群觀眾表示。現代科學革命在物理學中種下了二元論種子，而在那場革命後的五百年後的現在，出現這種言論會很引人注目。

令史蒂芬沮喪的是，多數的理論物理學家保持沉默，並繼續把眼光投向別處——迷失在數學之中。他們大多數都覺得（也持續這麼覺得），探究宇宙利於生命特性的深層源頭，並不在他們的學科範疇內。他們寧願相信，當我們找到弦論的主宰方程式後，這個問題就會自然消失，因為這個方程式支配著多重宇宙。某次在DAMTP喝茶的時候，從不害怕製造爭端的史蒂芬對此有所抱怨。「我很驚訝，」他說，「這些人（弦論學家）竟然如此目光短淺，不嚴肅地問問宇宙是如何、為何出現在這裡的。」[17]史蒂芬認為，若要解開設計之謎，僅找到抽象的數學終極定律是不夠的。他認為，對物理學統一理論的追尋，跟追尋大霹靂的起源是密不可分的。他主張，如果把最終理論「僅僅」視為另一個實驗室的問題，那麼這個夢想就難以實現，必須得在宇宙演化的脈絡下展開追尋。數學對史蒂芬來說，是他追尋新宇宙觀念時的僕人而非主人。因此霍金認同人擇原理支持者的觀點，他們認為更加理解宇宙利於生命的特性很重要、單純的柏拉圖式觀點是不足夠的、我們需要典範轉移，為物理學和宇宙研究方式帶來根本的變革。[18]然而，鑑於這些事件發展，他越來越懷疑人擇論證並非我們真正需要的那種革命性變革。對於要將人擇原理視為宇宙新典範的一部分，他的主要疑慮並非其質化的本質。生物學和其他歷史學充滿更多質化的預測。他認為的真正問題是，人擇論證破壞了基礎科學過程中的可預測性和可否證性。

奧裔英國籍的科學哲學家波普爾（Karl Popper）曾廣泛論述過這個過程。根據波普爾的說法，之所以科學能夠成為一種獨特且強大的獲取知識方式，是因為科學家一次又一次地基於現有的證據，進行理性論證並達成共識。波普爾意識到，科學理論永遠無法被證明是正確的，但可以被否證，意味著理論可以被實驗結果推翻。但是——這也是波普爾的關鍵論點——只有當理論假說需要提出明確的預測時，否證過程才會出現，因為如果得出相反的結果，那麼代表理論至少有一個前提會被證明不適用於自然界。這一點對科學的運作非至關重要，是因為這種情況是不對等的；驗證理論得出的預測正確，可以支持但無法證明理

圖 7(A) 二〇〇一年八月，站在史蒂芬左側的馬丁・里斯（Martin Rees），在劍橋的農舍裡召集了一場會議，討論人擇原理在基礎物理學和宇宙學中的價值（如果有的話）。也是在這場會議的休息時間，史蒂芬和作者（站在第三排，史蒂芬的後方）開始認真討論在宇宙研究上，是否可能用量子觀點來取代人擇論證。里斯的會議召集了許多在我們研究之路上扮演關鍵角色的同事，包含圖羅克（坐在左側）、斯莫林（Lee Smolin，坐在右側）、和站在中排右側的林德。在林德的左側，我們看到幾乎被卡爾（Bernard Carr）遮住的哈妥，然後是喬姆・蓋瑞嘉（Jaume Garriga）、亞歷克斯・維倫金（Alex Vilenkin）和吉布斯。

論為真，而否證得出的預測可以證明理論是錯誤的。在科學界，假說會失敗的可能性總是蟄伏在角落，但這也是科學進步的一個重要元素。

然而，人擇原理會讓這個過程變得不穩固，因為對於哪種宇宙有利於生命的個人標準，會將主觀因素帶入物理學，從而破壞波普爾所提出的否證過程。你的人擇觀點可能會選擇出某一小部分的多重宇宙與其定律組合，而我的人擇觀點可能會選擇另一小部分，有著不同定律組合的多重宇宙，但沒有一個客觀的規則能判定誰是正確的。

這跟達爾文的演化論截然不同，因為他巧妙地避免讓任何類似人擇論證的元素混入生物學的可能。無論外星生命是否存在，就連其演化過程，都與達爾文的理論本身無關。達爾文主義也沒有賦予任何物種在生物界的特權地位，無論是獅子、智人或是其他物種。實情正好相反，達爾文主義根植在我們與生物界其他生物的關係中。達爾文主義意識到這一切都是相互關聯。達爾文的不朽見解之一是，智人是與生物世界中的一切共同演化的。「我們必須承認，至少就我看來，具有崇高特質的人類……在他的身體結構中，仍然帶有其卑賤出身且不可磨滅的印記。」他在《人類的由來》（*The Descent of Man*）中寫道。這與卡特所提出的宇宙學人擇原理有著根本的不同，後者彷彿是個附加裝置，在宇宙的自然演化之外運作。

從波普爾對於否證的觀點來說，人擇原理的多重宇宙，與十七世紀德國博學家萊布尼茲（Gottfried Leibniz）的宇宙觀幾乎無異。萊布尼茲在他的著作《單子論》（*The Monadology*）中，提出世間存在無窮多的宇宙，每個宇宙都有自己的時空和物質，而我們生活在上帝以其良善所揀選出的最好世界中。

因此，就不難理解為何科學界對於人擇原理的價值持續存在分歧。在美國物理學家暨作家斯莫林敏銳批評弦論的著作《物理的困境》（*The Trouble with Physics*）中，他尖銳地指出：「一旦無法否證的理論比可否證的理論更受青睞，科學的進步就會停止，也就無法增加更多的知識。」這也是在我們第一次辦公室談話時，史蒂芬所擔心的事：人們一旦接受人擇原理，就會放棄從科學所獲得的基本預測能力。我們陷入了僵局。人擇原理的本意是指明在廣闊的宇宙拼布當中「我們是誰」，並以此作為橋樑，將抽象的多重宇宙理論，與我們身為這個宇宙中的觀察者的經驗相連結。然而，人擇原理未能以堅持科學實踐基本原則的方式做到這一點，導致多重宇宙學完全失去了解釋的能力。

我們因而得到精妙的觀察：即便把範圍放大來看，從現代科學革命開始，我們對於支持物理現實中存在明顯設計的深層起源的探討，其實進展出奇地緩慢。是的，我們現在非常詳盡地瞭解宇宙擴張的歷史、我們知道重力如何塑造出大尺度的宇宙、我們也精準掌握在比質子尺寸還小的尺度下的量子行為。但對於物理條件的詳盡理解，雖然本身具有巨大的意義，但也只是強調出設計背後更為深層的謎團。宇宙「利於生命」的特性持續給人造成困擾，在科學界跟更廣泛的大眾中產生嫌隙。我們對這世界的認識，以及生命得以存活的底層物理條件之間，仍存在一個很深的概念上的鴻溝。為什麼在大霹靂時底定的數學定律會適合生命？我們該如何看待這一事實呢？生物界和無生命世界之間的鴻溝似乎比過往任何時候都要深。

物理學家表示，多重宇宙使我們背負著一個悖論。多重宇宙學奠基在宇宙暴脹的概念上，也就是宇宙在其最初階段，經歷了一個短暫的快速膨脹期。這段時間以來，暴脹理論已獲得豐富的觀察結果支持，但它有個很困擾的傾向，就是會產生不止一個，而是許多的宇宙。而且，因為該理論不會表明我們應該在哪個宇宙——它缺乏相關**資訊**——使得該理論對於我們應該看到什麼的預測，會失去大半的能力。這是個悖論。一方面，解釋早期宇宙的最佳理論認為我們生活在一個多重宇宙中。而與此同時，多重宇宙又大大削弱這理論的預測能力。

事實上，這並不是史蒂芬第一次面對到令人困惑的悖論。早在一九七七年，他確切指出一個與黑洞命運相關的類似難題。愛因斯坦的廣義相對論預測，幾乎所有掉入黑洞物體的相關資訊，都會永遠隱藏在其中。但史蒂芬發現到量子理論會為這個論點增加自相矛盾的轉折。他發現，發生在靠近黑洞表面的量子過程，會使黑洞發出一種微弱但穩定的粒子流，其中包含光的粒子。現在被稱為霍金輻射（Hawking radiation）的這種輻射，因為在物理上過於微弱，無法被偵測到，但光是它的存在本身就充滿難題。[19]原因是，如果黑洞發射出能量，那麼它們必須縮小，並且最終消失。當一個黑洞發射出最後一絲的質量時，隱藏在內部的大量資訊會怎麼樣呢？史蒂芬的計算指出，這些資訊將永遠消失。他認為，黑洞是個終極垃圾桶。但這個情境牴觸了量子理論的一個基本原則，這項原則規定，物理性的過程可以轉變和弄亂資訊，但絕不會讓資訊永遠消失。我們再次遇到一個悖論：量子過程導致黑洞發射並失去資訊，但量子理論說這是不可能的。

關於黑洞的生命週期以及我們在多重宇宙中地位的這兩個悖論，成為過去幾十年來最令人困惑和熱烈討論的物理難題。兩者都關注資訊在物理學中的本性和命運，因此會觸及到一個核心問題：物理理論的最終意義。這兩個悖論都在著名的半古典重力（semiclassical gravity）的脈絡下出現，這個重力理論的名詞是由史蒂芬與他的劍橋團隊在一九七〇年代中期首創，混合著古典思維與量子思維。當人們將這種半古典的思維應用在極其漫長的時間尺度（例如黑洞）或極廣大的空間尺度（例如多重宇宙），就會出現悖論。兩者共同體現出當我們試圖讓二十世紀物理學的兩大支柱，相對論和量子理論和諧共存時會出現的重大難題。在這個情境中，它們被視為讓人傷腦筋的思想實驗，理論家將他們對重力的半古典思維推向極限，進而檢查自己會在哪裡失敗，以及實際上如何失敗。

思想實驗一直是霍金的最愛之一。在他拋棄哲學之後，史蒂芬喜歡用理論物理的實驗去探討一些深刻的哲學問題——時間是否有其源頭、因果關係是不是基本原理、以及其中最具野心的是，身為「觀察者」的我們如何融入宇宙的格局中。而他的作法是把這些問題歸結成理論物理的巧妙實驗。史蒂芬的三個劃時代的發現都來自於精心設計的思想實驗。第一個是他在古典引力中對大霹靂奇異點定理的一系列研究；第二個是他一九七四年從半古典引力發現黑洞會發出輻射；第三個也是從半古典引力，提出針對宇宙起源的無邊界假說。

如今，儘管有人可能會認為黑洞

圖 7(B)　二〇〇一年，踏上旅程後沒多久的史蒂芬（左）與作者（右），在布魯塞爾的 À La Mort Subite 酒吧。

悖論只有學術圈的人關心——可能永遠無法測量到霍金輻射的細節——但多重宇宙悖論卻直接影響到我們對宇宙的觀察。這個悖論的核心在於現代宇宙學中生物世界、觀察行為以及物理宇宙之間的緊張關係。多重宇宙的悖論成為霍金在重新想像這層關係，並發展完全以量子為主的宇宙觀點時的指路明燈。他對宇宙的最終理論，完全從量子觀點出發，並重新制定出宇宙學的基礎，這也是霍金對物理學的第四大貢獻。在這理論背後的偉大思想實驗，某種程度上已經過了五個世紀的醞釀。而完成它就會是我們的任務。

第二章　沒有昨天的日子

我們可以將時空類比為一個有口的圓錐形杯子。我們沿著圓錐向上移動，時間就前進。我們繞著圈子，就在空間中移動。如果我們想像著回到過去，就會抵達杯底。這是宇宙的第一個瞬間，也就是沒有昨天的當下，因為在昨天，空間還不存在。

——喬治・勒梅特

《太古原子的假說》（*L'hypothèse de l'atome primitif*）

一九五七年四月，為了紀念愛因斯坦逝世兩週年，在比利時廣播網播出的一場訪談[1]中，勒梅特回憶起第一次告訴愛因斯坦他發現宇宙在擴張時，愛因斯坦的反應。這故事發生在一九二七年十月的布魯塞爾，當時世界上最傑出的物理學家都聚集在第五次的索爾維物理會議上。這位三十三歲的神父暨天文學家並非會議的與會人員，但他在會場附近找上了愛因斯坦。然而，當他闡述他的廣義相對論預測，因為宇宙在擴張，所以我們應該會看到宇宙在遠離我們時，愛因斯坦卻感到猶豫。「表示完幾點技術上的贊同之後，他（愛因斯坦）的結論是，從物理的角度來看，這觀點對他來說似乎『糟透了』。」

但勒梅特並未氣餒，他嚴肅看待自己的發現，並認為宇宙的擴張代表宇宙一定有個起點，他稱之為「太古原子」（primeval atom），一個密度驚人的小微粒，而隨著它的逐漸瓦解便創造出了物質、空間和時間。

但為什麼愛因斯坦會強烈反對宇宙有個起點的觀念呢？因為他覺得這會破壞物理學的基礎。他認為勒梅特的「太古原子」或任何類型的大霹靂起源，都會成為認定上帝干預自然規律的契機。當他們在一九三〇年代初期一起散步時，愛因斯坦勸勒梅特找出一種不含起點的理論，因為「這太讓我想到基督教的創世說」。他覺得如果宇宙學的理論為宇宙提供出生證明，那麼就永遠無法針對是誰、是什麼發出這項出生證明發表意見，從而抹滅掉從最基本的層面出發，基於科學去理解宇宙的一切希望。儘管如此，這位比利時的神父試圖安撫愛因斯坦，他主張「太古原子的假說與超自然力量創造世界說是對立的」。[2]事實上，勒梅特認為宇宙起源的存在是擴大自然科學研究範疇的絕佳機會。

愛因斯坦與勒梅特，在宇宙擴張的終極原因上的對立，觸及到宇宙顯然經過設計這項奧祕的核心。從許多方面來看，他們的辯論可說是七十年後林德和霍金辯論的前奏。當勒梅特將大霹靂視為「超自然力量創造世界說的對立面」時，他究竟在想什麼？若要瞭解這點，我們需要更仔細地研究這兩位科學家的觀念。

現代宇宙學的理論基礎建立在愛因斯坦的相對論上。這把我們帶回到十九、二十世紀交會之際，那時的物理學家擁有牛頓的引力與運動定律，以及馬克士威（James Maxwell）對於電力、磁力和光的理論，而上述的理論與熱力學理論共同成為工業革命的基礎。由這些十九世紀的物理理論中所產生的世界觀，與我們對現實世界的直覺看法是一致的，涉及到粒子與場、都在固定的空間中傳導、並受到由統一的時間——可以說是宇宙的大笨鐘——來引導。因此，不用太意外當時的物理學家會以為，他們已經快要得出對自然的終極說明，而且物理學也即將發展完善。

然而，在一九〇〇年，十九世紀古典物理學的泰斗之一、愛爾蘭裔蘇格蘭籍的物理學家湯姆遜（William Thomson），即克耳文勳爵（Lord Kelvin），指出「地平線上有兩朵烏雲。」[3]克耳文勳爵所指出的其中一朵黑雲，與光在以太中的運動有關，另一朵則與含有熱量的物體所釋放的輻射量有關。即便如此，大多數的物理學家仍認為這些只是一些需要解決的細節，物理學的理論架構還是堅固與健全的。

然而，在十年之內，這項基礎已然瓦解。針對克耳文勳爵的「細節」提出的解方，引發兩場全面性的革命，分別是相對論和量子力學。更重要的是，這兩場革命將物理學帶往截然不同的方向，也產生一朵至今仍籠罩在物理學研究前沿的新烏雲：即微觀世界與宏觀世界如何相容的問題。

究竟光的哪種特質撼動了十九世紀物理學的基礎呢？那就是速度。精密的實驗結果顯示，光總是以每秒 186,282 英里（約 299,792 公里）的速度移動，無論觀察者相對於光源的移動狀態。顯然，這項事實與日常經驗不符：跟你站在火車外測量火車的速度相比，如果你在移動的火車上測量火車的速度，你顯然會得到一個不同的數值（零）。這也跟根深蒂固的十九世紀思想有所矛盾。光波被認為是由以太這個充滿空間的神祕介質所帶動。然而，如果真是如此，與以太運動速度相對不同的觀察者，應該會看到光波以不同速度經過。但是實驗結果卻否定了這點，這也足夠讓在瑞士專利局任職的愛因斯坦對以太的存在提出質疑。愛因斯坦明白，如果總是觀察到光以相同的速度移動，那麼在相對移動的觀察者之間，就必然有著不同的距離與時間觀念。畢竟，若要計算速度，就是把旅行的距離除以旅程的時間。根據愛因斯坦的想法，並不存在統一的宇宙大笨鐘，而是每個人都有自己的時鐘，雖然所有人的時鐘都相對精準，但當我們彼此間相對移動時，時鐘就會以稍微不同的速率跳動，於是兩個相同的事件就會測出不同的時間量。在距離上也是如此；不同觀察者的量尺可能會稍有不同。總之，並不存在永遠能正確測量時間和距離的度量衡。這是一九〇五年愛因斯坦所提出的狹義相對論的核心。這裡的「相對論」指的正是這個革命性的觀點，即空間、時間與同時的觀念並非客觀的事實，而總是與某一特定觀察者的視角有關。

人們可能會好奇，這個觀察者相對於另一個觀察者所測得的距離差跑去哪了。難道就單純消失了嗎？不全然如此。它們被轉化為一段時間。由此可見，在愛因斯坦的相對論宇宙裡，經由空間的運動，與經由時間的運動相互融合。當我看著我姊姊停著的跑車時，我發現到它所有的運動都在時間當中。但如果她加速駛離，一小部分經由時間的運動，就會轉化為經由空間的運動。我姊姊的時鐘就會比我的走得稍慢一點。雖然這不會讓她成為「來自布萊特的年輕小姐」（young lady from Bright）*，但當她返回時，確實會導致輕微的時間不同步。當經由時間的運動完全轉化為經由空間的運動時，就達到最高速。那就是光的速度——宇宙的速度極限。簡單地說，以光速通過空間代表著沒有動力能用來通過時間。如果一個光粒子戴著手表的話，那它根本不會跳動。

藉由這些見解，愛因斯坦的理論擺脫深植人心的牛頓式看世界的角度，也就是空間是一個固定的舞台，所有的事件都在當中發生，而時間是一支筆直前行的箭，從無窮的過去持續穩定地飛向無窮的未來。在牛頓的思維裡，空間的固定性和時間的線性流動無法受到任何影響。此外，時間和空間並未相連。根據牛頓的想法，無論空間是否存在，時間都將

* 譯註：「來自布萊特的年輕小姐」一詞典故出自英裔加拿大籍真菌學家博勒（Arthur Henry Reginald Buller）所寫的五行打油詩（Limerick）〈相對論〉（"Relativity"）。

永遠存在。

　　而愛因斯坦的狹義相對論，藉由建立空間與時間之間的緊密連結，挑戰上述牛頓的想法。一九〇八年，曾經在蘇黎世理工學校教過愛因斯坦的德國數學家閔考斯基（Hermann Minkowski），進一步完善愛因斯坦對空間和時間概念的重新定義，並發表著名的言論：「從此之後，單就空間或是時間都將隱沒入陰影之中，只有兩者結合在一起，才保有其意義。」[4]閔考斯基將空間的三個維度和一個時間的方位融合為單一的四維空間：時空（spacetime）。

　　為了要繪製結合四個維度的圖，我們通常會隱藏三個空間維度中的一或兩個維度，並在時空示意圖中，以時間維度搭配賸餘的空間維度。圖 8 展示了閔科斯基繪製的首張時空示意圖，其中他只保留下一個水平方向的空間維度，

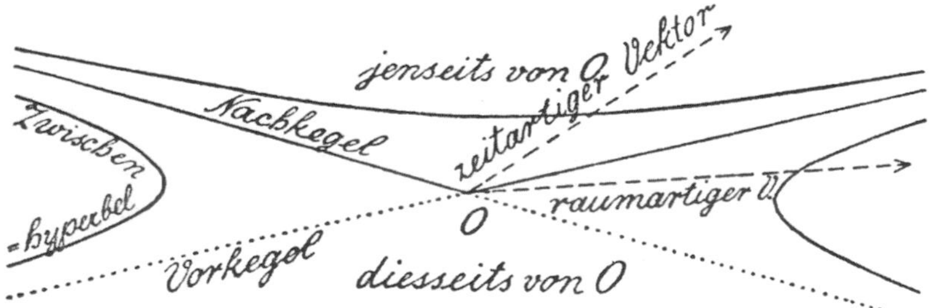

Fig. 2.

圖 8 閔考斯基在他一九〇八年的著作《空間與時間》（*Raum und Zeit*）將空間和時間統合為時空的第一張示意圖。時間和其中一個空間的維度，由虛線箭頭或「向量」表示。一個箭頭指向時間方位（zeitartiger vector），另個箭頭則指向空間方位（raumartiger vector）有名觀察者位於 O 點。他未來的時空區域（jenseits von O）是以「Nachkegel」為界，而他過去的時空區域（diesseits von O）則以「Vorkegel」為界，分別對應到該名觀察者的未來和過去的光錐。

而時間維度則是垂直方向。這個結構顯示出狹義相對論如何重新定義我們與宇宙的關係。如果我們坐在O點的觀察者點，那麼從以光速由反方向朝著我們而來的訊號，以及從O點向未來發出的訊號，會在O點交會並將時空劃分為四個不同的區域。觀察者的過去，就是朝著O點而來的光線所界定的時空三角區域。這個區域內包含所有已發生且能影響觀察者看見什麼的事件。觀察者未來，則是從O點離開的光線所界定的時空三角區域，這個區域內包含觀察者能夠影響的一切事件。稍後看到的時空示意圖，在水平面就有第二個空間維度。在這種示意圖中，過去和未來的光線在每個時空點的軌跡，都會形成頂端在時空點相接的兩個錐體，並朝相反方向張開。每個時空點的光錐體結構，是相對論物理的精髓。人們曾經認為，過去和未來的交會處就是此刻。但狹義相對論教我們的是，對你這名觀察者而言，它們只在你位於宇宙的特定位置的時空點上交會。

在牛頓的世界裡，有著明確且絕對的時間和空間——不存在宇宙的速度極限——人們認為我們（至少在原則上）可以立即接觸到所有空間。但在愛因斯坦的相對論世界裡，我們開始認識到，我們可以接觸的空間其實很少。受到時間和空間的限制，可以觀察到的宇宙僅存在我們過去的光錐內。再考慮到大霹靂發生至今只有一百三十八億年，這代表存在著宇宙**視界**（horizon），無論望遠鏡的技術如何進步，宇宙或多重宇宙裡的所有事情，都無法超越這個範圍。

即使在我們的宇宙視界內，我們能蒐集資訊的時空區域也很有限。圖9中顯示一名地球的觀察者，能在過去的光錐中直接接觸的區域。首先，對光的天文觀測結果為我們提供光錐接近表面區域的資訊，帶我們回到一百三十億多年前的過去。接著，對於地球化石、宇宙粒子和其他太空碎片的觀測，讓我們能回顧大約四十六億年前，我們過去的光錐局部的內部。但在這之前有一大片區域（圖9中的淡色陰影處），我們無法直接接觸到。

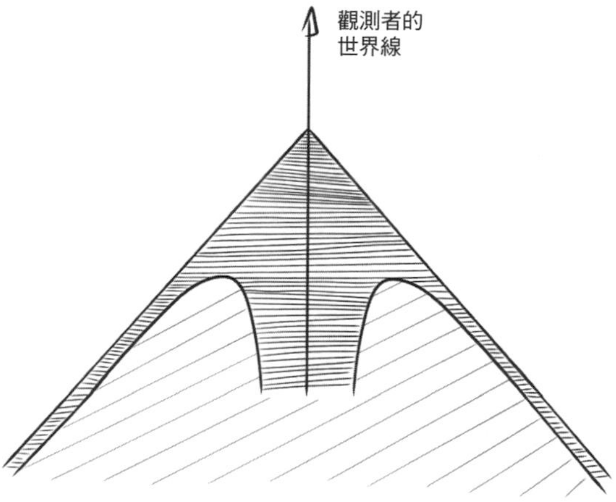

圖9　我們過去的光錐，其中深色陰影的區域，是我們可以直接接觸到的過去。

• • •

一九〇七年，愛因斯坦開始重新思考牛頓的萬有引力定律，試圖讓我們對引力的既有描述，符合他對時空的相對論新觀點。後來也證實這任務很具挑戰性，他後來形容這是「為了在黑暗中尋找人們能感覺到但無法表達的真理，經歷的一趟漫長而孤獨的沙漠之旅」。[5]然而，一切都是值得的。一九一五年十一月，在第一次世界大戰的黑暗日子裡，愛因斯坦終於提出了他的廣義相對論，這個新的引力理論，能與他狹義相對論的時空理論相容，也成為他最具影響力的科學成就。

廣義相對論用幾何術語來解釋引力——其實也是在解釋時空本身的幾何性質。[6]這項理論認為引力是質量和能量讓時空彎曲變形的一種表現形式。例如，廣義相對論認為地球繞著地球公轉，不是因為有個很遙遠的神祕力量拉著地球，而是因為太陽的質量稍微使周遭空間的形狀彎曲。空間彎曲形成一種類似山谷的地形，引導著地球（以及其他行星）進到太陽周邊近似橢圓形的軌道。我們看不到這個山谷，但我們能感覺到它——那就是引力！同樣的，根據愛因斯坦的說法，你的腳能固定在地面上，是因為地球的質量在空間中創造出一個微小的凹陷，而因為你的身體會沿著這個凹陷滑落，於是使你的腳底感受到一股向上的壓力。也是這樣的凹陷，讓國際太空站和月球等衛星，能夠穩定地繞著我們的星球公轉。

而且不僅空間會彎曲，時間也會，而這個現象也多次被電影導演（過度誇大地）利用在像是《星際效應》等電影中。當庫珀和他的船員短暫停留在米勒星球後返回太空船時，他們發現留下來的船員羅密利已經老了超過二十三年。顯然是米勒星球附近黑洞的巨大質量，讓造訪星球成員的時間流逝得較慢。

愛因斯坦的廣義相對論之所以強大，是因為它能用一個數學方程式來傳達物質、能量和時空形狀之間的美妙交流。

$$G_{\mu\nu} = \frac{8\pi G}{c^4} T_{\mu\nu}$$

這個方程式並不複雜。右側的 $T_{\mu\nu}$ 代表時空區域內的所有物質和能量。左側的 $G_{\mu\nu}$ 則描述該區域的幾何形狀。中間的等號就是魔法發生的地方：這個等式以數學般的精準告訴我們，左側的時空幾何（$G_{\mu\nu}$）如何與右側的物質和能量的配置（$T_{\mu\nu}$）有關，而愛因斯坦的理論認為，這之間的關係就是所我們經歷的引力。因此在愛因斯坦的理論中，引力不是作為一個獨立的力量存在。它反而是從物質與時空形狀的相互作用中**湧現**（emerge）的。正如美國物理學家惠勒（John Wheeler）所言：「物質告訴時空如何彎曲。時空告訴物質如何運動。」[7]

總而言之，廣義相對論為時空賦予生命。這套理論把時空從原本牛頓理論中，看似無法理解的固定舞台，轉變為一個靈活、實體的場。順帶一提，在物理學中對於「場」這充滿空間的無形物質的概念，可以追溯到十九世紀的蘇格蘭傑出實驗家法拉第（Michael

Faraday）。在那不久後，馬克士威運用場的概念來制定他的電磁學理論。讓磁鐵發揮作用的磁場，可能是物理場的最著名案例。如今，物理學家不僅用場來描述力，也用它來描述粒子類型。若粗略地說，粒子就是在空間無處不在的場所聚集起來的結果。愛因斯坦的天才之處在於他將時空本身視為引力的物理場。

支持廣義相對論的證據很快就出現了。第一個證據來自太陽系中，與水星的公轉軌道有關。勒威耶在十九世紀中葉向天文學家點出海王星的時候，他也注意到水星的軌道與牛頓的萬有引力定律的預測略有偏差。勒威耶也就理所當然推測水星的軌道可能受到另一顆更靠近太陽的行星影響，他甚至為它取了個名字——火神星（Vulcan）但從沒有人找到火神星。於是在一九一五年，愛因斯坦用他的新引力理論重新計算水星的軌道，並發現這能完美解釋水星軌道的反常，他把這項發現稱為一生中經歷過最強烈的感受——「就好像大自然在說話。」[8]

但廣義相對論真正的突破性進展出現在一九一九年，當時英國天文學家愛丁頓爵士（Sir Arthur Eddington）航向西非海岸的葡屬普林西比島，去測量日全蝕期間星星的位置。如果愛因斯坦是對的，質量確實能彎曲時空，那麼經過太陽這種大質量物體附近的星光應該就不會直線進行而會偏轉，導致天上星星稍微移位。令人驚訝的是，這正是愛丁頓與其團隊的觀察結果：星星確實移位了。《紐約時報》（*The New York Times*）以聳動的標題報導了愛丁頓的觀測結果，「天空中的燈火都歪斜，科學界的多數人都很興奮」，這則新聞使愛因斯坦一躍成為推翻牛頓的天才。[9]牛頓的定律曾被視為是絕對的真理，如今被證明只是暫時、近似真理而已。而且一名英國天文學家驗證一名德國物理學家理論的行為，甚至被譽為是剛經歷一戰的兩個國家間的和解舉動。

光線在太陽周邊的彎曲非常微小——只有幾弧秒——因為就天文標準來說，太陽的引力場還算弱。但在幾乎整整一百年後、二〇一九年的春天，全球各大媒體的頭條都刊登出一張壯觀的笑臉圖，展示出光線偏移的最極端型態。在這可說是現代版本的愛丁頓遠征中，由國際天文學家組成的團隊，創造出一個地球大小的虛擬望遠鏡——事件視界望遠鏡（Event Horizon Telescope）——它是以從格陵蘭到南極等全球各地的八個電波望遠鏡所嚴謹組合而成，其空間解析度清楚到可以看到月球上的一顆網球。當天文學家把他們的事件視界望遠鏡的所有解析能力聚焦在距離我們約五千五百萬光年、室女座星系團的梅西耶87的正中心，再將像素經過數位處理拼湊起來之後，一個黑色的圓盤出現了，周圍還環繞著一圈光芒——這是吸收物質的巨大黑洞的特徵。圖10中的黑色圓盤指出，中心區域的時空扭曲極為強烈，導致偏入其中的光線不僅會因而轉向，還會困在其中。其周圍的光環是由物質和氣體在被黑洞吸入時加溫而形成的。而因為這個黑洞獨有的旋轉方式，讓從黑色圓盤下方傳往我們這裡的光線擁有更多能量，導致下方的亮度更高。這個黑洞擁有六十五億顆太陽的能量，但卻壓縮至大約太陽系的大小，而這也是我們宇宙周遭較重的一個黑洞。

廣義相對論其實早就預測到黑洞的存在。在愛因斯坦發表這項重大理論的沒幾個月後，德國天文學家史瓦西（Karl Schwarzschild）就找到了這理論方程式的第一個解（見第82頁），描述一個密度非常高、有著完美球形的質量M，在其外部有著非常彎曲的幾何形狀。當時是一戰期間，史瓦西正在俄羅斯前線服役，他把這個解寫在一張明信片上，寄給了在柏林的愛因斯坦。當然，愛因斯坦非常高興，並熱情地在普魯士科學院展示這個解。

史瓦西的幾何學包含了一個非常奇特的平面，位在距離質量中心短短不到

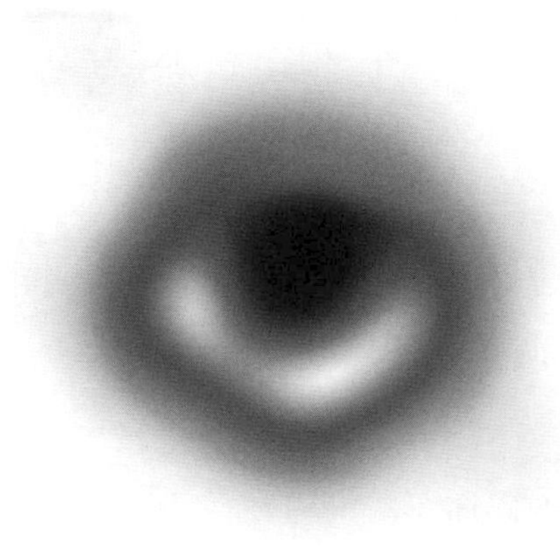

圖 10　這張由事件視界望遠鏡於二〇一九年生成的首張黑洞照片，讓全世界為之震驚。照片中央的「陰影處」沒有比我們的太陽系大，但卻包含大約六十五億顆太陽的質量。它位於離我們大約五千五百萬光年，梅西耶 87 星系的中心區域。光環是由墜入黑洞的物質所產生，而陰影區域則是因為空間扭曲太強烈，以至於所有的光線都被吸了進去。

$2GM/c^2$ 的距離。[10]在這個平面上，時空的角色似乎互換。多年來，人們對這點有很大的疑惑。愛因斯坦認為這是這個解的數學反常，不具物理意義。史瓦西本人則認為這個面，某種程度是時空的終結。

然而在一九三〇年代，籠罩著史瓦西幾何形狀的迷霧開始消散，[11]當時人們意識到，這個解所描述的是一顆大型、完美球形的恆星在燃料耗盡、死去後，經完整的重力塌縮而形成的時空的最終樣貌。[12]當然，真實的恆星並不是完美的球形，所以大多數物理學家對這個「受重力塌縮的恆星」或說黑洞，是否真實存在保持懷疑態度。直到一九六〇年代，彭羅斯（**Roger Penrose**）的研究成果帶來廣義相對論的復興，人們才開始真正接受重力塌縮恆星的真實存在，而惠勒是黑洞一詞的發明者。彭羅斯是倫敦伯貝克學院的一名純粹數學家，他引入了一套處理廣義相對論的複雜幾何學的精妙工具，並證明**所有**質量夠大的恆星，無論它們最初的形狀或構成為何，最終都會塌縮成一個黑洞。這證明也代表，黑洞絕非是數學上的反常，應該是宇宙生態系統不可或缺的一部分。在一九六九年的一篇論文中彭羅斯寫道：「我只想呼籲大家嚴肅看待黑洞，並全面探索它們的影響。因為誰能說得準，黑洞在我們觀察到地現象的形成過程裡，不會起到一些重要作用呢？」[13]後來證實這句話很有先見之明。在接下來的幾十年裡，天文的觀察結果逐漸加強了黑洞存在的證據，並在二〇一九年達到巔峰，我們首次取得這些神祕物體的朦朧圖片。在彭羅斯預測黑洞應該於宇宙中無所不在的五十五年後，在二〇二〇年，他因為最初純粹在理論上發現到黑洞，而共獲諾貝爾物理學獎的殊榮。

讓彭羅斯獲得諾貝爾獎的那篇發表於一九六五年的論文只有三頁長，只有幾行的方程式，但其中有著一張如達文西作品般的迷人插圖，描繪一顆塌縮的恆星如何形成黑洞（見圖11）。彭羅斯的時空示意圖畫下兩個空間維度，以及它們如何與時間維度交織在一起。

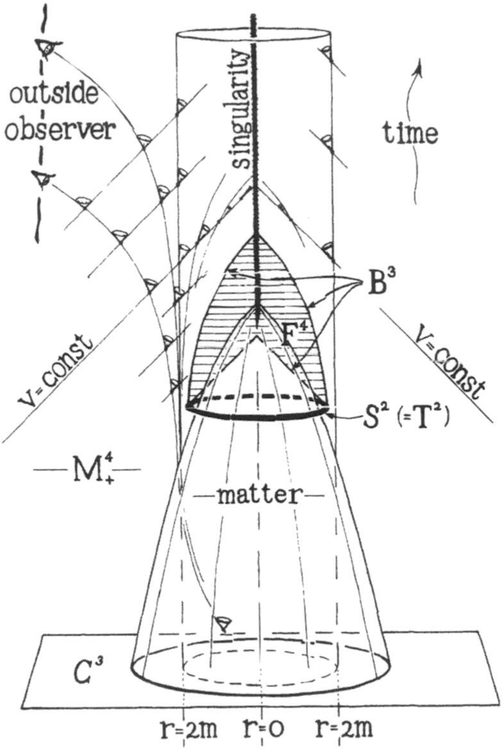

圖 11　一九六五年羅傑・彭羅斯所繪製的一顆塌縮成黑洞的恆星。當恆星縮小時，其周圍的空曠空間會出現一個奇異的平面，該平面在圖中就是中央的黑環。在這個平面上，即使是光也無法離開恆星。彭羅斯基於純粹數學原理證明出，無論恆星的形狀為何，像這樣困住光線平面的出現就表示黑洞的形成無法避免，而黑洞的中心是個奇異點，周圍則是圓柱狀的事件視界。在黑洞內部，未來光錐的嚴重偏移代表著光會不斷朝著奇異點移動。然而這樣的偏移也代表著外部的觀察者永遠無法真的看到塌縮的最終階段，更別說看到黑洞內部的奇異點了。

我們從圖中能看到，在物體遠處，通往未來的光錐向兩側展開，代表光束可以通往或離開恆星——正如人們所預期的。在塌縮中的恆星周邊，因為恆星的質量扭曲了空間，導致光錐向內偏移。隨著恆星持續塌縮，會出現一個特別的平面，錐體在這個平面彎曲得非常嚴重，導致即使是以光速向外傳播的光線，也會持續停留在恆星中心的一個恆定距離處。且因為什麼都不可以比光速還快，因此任何的事物也不能逃脫它的引力。塌縮的恆星創造出一個與宇宙完全隔絕的時空區域——黑洞。

這個將內部無法逃脫的區域和宇宙其他部分隔開的獨特平面，就是在廣義相對論的前期討論中，造成許多人困惑的史瓦西幾何。如今，它被稱為黑洞的事件視界。它大致能對應到圖10中黑暗圓盤的邊緣。事件視界就像一個單向滲透膜，物質、光和資訊可以進入，但任何事物都無法離開。黑洞可說是終極版的密室逃脫。

很少有物理學家相信在大型黑洞的事件視界能看到或感受到什麼，但視界對黑洞的因果結構卻有重大的意義。在視界內部，空間和時間在某種意義上交換了身分。如果一個勇敢的太空人冒險進到黑洞的視界中，持續變得傾斜的光錐代表著他必須會不斷朝著中心前進。也就是說，黑洞內部空間的徑向尺寸，有了時間維度的特性——無法停止或倒退，只能前進。最後在中心遇到的時空奇異點有著無窮大的曲率，但其實這已經不是一個空間上的地點，而更像是一個時間上的時刻——最後一刻。

這個擁有無窮大扭曲力的奇異點，就是愛因斯坦方程式會預測失準的地點（或說時間）。廣義相對論會在時間奇異點處塌縮。這一點讓人困惑。如果彭羅斯所使用的理論框架在奇異點無法成立的話，他要如何證明，一顆大型恆星的重力塌縮會產生一個奇異點？彭羅斯使用的策略的獨創性在於，他找出一個重力塌縮無法回頭的點，在那裡會形成他所謂的囚陷曲面（trapped surface），而且就連光也無法從那裡遠離恆星。彭羅斯指出，一旦囚陷曲面形成，那麼就無法避免會進一步塌縮成奇異點。他的數學技巧如此強大，讓他即便無法追蹤一顆真實恆星的崩縮全程，仍能預測最終結果。

那麼，當兩個黑洞進到彼此的影響範圍，並開始繞著對方旋轉時會發生什麼事呢？根據廣義相對論的預測，這種互動會產生引力波，引力波會造成時空的振盪擾動，並以光速傳播到整個宇宙。愛因斯坦的方程式在這裡起到作用：兩個繞著對方旋轉的黑洞會形成質量會定期變化的結構，而愛因斯坦的方程式指出，時空會以自己定期的擾動作出回應。而這些波紋就是重力波。

作為幾何圖形產生的波紋，重力波攜帶大量的能量。這過程會消耗繞著對方旋轉的黑洞系統的能量，使它們逐漸旋近，最終合併成一個更大的黑洞。這樣的合併過程，無疑是宇宙中最劇烈的事件。兩個黑洞碰撞一次所產生的重力波，其威力超過可觀測到的宇宙中所有恆星發出的所有光的總和。儘管如此，當黑洞碰撞時產生的幾何波形的尺寸極小，因為時空的結構異常地堅硬。[15]這就是為什麼儘管重力波的爆發威力強大，卻非常難偵測到的原因。

此外，由於不涉及任何粒子，所以穿過我們星球的重力波爆發事件，會極度難以捉摸。除了會瞬間讓量尺拉長或縮短一點點，以及讓時鐘的速度稍微加快或減慢之外，重力波就像是披著隱形斗篷一般穿越行星。而為了要偵測到重力波所引發的短暫變化，你會需要一根幾英里長的量尺，才能夠測量出比一個質子的寬度還要精準的距離。這聽起來不太可能。然而，美國的LIGO團隊和歐洲的Virgo團隊卻透過驚人的工程壯舉，達成這個目標。藉由使用雷射和大量的精密工程技術，監測三組由數英里長的真空管排成L型的探測器，這兩個團隊在三個地表相距甚遠的地點，設置巧妙的重力波陷阱。二〇一五年九月十四日，經過多年的等待與聆聽之後，兩個LIGO的L型探測器的干涉臂開始些微振動，慢慢變得更快且激烈，過不到一秒，振動就消失了。物理學家利用愛因斯坦的理論，能夠追溯這個短暫的振動事件，是源自於十幾億年前，一對各自的質量與約三十個太陽差不多的黑洞，因為旋近與合併所產生的重力波爆發。接下來的五年裡，共偵測到近一百起像這樣的重力波爆發，證明黑洞，正如彭羅斯的預測，確實是宇宙生態系統不可或缺的一部分。

發現到重力波的觀測結果，也證實了愛因斯坦廣義相對論中的最後一個偉大預測。這個結果在許多面向標誌著這個理論的成熟，而它不僅象徵著一個時代的開始，也象徵著一個時代的結束。最一開始這只是一個描述空間、時間和重力的抽象數學方程式，如今隨著重力波的觀測結果，發展成一個檢視宇宙的全新角度。在伽利略首次將望遠鏡對準星星的四個多世紀後，此理論的出現好像讓天文學家長出了新的感官，他們可以藉此來解開由黑洞、暗物質和暗能量所主宰的宇宙黑暗面。目前全球運行中的重力波觀測站，便透過感測時空本身的幾何結構來探索宇宙，並捕捉到一個多世紀以前，愛因斯坦所提出的場的微小振動。

在廣義相對論的拓荒時期，愛因斯坦便迅速意識到，他的理論可能蘊含著對整體宇宙的全新洞見。一九一七年，他在寫給位於萊頓的著名荷蘭天文學家德西特（Willem de Sitter）的信表示：「我想解決相對論的基本概念是否能貫徹到底，並且確定整體宇宙形狀這兩個問題。」[16]

愛因斯坦提議，宇宙空間的整體形狀，就像是一個三維版本的球面——被稱為超球面（hypersphere）。超球面不容易想像，因為我們習慣將彎曲的空間視為嵌入在一般三維歐幾里得空間中的二維平面。但這種嵌入在更大空間的平面，只是為了方便人們觀看。十九世紀的數學家已經證明，所有彎曲球面的幾何性質——像是直線、角度等等——都可以由本質定義，無須參照球面之上或之下的任何東西。[17]同樣地，三維超球面的彎曲形狀不需要外部的參考點。它就是它自己：一個超球面。就像一般球面一樣，三維超球面不存在中心或邊界。空間在超球面中的任何地方，看起來都是一樣的。然而，在愛因斯坦的宇宙中，空間的總體積是有限的。因此，就像地球表面的空間有限一樣，超球面宇宙的絕對位置也是有限的。事實上，如果你在愛因斯坦的宇宙中沿著一條直線持續前進，你最終會從你離開的反方向回到原地，就像是你可以透過持續向前飛行來環繞地球那樣。更重要的是，這麼做不會改變什麼，因為愛因斯坦設計了一個不隨時間變化的宇宙。為了達成這個結果，他甚至在他的方程式中添加了一個額外的項，他稱為宇宙項，用希臘字母λ來表示，而現在則稱之為宇宙論常數。愛因斯坦的λ項描述一種在宇宙的最大尺度上，所出現的一種空間的暗能量，它會產生某種形式的反引力，或說宇宙排斥力。愛因斯坦認為，對於一個特殊大小的超球面，所有物質的吸引力和λ項所引發的排斥力可以完全平衡，從而產生一個既不擴張也不收縮，並且在過去和未來永恆存在的宇宙。這就是他所追求的宇宙，也是他認定能和他理論的深層物理意涵相符的唯一宇宙。

愛因斯坦以單一方程式捕捉到整個宇宙的成就，生動地展示出廣義相對論如何能帶我們走到牛頓定律無法到達的地方。他提出的靜態、超球面的時空，將宇宙的整體形狀和大小，與其中包含的物質和暗能量進行連結，也顯示出他的理論確實有潛力為古老的問題提供精彩的解答。愛因斯坦把宇宙視為一個整體來對待的作法，在某種意義上也把古代行星模型裡的外層球體，納入到現代科學的範疇。儘管他的宇宙模型後來被證實是非常不準確的，但他的開創性研究標誌著現代、相對論宇宙學的誕生。

然而，要再過十幾年勒梅特才開始察覺到，相對論對宇宙學的真正意義，遠遠超過愛因斯坦和所有人的想像。

勒梅特是位有趣且受人喜愛的人物。[18]他在一八九四年出生在比利時南部的沙勒羅瓦市，因為一戰爆發，他不得不放棄大學的工程學課程去服役。一九一四年八月，德國入侵比利時，年輕的勒梅特志願加入比利時軍隊的步兵部隊，並參與發生在靠近法國邊界的艾澤爾河戰役。這場戰役持續了兩個月，直到比利時人用洪水淹沒該地，以阻止德軍推進。據說在戰情相對平靜時，勒梅特會在壕溝裡讀物理學的經典著作，包含龐加萊的《宇宙起源假說課程》（*Leçons sur les Hypothèses Cosmogoniques*）。據家族故事表示，他曾因為指出軍事彈道手冊中的一個數學錯誤而惹怒過軍事教官。

戰後，受到兩種使命的召喚，勒梅特在天主教魯汶大學攻讀物理，同時也在馬林修道院學習，並獲得梅西耶樞機主教（Cardinal Mercier）特許可以研究愛因斯坦的新相對論。

一九二三年，他帶著神職人員的身分，橫渡英吉利海峽，到劍橋天文台與愛丁頓共事。

勒梅特身為一名既熱中於哲學和物理學的讀者，他可能受到了十八世紀蘇格蘭哲學家休謨（David Hume）的啟發，在數學理論與天文觀測的交叉點上，開闢一條科學研究的道路。在休謨的代表作《人類理智研究》（*An Enquiry Concerning Human Understanding*）中，休謨主張我們的經驗是我們所有知識的基礎。他雖然認可數學的力量，但也告誡人們不該脫離現實世界進行抽象推理：「如果我們從先驗角度進行推理，似乎任何事情都有可能發生。一顆掉落的鵝卵石可能因為某些原因把太陽熄滅；或者某人的願望可能可以操控行星的運行軌道。」休謨強調經驗是我們所有理論的根基，這也為以實驗和宇宙觀測資料歸納得出結果的科學實踐法打好基礎。

秉著同樣的精神，勒梅特這樣總結了自己的立場：「所有的觀念都某種程度上來自真實世界，正如俗話所說『凡是在理智中的，無不先在感官之中』。[19]當然，來自真實世界的觀念，必須超越真實本身，並跟隨思維自然流動，而這也是智慧的基礎活動。然而，這或許是物理學的奇妙給我們最寶貴的啟示之一：我們必須控制這種流動，不能讓它失去與真實的連結，它必須接受真實的控制。此時，就像在各種其他領域一樣，我們必須在誤入歧途的空泛理想主義和乏然無味的狹隘實證主義之中找到一個滿意的平衡。」[20]

從英格蘭的劍橋搬到了美國麻州的劍橋，並在哈佛學院天文台工作的勒梅特，見證到一九二五年一月在華盛頓的那場「世紀天文大辯論」（the Great Debate）的終結。那場辯論的問題是，自中世紀以來就為人所知的天空中的螺旋星雲，究竟是銀河系裡的巨大雲氣，還是獨立且遙遠的星系。美國天文學家哈伯（Edwin Hubble）和他的同事，利用當時世界上最強大的望遠鏡——位於帕薩迪納附近威爾遜山上，口徑100英寸的新胡克望遠鏡——將兩個星雲（仙女座和三角座）的部分區域分解為獨立的恆星，然後利用這些造父變星的脈動特性來估算它們離我們多遠。[21]他們驚訝地發現，這些恆星離我們約一百萬光年之遠。如此遠的距離，使它們的位置落在我們銀河系的邊緣之外，也確認它們確實是獨立的星系。哈伯的觀測結果，一舉讓宇宙變大一千倍。

更重要的是，這代表大多數的星雲似乎都離我們遠去。早在一九一三年，天賦異稟的天文學家斯萊佛（Vesto Slipher）在大峽谷附近的羅威爾天文台[22]工作時就注意到，大多數螺旋星雲發出的光譜，都會往波長較長的那端偏移。[23]這種偏移現象會出現在光源遠離觀測者之時，也就是著名的「都卜勒紅移」（Doppler shift）。我們很熟悉聲波的都卜勒效應——想想看一輛救護車經過身邊時警鳴聲的變化。而相同的現象也出現在光波上，如果光源遠離，會導致光的整體顏色變紅，在宇宙學中就很適切地被稱為「紅移」（redshift）。到了一九二〇年代中期，斯萊佛已測量了超過四十二個螺旋星雲的光譜，並發現其中只有四個正在接近銀河系，剩下三十八個都在遠離銀河系，而且移動速度都非常驚人，高達每

TABLE I.

Radial Velocities of Twenty-five Spiral Nebulæ.

Nebula.	Vel.	Nebula.	Vel.
N.G.C. 221	− 300 km.	N.G.C. 4526	+ 580 km.
224	− 300	4565	+1100
598	− 260	4594	+1100
1023	+ 300	4649	+1090
1068	+1100	4736	+ 290
2683	+ 400	4826	+ 150
3031	− 30	5005	+ 900
3115	+ 600	5055	+ 450
3379	+ 780	5194	+ 270
3521	+ 730	5236	+ 500
3623	+ 800	5866	+ 650
3627	+ 650	7331	+ 500
4258	+ 500		

圖 12　宇宙擴張的最早證據。表格內容是維斯托・斯萊佛在一九一七年發表的二十五個螺旋星雲（星系）的徑向速度。負數代表的是在靠近我們的星系，正數則是在遠離我們的星系。

秒1800公里，遠超過當時任何已知天體的移動速度。事後看來，斯萊佛在圖12表格中所列出的星雲移動速度，就是宇宙擴張的最早跡象。[24]

一九二五年，回到魯汶的勒梅特理解到斯萊佛的觀察結果的意義。據說在那時候，他對於廣義相對論的理解，比包含愛丁頓和愛因斯坦在內的所有人都還多。勒梅特注意到愛因斯坦所設計的靜態宇宙極不穩定。那就像是在宇宙學中的一根要用針尖保持平衡的針：只要輕輕推一下，就會失去平衡。而他的天才之舉就是放棄根深蒂固「宇宙是永恆不變」的觀念，並從廣義相對論中讀出這項理論一直在傳達的訊息：宇宙在擴張。在把質量和能量與時空的形狀連結起來之後，愛因斯坦的理論就不可避免會使空間隨著時間變化——不僅產生局部變化，也會對整體宇宙的規模造成變化。勒梅特的結論是，愛因斯坦在設計出靜態宇宙理論時，為了迎合他對宇宙**應有**樣貌的哲學偏見，便違背了他自己的方程式當中最驚人的預測。勒梅特在一九二七年所發表的論文中，預測空間會擴張，為廣義相對論和整體實體宇宙的行為之間建立根本的**聯繫**。[25]他自己帶著一種典型的輕率回憶說，「我碰巧比大多數天文學家更擅長數學，也比大多數數學家更擅長天文學。」[26]

勒梅特明白，一個擴張中的宇宙與普通的爆炸有很大的不同。爆炸會源於特定的地點。所以你想想看，假設遠方有顆爆炸中的恆星，根據你看或不看那顆恆星，空間呈現的狀態就會非常不同。然而，擴張的宇宙卻

圖 13　勒梅特在比利時魯汶的天主教大學授課。

不是這樣。一個擴張中的宇宙沒有中心也沒有邊緣，而是空間本身就在伸展。真要說的話，這種擴張就是空間自身的爆炸。勒梅特進一步解釋說：「星雲（星系）就像是氣球表面上的微生物。」當氣球膨脹時，所有微生物都會發現到其他微生物都變遠了，而且有一種置身在中心的感覺（但只是種錯覺）。一九三〇年，一份荷蘭的報紙用漫畫式的插畫，來解釋勒梅特的這個隱喻（見彩頁，圖2）

當光波從一個「微生物」傳到另一個「微生物」時，光的波長會隨著空間的伸展而拉長，使光的顏色逐漸轉紅。這會導致遠處的星系，看起來像在遠離銀河系，但其實它們並沒有移動。因此，星雲光譜的紅移，並不像斯萊佛和哈伯所以為的那樣，是因為星系在移動所造成的都卜勒效應，而是空間本身膨脹造成的結果。我試著用圖14說

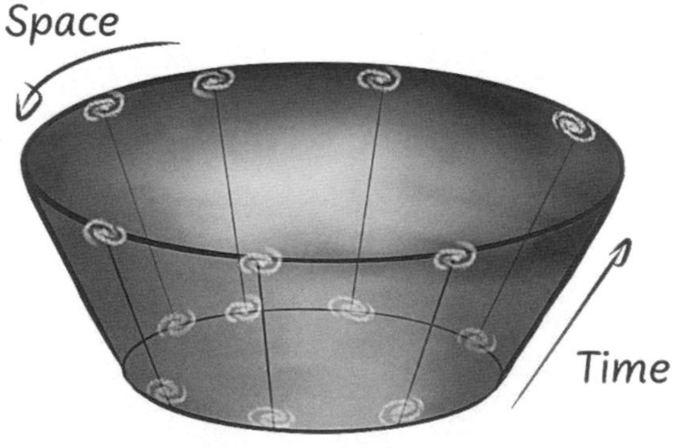

圖 14　一個一維、圓形的宇宙隨著時間擴張的示意圖。空間的擴張，讓星系看起來在遠離彼此，即使它們並未實際移動。由於這種發生在表面上的運動，在我們的觀察裡，來自星系的光會產生紅移。

明這一點。但因為我在一張紙上能畫出的維度有限，我再次省略了兩個空間維度，只留下一個畫成圓形的維度。這個圓的內部和它之外的空間，並非這個宇宙的一部分，只是為了把概念視覺化而存在。所以我們有一個擴張中的一維的圓形，而圓形的半徑隨著時間推移越來越大。我們可以看到這會導致星系間的距離增加。

我們所觀測到的紅移程度，取決於光是在多久——也就是多遠——之前發出的。勒梅特的計算假設宇宙以恆定的速度擴張，那麼某星系在宇宙表面遠離我們的速度 v，和星系與我們的距離 r 之間必然存在某種線性關係，而他在一九二七年的論文中，用惡名昭彰的方程式23來總結這個論點：

$$v = H r$$

這個關係式說明，星系在宇宙表面的遠離速度 v，應跟它們與我們的距離 r 成比例。在這個關係式中，比例常數 H 是用來衡量宇宙擴張速度的數值。為了尋找符合他預測結果的觀測證據，勒梅特查閱了斯萊佛和哈伯從四十二個星雲的樣本中，各自得出的紅移數據以及（高度不確定性的）距離量測數據，並預估星系的距離每增加三百萬光年，它們每秒的遠離距離，就會增加大約575公里。[27]

這項發現也開創出自牛頓以來宇宙學最重大的典範轉移。然而在當時幾乎沒有人注意到，而少數喬治・勒梅特收到的反饋也不表支持。勒梅特將他的論文影本寄給愛丁頓，但愛丁頓卻把它弄丟。為了讓宇宙保持靜止而調整理論的愛因斯坦，拒絕重新思考這個問題。實際上，在第五次索爾維物理會議[28]，他們短暫而激烈的交流中，愛因斯坦就指出，早在四年前，一名來自聖彼得堡的已逝年輕數學家傅里德曼（Alexander Friedmann）[29]，就已發現他方程式所描述的擴張宇宙的解。對愛因斯坦（和傅里德曼）而言，這個解只是相對論理論的數學反常現象，對真實宇宙來說沒有任何意義。一個靜態的宇宙似乎更完美，也更使人覺得高興。所以，因為傅里德曼已逝世、愛因斯坦表示否認、愛丁頓對勒梅特的發現毫不在意，所以在一九二〇年代後期，這星球上只有一個人理解這個最終會被證明是廣義相對論最深遠的預測。

然而，勒梅特堅持不懈，並開始研究宇宙變大的過程。他在位於魯汶的家中——一間釀酒廠——追蹤一個三維超球體[30]的尺寸演進，這個超球體填滿不同數量的物質與暗能量。在彩頁的圖1中展示他所發現的各種宇宙，且每一個都是根據廣義相對論在擴張和演進。這些圖表，是勒梅特在一九二九年或一九三〇年在黃色的方格紙上精心計算出來的，也是二十世紀最非凡的科學稿件之一。這些違背主流世界觀的圖表，從某個意義上來說就像是史詩，而它們的確改變了世界。

一九二九年，仍能使用世界上最強大的威爾遜山望遠鏡的哈伯，為這個線性的距離－速度關係式提出有力的實證，使得這個關係式——勒梅特一九二七年論文裡的方程式——被稱為哈伯定律。[31]儘管哈伯沒有提到擴張一詞，而且至死都不相信相對論對他觀察結果的解釋。[32]不管怎樣說，這些觀察結果仍是個壯舉。哈伯獲得胡馬森（Milton Humason）的協助，這位騾車夫暨最後一批沒有大學學位就進到這領域的天文學家，投注了極大心力來捕捉遙遠星雲的微弱光線。據說胡馬森得花整整三個晚上的仔細觀察，才能測量出單一星雲的光譜。

哈伯和胡馬森的驚人觀察結果，被認定是相對論宇宙學的轉捩點。一九三〇年一月，愛丁頓在皇家天文學會召開會議來討論這項議題，而且（因為被提醒到有一九二七年勒梅特的論文）要求將勒梅特的論文翻譯成英文後刊登在《皇家天文學會月報》（*Monthly Notices*）裡。面對天文學的證據，愛因斯坦也只好勉強承認。他一口氣接受宇宙擴張的事實，並放棄原先為了讓宇宙保持靜止，而加到方程式中的λ項。他表示，他對於這個項的感覺總是不太好，因為他認為其嚴重破壞這理論的數學美感。他在寫給美國天文家托爾曼的信中，提到最近所擺脫負擔的理論時表示，「沒有比這更令人滿意的感受了。」[33]

然而，勒梅特卻有截然不同的看法。他認為愛因斯坦的λ項，是很精彩的理論補充內容，當然他不是想創造一個靜態的宇宙（這是愛因斯坦的動機），而只是為了能解釋與空曠空間有關的能量。愛丁頓也同意勒梅特的這個觀點，並宣稱：「我寧願回歸到牛頓理論，也不願放棄宇宙常數。」[34]愛因斯坦基於幾何學基礎的論證，將這個項放在方程式的左側，但是愛丁頓和勒梅特認為它是宇宙能量總量的一部分，所以要放在右側。他們提出問題，認為如果時空是個物理場，那我們不是該預期它會有自己的內在性質嗎？宇宙常數恰好就做到這一點：它用能量和壓力填滿時空。就像是一碗牛奶中有一定數量的能量（由其溫度決定），λ項使原先空無一物的空間裡，充滿由常數λ的數值大小所決定的暗能量和暗壓力。「有了λ項，一切都有可能，就像是真空中的能量會不為零一樣。」勒梅特寫道。[35]

宇宙常數的反引力效果是因為它填入空間的是負壓。負壓不會很奇特；我們通常稱之為張力，在拉緊的橡皮筋就看得到。在愛因斯坦的理論裡，負壓會導致「負引力」或說反引力，而這正是擴張加速的原因。

現在，當空間擴張時，其內在性質並不會改變。你只會得到更多的空間。因此，時空的暗能量與正常能量或輻射的不同之處在於，它在擴張過程中不會被稀釋，甚至還可能在空間擴大之際，成為宇宙演化的決定性因素。勒梅特的那張代表性圖表中（見彩頁，圖1），位於圖表下方的幾條超球體宇宙的曲線就與這個情境不符合。在這些宇宙中，空間的暗能量密度比較小。因此，引力會以吸引力為主，而且宇宙的尺寸變化軌跡，就像是飛行中的棒球一樣：一開始先增加，等到抵達最大值後，就會因為暗能量的反引力的積累和干擾，再度塌縮成一個大擠壓（big crunch）。但如果宇宙常數的數值大一點，就可能抵銷物質之間的引力，因而為宇宙演化的進程帶來鉅變。擁有充足暗能量的宇宙，其擴張路徑軌跡的類比，就會從棒球變成加速中的太空火箭。這就是勒梅特在圖表上方的曲線所描繪的變化。

事實上，除了思索空曠空間的性質之外，勒梅特還有另一個保留λ的原因，這個原因同樣也很有趣，我在第一章就曾提到過。這個原因與宇宙的宜居性質有關。藉由細心調整λ的數值大小，他可以得到一個擴張極緩慢而悠久的宇宙，而星系、宇宙和行星得以在之中形成。這個猶豫的宇宙，就是勒梅特所構想出最利於生命的宇宙：可以對應到彩頁圖1中，那條幾乎水平的曲線。然而，即使是這個宇宙，如果勒梅特繼續向下運算，最終還是會開始加速擴張。

勒梅特和愛因斯坦在他們的餘生之中，一直就「小λ」這個議題爭論不休。雙方從未達成共識。在加州理工學院的雅典娜神廟俱樂部跟著他們散步的記者寫到，這個「小λ符號」隨時隨地都跟著他們。在後來與勒梅特針對這議題的書信往來中，愛因斯坦承認，如果他「能夠證明λ存在的話，會是個重大的發現。」[36]這是他對惡名昭彰的λ項，最深層的一次重新思考。直到八十年之後，這個議題出現驚人的進展，經過針對爆炸恆星（超新星）的光譜進行高精度天文觀測後，結果證明勒梅特是對的：我們確實生活在一個猶豫的宇宙裡，雖然它的猶豫期在幾十億年前就結束了。[37]

然而，彩頁圖1的勒梅特圖表讓人最為驚訝的「細節」，可能就是隱藏在左下角的那行字；他寫下「t＝0」，指的是**時間的起點**。

由此可見，勒梅特在一九二七年所提出的原始擴張宇宙，並沒有一個開始。勒梅特的假設反而是，宇宙從無窮遠的過去的一個近乎靜止的狀態，緩慢地演化而成。到了一九二九年，他意識到這種寄託在遠古的設定，很像是愛因斯坦要用針尖保持平衡的針，所以他放棄了這個情境，更偏好一個真正的開始。勒梅特後來得出結論，認為擴張代表著宇宙必然有個與現在截然不同的過去。「我們需要對天體演化學進行全盤的修訂，」他說，「需要一套煙火般的宇宙演化理論。」[38]

他超越愛因斯坦的理論構想，大膽想像宇宙的起源是一個超重的太古原子，而它的壯觀瓦解則產生了我們今日看到的廣袤宇宙。「站在已經冷卻的餘燼之上，我們看著太陽慢慢落下，試著想起世界起源時的逝去光輝。」在他的專著《太古原子的假說》中，他寫道。為了尋找宇宙暴烈誕生的遺跡線索，他開始對宇宙射線產生興趣，他認為這些就像是古老火球的象形文字。在他的職涯後期，勒梅特為了解讀這些軌跡，他買了一台初代的電子計算機 Burroughs E101——他在一九五八年的布魯塞爾世界博覽會見到這台機器——並在學生的幫助之下，把機器搬到魯汶大學物理系的閣樓，成立該所大學的第一個計算中心。[39]然而，雖然宇宙擴張的想法在一九三〇年代獲得廣泛接受，但對於宇宙有個起點的說法卻受到強烈懷疑。「自然界現有秩序有個起點的想法，讓我很反感，」愛丁頓斷言道，「身為一名科學家，我根本不相信宇宙是從一次爆炸開始的。就好像有個未知的東西在做著我們不知道的事。」[40]

愛因斯坦最初也拒絕接受宇宙有個起點的想法。就像他對於史瓦西提出的圓形黑洞內部的奇異點所持的看法一樣，他認為勒梅特的擴張宇宙概念中的時間起點，不過就是宇宙以完美對稱與均勻的方式擴張時所出現的某個反常。因為真實的宇宙並不完全均勻，所以如果將擴張的過程倒轉的話，事物會錯過彼此，因此他推論，這樣收縮和擴張的循環可以取代起點的存在，他覺得這觀點在哲學上讓他感覺更滿意。一九五七年，勒梅特回想他們過去的對話：「我在加州帕薩迪納的雅典娜神廟俱樂部再次遇到愛因斯坦。在談到他對於『宇宙在某個條件之下，必定有個起點』的懷疑時，愛因斯坦提出一個簡化版的非球形宇宙模型，但我很快就算出這個模型的能量張量，並指出愛因斯坦想到（避免起點存在）的漏洞是行不通的。」[41]對於愛因斯坦反對「必定有個起點」的情感，勒梅特似乎能夠理解，他說：「從美學的角度來看，這種說法充滿遺憾。一個不斷擴張與收縮的宇宙，具有某種難以抗拒的詩意美感，讓人想起傳說中浴火重生的鳳凰。」[42]

然而，宇宙就是宇宙。儘管諸位先驅在哲學和美學上各有偏好，但相對論宇宙學堅定指出有個真正的開始，而且始終如一。話雖如此，時間的零點——也就是勒梅特所說沒有昨天的今天——在廣義相對論中也是個奇異點，因為在那裡時空的曲率會變得無限大，導致愛因斯坦的方程式失去作用。因此奇怪的是，大霹靂既是相對論宇宙學的基石，也是它的阿基里斯腱——無法避免，但又顯然無法理解。

這是個讓人極其困惑的狀況。如果時間本身是從大霹靂開始的，那麼所有與那之前相關的問題，似乎都沒有意義。甚至連推測大霹靂的成因也顯得很突兀，因為起因必須早於結果，但這會需要時間的概念存在。基本因果關係明顯在時間起源失去作用的想法，是愛丁頓和愛因斯坦與勒梅特爭論的核心。前兩人極不情願去思考一個有起點的宇宙，因為他們覺得若存在真正的開始，似乎就得有某種超自然的力量來干預自然演化的過程。隨著該世紀有越來越多的證據顯示出，宇宙的起源非常有利於生命的演化時，像這樣的保留態度就變得尤其辛酸。但事後看來，愛丁頓和愛因斯坦的懷疑是能被諒解的！

愛因斯坦和愛丁頓對於起點的看法，都深受牛頓舊有的決定論觀念影響，這個觀點也與愛因斯坦經典的廣義相對論相容。在這個框架中，所有起點的初始條件，都需要跟它們所演化出的宇宙具有一致的設置。後來演化成複雜宇宙的宇宙，就必須在早期有著相同程度的複雜性。一個顯然特別設計能夠帶來生命的宇宙，就必須從一開始就具備同樣程度利於生命的初始條件。這說法會讓人覺得好像有「上帝之手」使我們這個精心設置、利於生命的宇宙得以運作。

但勒梅特的想法超前決定論一大步。他提議採納量子觀點的起源來打破因果連結，並在一九三一年的《自然》（*Nature*）雜誌，發表〈從量子理論觀點看世界的開始〉（"The Beginning of the World from the Point of View of Quantum Theory"）一文解釋他的立場。[43] 勒梅特這篇富有創見的文章，是二十世紀最大膽的科學文獻之一。雖然本文只有短短四百五十七字，但可以被視為大霹靂宇宙學的憲法。在本文中，他（據我所知是首次）主張相對論和量子革命有很深的關聯，宇宙的開始應該被視為科學的一部分，也受到我們能夠發現的物理定律所支配，但這些假定的定律會涉及量子理論和引力。勒梅特認為，我們必須將量子理論和相對論結合在一起，因為後者暗示大霹靂的存在，而前者在這時刻至關重要。他想像，將兩者統一會產生很強大且深奧的綜合體，得以將宇宙的起源納入到自然科學的範疇中。這樣的觀點後來被證明是有先見之明的；今日的物理學家喜歡說大霹靂是終極的量子實驗。

量子理論為物理學帶來無法避免的不確定性和「模糊性」（fuzziness）。勒梅特推估，在宇宙最前期的極端條件下，即使空間和時間也會變得模糊和不確定。「在宇宙之初，空間和時間的觀念將完全失去意義。」他在他的大霹靂宣言中寫道。「空間和時間反而只有在最初的『量子』被分隔成數量充足的量子時，才會開始有明顯的意義，」他神祕地補充說，「如果這個提議為真，世界的開始就發生在空間和時間開始之前的某個時刻。」

但量子的不確定性，如何能夠解決大霹靂帶來的因果難題呢？勒梅特心中的想法是，隨機的量子躍遷就可能讓一個簡單的太古原子生成出一個複雜的宇宙。如果今日宇宙的複雜性，是演化初期時無數個「留下來的意外」的結果，而非最初存在的初始條件早就完美設置的必然結果，那麼宇宙有開始的整個觀念是否會更容易被接受？勒梅特在發表於《自然》雜誌的信的結尾，沉思著量子起源的含義：「顯然，最初的量子無法把整個演化過程藏在內部。世界的故事不需要像唱片中的歌曲一樣，被記錄在第一個量子中。反而是從同一個起點，可能演變出截然不同的宇宙。」

事實上，由於量子起源說似乎減輕時間起源帶給人的不快，勒梅特將之視為其新宇宙論的核心支柱，儘管他針對太古原子，從未寫下任何能證實其觀點的方程式。他在大霹靂宣言中對宇宙起點的直觀描述是極簡單的。在大霹靂宣言中，他對宇宙起點所沉吟出的直觀描述非常簡潔。在勒梅特的腦中，太古原子就像是一顆抽象、無明顯特徵、原始的宇宙之蛋。這讓我想到羅馬尼亞雕塑家布朗庫西（Constantin Brâncuși）的作品〈世界的開端〉（"The Beginning of the World"）（見彩頁，圖6）。

英國量子物理學家狄拉克是太古原子假說的早期支持者，他更進一步推估，初期宇宙中的量子躍遷可能能完全取代對初始條件的需求。這是否代表因果關係在量子起源變得無足輕重，「初始因」這個謎題在量子世界——也就是我們的世界——消失了呢？狄拉克在一九二三年來到劍橋就讀，跟勒梅特同年，也一樣希望跟著愛丁頓研究相對論。但他被分配到另一條研究路徑，引導他深入研究粒子的量子理論，而且他對這個研究領域所擁有的高度理解幾乎無人能比擬。狄拉克發現到後來以他為名的方程式，此方程式統合了愛因斯坦的相對論和量子理論，並預測反物質的存在，他也因此於一九三三年榮獲諾貝爾獎殊榮。後來他晉升成為劍橋大學盧卡斯數學教授席位的第十五位擁有者。但是狄拉克是個很奇怪的人物，他極度害羞和安靜——據某些同事的說法，幾乎是隱形的。在一九七〇年代末的一個星期天午後，史蒂芬和他的妻子珍（Jane）邀請狄拉克夫婦來他們家喝茶。當時和他們住在一起，負責照顧史蒂芬日常起居的研究助理佩吉（Don Page）決定留下來聽這兩位二十世紀物理巨人之間的對話。但顯然，他們兩人都沒有說一句話。

座落在佛羅里達州塔拉赫西市的狄拉克資料館，收藏了一張一九三〇年，勒梅特在劍橋卡皮察俱樂部演講時，由觀眾繪製的精美鉛筆畫。那張圖畫（圖15）上有著一段文字：

「但我不相信上帝的手指在攪動著以太。」根據狄拉克的回憶（他在一九七一年的一份附註中寫下）：「在勒梅特演講的同時，有很多人在討論量子不確定的角色。」針對決定論觀點為宇宙起源所造成的因果難題，狄拉克和勒梅特都視量子力學為解方，並將今日宇宙如此複雜的多數根源，追溯到其誕生後發生的隨機量子躍遷。在某種意義上，這些躍遷將宇宙的演化變成一個真正具創造性的過程。

狄拉克細心審視這十年間的眾多發現之後，他在一九三九年回到勒梅特的太古原子假說，他在愛丁堡皇家學會的斯科特獎講座中表

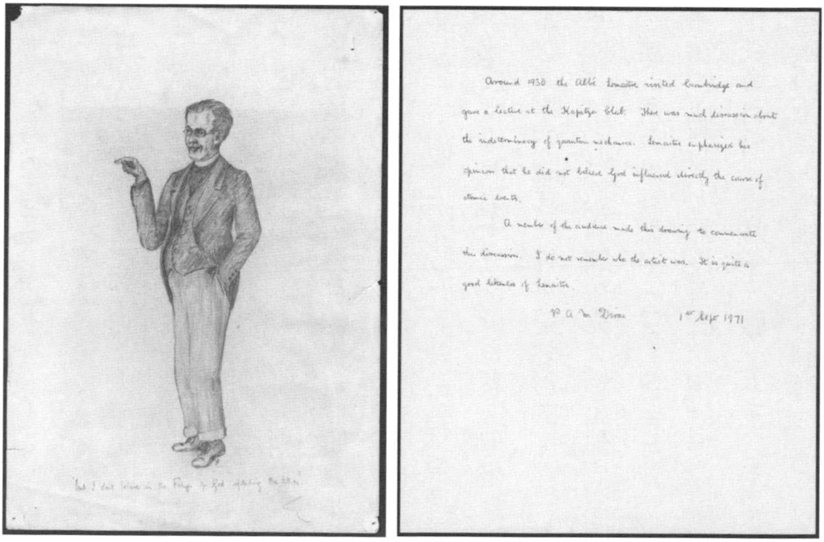

圖 15　這張喬治・勒梅特的人像，是一名參加他一九三〇年在劍橋大學演講的觀眾畫的。下方的筆記明確表示，勒梅特認為上帝無須干預大霹靂。他認為太古原子假說是個純粹的科學問題、奠基在物理學理論中，且最終會藉由天文觀測結果來驗證。四十年後，保羅・狄拉克寫上右側的筆記。

示：「從哲學的角度來看，新的（膨脹）宇宙論可能比相對論或量子理論還具革命性，儘管目前人們還不太能理解其全部涵義。」[44]七十年過去了——許多偏見也被擺脫——我和史蒂芬的旅程確實揭露了部分的哲學涵義。

・・・

在當時，人們難以找到能證實太古原子假說或類似理論的觀測結果。歷經一九三〇年代初期的全盛期後，宇宙學竟然成為一個科學的邊陲地帶，且因為有著缺乏數據和推測誇張的特性，宇宙學家得到「常常出錯，但從不懷疑」的不良名聲。

其實，在一九五〇年代，大霹靂理論幾乎從輿論中消失。出聲反對勒梅特理論的英國天文物理學家霍伊爾，在一九四九年接受BBC訪談時，把大霹靂一詞視為貶義詞，並稱之為「一個無法用科學術語描述的非理性過程」。霍伊爾不會錯過任何將大霹靂宇宙學稱作相容論主義者的偽科學的機會。霍伊爾附和愛丁頓的言論，表示：「『宇宙開始論』沒有提供因果解釋，甚至沒提供任何的解釋。科學界的學者會對大霹靂宇宙學有顆狂熱的心，顯然是源自於對《創世紀》第一頁的深厚情感，這是宗教基本主義最強烈的表現形式。」[45]他還建議：「每當聽到有人用『起源』一詞時，不要相信你聽到的任何事情！」[46]

霍伊爾與邦迪（Hermann Bondi）和顧爾德（Thomas Gold）合作，提出一個挑戰大霹靂理論的宇宙模型「穩態理論」（steady-state theory），在一九五〇年代，這套理論也獲得許多科學家的支持。穩態理論認為，儘管宇宙一直在擴張，它的平均密度也會保持恆定，因為會有物質不斷被創造出來形成新的星系，填補因為老的星系移動而出現的空間。大霹靂宇宙學認為，大多數的物質都在最原始的高溫中被創造，而穩態宇宙則認為宇宙中的物質創造是個緩慢且永恆的過程。在霍伊爾的穩態中，宇宙沒有起點與終點，就有點像是迷你版的多重宇宙，在那之中會不斷產生新的星系而非新的宇宙。

與此同時，身材高大的俄羅斯物理學家伽莫夫（George Gamow，他的朋友都叫他Gee-Gee），對熱大霹靂的特殊環境進行更仔細的研究。伽莫夫是號多才多藝的人物，他似乎擁有會遇到來自各行各業的人的天賦，從托洛斯基（Trotsky）、布哈林（Bukharin）到愛因斯坦和克里——而且經常是在很知名的情境之下。[47]伽莫夫在烏克蘭的敖德薩長大，並在聖彼得堡讀大學，在那裡向傅里德曼學習廣義相對論。對共產國家日益侵犯學術生活的行徑感到失望，伽莫夫和他的妻子試圖逃離烏克蘭，他們划船從克里米亞半島的南端穿過黑海抵達土耳其。一切看似順利，直到海上航行的第二天，他們被一場暴風雨颳回克里米亞。但伽莫夫夫婦沒有放棄。一九三三年，當波耳（Niels Bohr）邀請伽莫夫參加在布魯塞爾舉辦的第七屆索爾瓦物理會議時，他們趁此機會移民到美國。

伽莫夫既不是數學家也不是天文學家，而是一名原子核物理學家，他想像在擴張的前幾分鐘，整個宇宙就像一個巨大的核子反應爐。跟阿爾弗（Ralph Alpher）和赫曼（Robert Herman）一起研究的伽莫夫認為，大霹靂期間一定非常炙熱，並好奇孕育出我們和周邊一切事物的化學元素，是否曾在這個「原始的宇宙烤箱」中烘烤過。他的推論是，如果原始宇宙的密度和溫度高到連原子核都無法存活下來，那麼元素週期表最一開始，就只會有一個元素——氫，因為它是單質子粒子。而整個宇宙中會充滿一種伽莫夫稱為「YLEM」的高密度、高溫的等離子體，這個詞源自於希臘文的 ὑλη，意思是「物質」。這個等離子體是由自由移動的原子組成單位——電子、質子和中子——所組成，且都浸在輻射的熱池裡。但當宇宙開始擴張和冷卻時，中子和質子就會結合成複合原子核。首先產出的是由一個質子和一個中子組成的氘，接著氘與更多的質子和中子融合成氦。結合原子核物理學的定律和宇宙擴張的概念，伽莫夫和他的團隊計算出，在大霹靂之後的約一百秒的時間裡，會出現原始宇宙最適合核融合的時機，並在幾分鐘之後結束，因為當宇宙擴張把溫度降低到一億度時，溫度就低到足以關閉宇宙原子反應爐。他們發現，這個短暫出現的時機，足夠把宇宙中約四分之一的質子轉化為氦核，以及少量的鈹和鋰等重元素。伽莫夫和他的團隊得出宇宙初期輕元素數量相對多的預測，十分吻合後來天文學家的觀測結果。如今，這被視為熱大霹靂理論的關鍵驗證之一。[48]

但還有一個更重要的預測，隱藏在伽莫夫的研究中——如果驗證為真的話。阿爾弗、伽莫夫和赫曼意識到，原子核合成過程中所釋放的熱量，至今應該仍以大量殘餘輻射的形式，充滿在整個太空之中。畢竟，它能跑到哪呢？宇宙就是一切。他們的計算結果顯示，經過數十億年的宇宙擴張，這些熱輻射會降溫到約 5 K 或攝氏零下 267 度。這樣冰冷的輻

圖 16　伽莫夫在這瓶君度酒的酒標上寫下「YLEM」一詞，以紀念他在一九四八年與阿爾弗合作研究原子核在大霹靂中合成時的炙熱環境。「YLEM」一詞源自中世紀英語，指的是宇宙最原始的物質，一切元素都衍生自此。

射，會使宇宙大半落在電磁頻譜中的微波譜域中。因此，今天的宇宙——整個空間——應該充滿著微波。這是個重大的發現：伽莫夫和他的共同研究者找出了一個熱大霹靂時代的遺跡線索，而且只要我們用對微波敏感的眼睛深入觀察太空，就應該能看到它。

而結果的確如此。熱的物體會散發輻射，宇宙也不例外。一九六四年，兩位美國物理學家彭齊亞斯（Arno Penzias）和威爾遜（Robert Wilson），偶然發現到宇宙微波背景輻射CMB。他們並不曉得伽莫夫的研究，彭齊亞斯和威爾遜在紐澤西州霍姆德爾鎮的貝爾電話實驗室只是在校準巨大的微波喇叭天線時（原先是建造來追蹤充氣式衛星「Echo」），發現到天線持續接受到他們無法解釋的雜訊。無論他們將天線指向天空的哪個方向，無論白天還是晚上，他們都遇到完全相同、波長7.35公分的雜訊。跟當地的宇宙學友人討論過後，他們很快意識到天線之所以會收到雜訊是有原因的：它正在接收熱大霹靂遺留的微弱輻射——這個來自時間之初的「電報」是勒梅特先設想，後來再經過伽莫夫的確認。

彭齊亞斯和威爾遜發現微波輻射遺跡的消息震驚全球。科學界終於意識到，宇宙膨脹確實造成長期的影響，這代表遠古宇宙和今日宇宙有著難以想像的不同。

關於宇宙起源說的爭辯，也因為這項證據有了重大改變。幾乎在一夜之間，宇宙膨脹的最終起因，也就是三十年前讓愛因斯坦和勒梅特互相對立的謎題，成為理論宇宙學的核心議題直至今日。

一九六六年六月十七日，就在勒梅特逝世的三天前，人在醫院的勒梅特得知有人發現了CMB，有名摯友告訴他，終於找到能證明他理論正確的遺跡線索了。「我很高興……現在我們有了證據。」據說這是他的回答。[49]

此時，或許有人會覺得有些奇怪，「大霹靂之父」居然也是名天主教神父。但勒梅特知道如何在愛因斯坦和教宗之間取得平衡，並用心解釋他為什麼認為科學和救贖——他選擇走上「兩條通往真理的道路」——之間並沒有衝突。在接受《紐約時報》記者艾克曼（Duncan Aikman）的訪問時，勒梅特引用伽利略討論科學與宗教對立的看法*，說道：「一旦你意識到聖經並不是科學教科書，並且一旦你意識到相對論與救贖無關，科學與宗教間舊有的衝突就消失了。」他補充說，「我對上帝有很深的敬意，不會將祂簡化成一個科學假說。」[50]（見彩頁，圖5）從他的著作中可以很清楚看出，在這兩個領域間遊走的勒梅特沒有感受到一絲衝突。人們甚至還察覺到對此他抱著某種輕鬆的態度。「事實證明，要徹底追求真理，就要向靈魂和宇宙光譜中尋找。」他曾說過。

在一九六〇年代前期，勒梅特當時是宗座科學院的主席，他努力推動該院的目標，即在維持與基督徒良好關係的同時，也促進優秀的科學研究。勒梅特堅持科學和宗教擁有各自的範疇，不接受那些試圖將宗教的真理與科學發現相結合的相容論解釋方法。對於太古原子假說，他的意見是：「這理論與任何形而上學或宗教的問題毫無關聯。這讓唯物主義者獲得否認超自然存在的自由，而對信徒而言，則排除了任何與上帝（變得）親近的意圖。這符合以賽亞所說的『隱藏的上帝』，就連在創始之初也不見祂的身影。」[51]

對於這議題，勒梅特的立場之所以更涇渭分明，無疑是因為他在魯汶讀神學院時，受到梅西耶樞機主教的新托馬斯主義哲學學派影響，這個學派接受現代科學，但認為它對本體論沒有太重大的意義。在梅西耶的學院裡，勒梅特學會區分兩個層次的存在：物理世界在俗世意義上的開端，以及形而上的存在議題：「我們可以把這個事件（太古原子的分解）稱為一個開端。我沒說這是創世。從物理角度來看，那事件的確就是一切種種的開端，也就是說即便在那之前發生過什麼事情，也沒有在我們的宇宙，留下任何能夠觀察的影響……任何在我們宇宙之前就存在的事物，都有著形而上的本質。」[52]

這樣的區別讓神父有辦法——而且理由確實很明顯——將研究宇宙的物理起源視為

＊一六一五年，伽利略寫了一封討論科學與宗教關係的著名信件，給托斯卡納大公夫人洛林的克莉絲汀（Christina of Lorraine, grand duchess of Tuscany）。在信中他引用最卓越的神職人員（據說是梵蒂岡圖書館館長、樞機主教巴龍尼斯）的話：「聖靈的意思是要教導我們如何上天堂，而不是天堂如何而來。」

自然科學，但愛因斯坦則認為這是對物理學理論的威脅。所以他們科學辯論的核心，其實是不同哲學立場的對抗。對於科學最終想要探究的世界，他們似乎有著截然不同的看法。勒梅特似乎非常清楚，無論過程如何抽象，我們科學研究的能力，都根植於我們和宇宙的關係。他的雙重身分促使他仔細劃清科學和心靈領域之間的界線。最終勒梅特得到的是擺脫教條的信仰，以及根基於人類處境的科學。在一場於他家鄉舉辦的紀念活動上，勒梅特的一名侄女告訴我，她的表親們喜歡在家庭聚會中挑戰喬治，追問他的太古原子來自何方。「哦，那就是上帝。」他會開玩笑地告訴他們。

圖 17　當我們開始合作之時，霍金還不知道勒梅特在量子宇宙學的開創性研究。因此我帶他去到勒梅特曾經在魯汶的普雷蒙特利會學院的辦公室，在那裡向他展示勒梅特於一九三一年發表的大霹靂宣言。

相較之下，愛因斯坦是名理想主義者。廣義相對論理論的發現，是項無與倫比的壯舉。而這項成就使他更加相信這世上存在等待被發現的最終理論，內容由規定了宇宙應有模樣的永恆數學真理所組成。而愛因斯坦對於宇宙起源相關的全部問題，抱持著以因果關係和決定論為主的態度，都反映出這個信念。然而，他的相對論所做出的驚人預測——認為宇宙源自於大霹靂，而且這也是時間的起源——對他的立場帶來很大的挑戰。

在接下來幾章裡，我會提出理由說明，為什麼後來勒梅特的立場被證明對解開設計之謎更有幫助。事實上愛因斯坦與勒梅特的對抗，也反應出七十年之後，霍金在這條研究道路上走了多遠。早期的霍金跟隨愛因斯坦的立場，也就是我們在物理學中發現的是超越實體宇宙的客觀真理。因此從更深層次的哲學層面來看，我們的旅程是關於霍金如何和為何選擇擺脫愛因斯坦的立場，改採取勒梅特的立場，以及這個轉變如何不僅影響我們對大霹靂的看法，還影響了宇宙學的未來計畫。

第三章　宇宙創生

我似乎沒走幾步，卻好像走了很遠。孩子，你看，在這裡時間變成了空間。

——理察・華格納（Richard Wagner）

《帕西法爾》（*Parsifal*）

史蒂芬在回憶錄中寫道，自己會對宇宙學感生興趣，是因為他想要測量自己的理解力有多強。而史蒂芬對於持續深入問題核心的無窮好奇心，帶領他來到劍橋大學。一九六二年的秋天，他從牛津大學來到劍橋大學，他之前在牛津大學獲得物理學的學士學位。「當時牛津大學的普遍風氣是反對用功唸書，」他這般描述那段經歷，「努力唸書以取得更高學位的行為，是『灰色人』才會做的事，而這是牛津學生中最糟糕的稱號。」[1]當要準備牛津大學的期末考時，史蒂芬選擇專注在理論物理的問題，因為這些問題不需要太多事實性知識。他的畢業成績介於第一級榮譽和第二級榮譽之間，因此考官辦了一場面試來決定該給他哪個等級。史蒂芬告訴他們，如果他得到最高級，也就是一級榮譽，他就會去劍橋；

否則他會留在牛津。他們給了他一級榮譽。細數史蒂芬後來的種種豐功偉業，若從牛津大學的角度來看，這可能是它們八百年歷史中最糟糕的決定之一。

在劍橋時，史蒂芬想要找霍伊爾這名穩態宇宙的擁護者擔任指導教授，儘管他的理論在一九六〇年代初已受到嚴重質疑。[2]但是霍伊爾沒空，史蒂芬後來被指派由夏默（Dennis Sciama）指導。後來證明這是件很幸運的事。夏默是保羅．狄拉克的學生，擅長促成改變、是非常會激勵學生的角色，他把劍橋大學變成相對論宇宙學的聖地。夏默密切關注全球物理學的重大發展，確保他的學生知道最新的發現。每當有趣的論文發表時，他會指派一名學生做報告。每次倫敦舉辦有趣的演講時，他會讓學生搭火車去聽。史蒂芬因為在夏默所創造出的這個充滿互動、富有活力且野心勃勃的科學環境中茁壯，所以後來也致力為自己的學生打造同樣激勵的環境。

當史蒂芬來到劍橋大學的三一學院時，夏默也一樣支持穩態宇宙模型。他讓史蒂芬去研究霍伊爾為了拯救這理論所設計出的一個變化版本。史蒂芬很快就發現到，霍伊爾的新版本中出現無限大，會導致理論的定義產生問題，而他也在一九六四年的倫敦皇家學會的一場會議上向霍伊爾挑戰這一點。當霍伊爾問他：「你怎麼知道？」史蒂芬毫不畏懼這位英國一流天體物理學家的威脅，回答道：「因為我計算過！」——這是他展露獨立靈魂與戲劇天分的前期徵兆。他對穩態理論的分析，後來成為他博士論文第一章的內容。

幾個月後，宇宙微波背景輻射的發現，成了壓垮穩態宇宙學的最後一根稻草。這種上古熱量的存在，無疑證明宇宙的狀態並不穩定，甚至曾經有過大幅的不同——非常的熱。但這是否也代表宇宙必須有個開端？這顯然是當時大霹靂宇宙學的**核心問題**，而史蒂芬準備投身其中。

夏默把史蒂芬介紹給彭羅斯，彭羅斯剛剛發表了一篇只有三頁，有著突破精神的論文，這篇論文顯示宇宙中的黑洞應該隨處可見。彭羅斯證明了，如果廣義相對論成立的話，有一定質量的恆星會在重力塌縮之後，形成一個外界看不到的時空奇異點：黑洞。

史蒂芬快就意識到，如果他倒轉彭羅斯數學論證中的時間方向，使塌縮變成擴張，那麼那就可能證明，一個擴張的宇宙必然在過去有個奇異點。[3]他與彭羅斯合作推導出一連串的數學定理，這些定理證明如果有人能追溯一個擴張宇宙的歷史，回到第一顆恆星和星系誕生、甚至在宇宙微波背景輻射留下的「快照」之前的時代，那人在最後會遇到一個時空被扭曲到破裂的奇異點。在這個最一開始的奇異點上，愛因斯坦方程式的兩端都會變得無窮大——無窮大的時空曲率「等於」無窮大的物質密度——也代表這個理論失去所有的預測能力。這行為有點像在計算機上把數字除以零；你會得到無限大的結果，但接下來的所有計算就毫無意義。奇異點其實就是時空的邊緣，對於這種狀態下會發生什麼事情，廣義相對論無法提供任何指引。甚至「發生」一詞在時空的奇異點就不具意義。

彭羅斯已經證實，根據相對論理論，時間必須在黑洞內終結。而史蒂芬時間倒轉的論點則證明，在一個擴張宇宙中，時間必須有個起點。但這並不代表大霹靂的奇異點會像一顆宇宙之蛋一樣，等著在那裡孵化出宇宙。反而是奇異點會標示出時間本身的誕生。史蒂芬的定理證明，在傅里德曼和勒梅特的完全球形宇宙模型中，時間的零點絕非他們為了簡化理論而產生的副產品，而是廣義相對論宇宙學的一項健全且普遍的預測。這是他一九六六年博士論文的主要研究結果——也是後來出現在傳記電影《愛的萬物論》（*The Theory of Everything*）的一段內容。在他的博士論文摘要中，史蒂芬寫道：「本文檢驗宇宙擴張的一些涵義與後果。而第四章則是討論宇宙模型中出現的奇異點。研究結果證明，只要滿足某些非常尋常的條件，奇異點是無法避免的。」

這個結論很驚人。在地表上漫步時，人們可以在像是大峽谷這樣的地方，找到有幾十億年歷史的岩石。地球上形式最簡單的細菌生命體，大約有三十五億年的歷史，而我們的星球也沒有很老，只有約莫四十六億歲。而大霹靂奇異點定理的意思是，我們只需要回到比地球年紀多三倍之前的時代——大約一百三十八億年前——那裡就將沒有時間、沒有空間、沒有任何事物。從這個角度來看，我們其實離萬物的起點很近。

如果史蒂芬在五十四年後還健在，他大概會因為與彭羅斯在時間的起源與終點研究的重大貢獻，共同獲得二〇二〇年的諾貝爾物理學獎。根據他的博士研究，我們的過去的樣貌就是圖18所描繪的梨形時空區域。

這幅優秀的圖畫是由艾利斯所繪製，[4]他是夏默的學生，並在一九六〇年中期跟史蒂芬合作研究奇異點定理。

我們位於這個梨

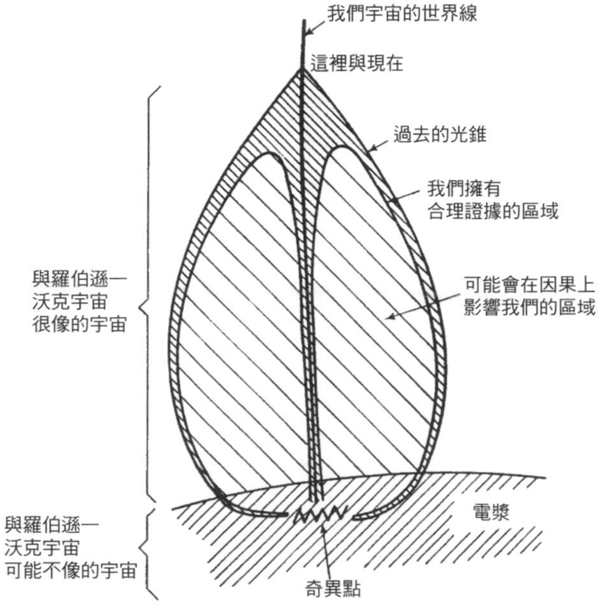

圖 18　這是艾利斯（George Ellis）於一九七一年所繪製的可觀測宇宙和（線條較密區域）我們可以詳細觀測的部分。我們位於寫著「這裡和現在」（here and now）的尖端。物質會讓光線匯集在過去，並將我們過去的光錐向內彎曲，形成一個梨形的區域：我們的過去。因為光速設下宇宙的速度極限，所以這個區域原則上是我們唯一能觀測到的宇宙一部分。根據霍金的定理，向著過去集中的光線，代表著過去的終點必須是一個起始奇異點。然而，我們無法一眼直接往回看到奇異點，因為光子（即光的粒子）在遇到原始宇宙中充滿的高溫等離子體時就會不斷散射，因而變得不透明。

形區域的尖端。梨形區域的外層，是由來自天空不同方向照向我們的光線所描繪出來的。這張圖表顯示出物質對我們過去的光錐形狀的影響。我們可以看到，物質的質量讓光線偏離直線，並且當我們回溯時間軌跡時開始內縮聚焦。因此，在圖8和圖9中，忽略物質造成的引力聚焦效果的直線光錐，在真實的宇宙中會變形並向內彎曲，形成一個梨形的外層——我們過去的光錐——而這個外層會將梨子內部那塊「能影響我們的有限時空區域」和宇宙內其他「不能影響我們的時空區域」給隔開。史蒂芬的奇異點定理的要點是，如果物質使過去的光錐以這種方式聚焦，那麼歷史就**不能**無止境地延伸。我們反而會抵達一個「時刻的邊陲」，這是一個位於過去底部，時空宇宙已經不存在的邊界。

艾利斯的這張圖，就是圖11那張彭羅斯描繪黑洞如何形成圖片的宇宙版。若比較這兩者我們可以看到，一名觀察者在天文學上的過去，和位於一顆質量巨大恆星內部的未來非常相似——兩者都只存在於有限的時間裡。但兩者有個關鍵的不同：黑洞的事件視界會保護洞外的觀察者不會被內部奇異點的力道波及，但大霹靂的奇異點則位於我們的宇宙學視界**之內**。一個擴張的宇宙，就像是內外翻轉、上下顛倒的黑洞。最初的奇異點，實際上就等於我們過去光錐的過去邊緣。因此就理論而言，它就等在那裡，讓我們能在天空中清楚看見。當然我們無法輕易地一眼看到起點，因為在擴張的早期階段，光粒子不斷散射，讓視線變得模糊。回顧大霹靂就有點像是看向太陽。我們看向太陽時所看到相對清楚的輪廓，其實是太陽深處核融合反應產生的光子，最後一次散射的表面。光子從那個名為光球（photosphere）的表面，毫無阻礙地朝著我們飛來。但這樣的光子散射讓我們無法直接看到內部。對光的粒子來說，太陽的內部是模糊，而非透明的。

而在早期宇宙中滿布的高溫電漿中，光子同樣會不斷散射而產生煙霧，讓我們無法一眼直接看到宇宙的開端，至少無法用捕捉光子的望遠鏡看到。在大霹靂後的三十八萬年，冷卻到攝氏三千度的新生宇宙才開始變得清晰。在這個溫度下的宇宙，從能量的角度來看，有利於原子核和電子結合成中性原子，也幾乎不存在會讓光子散射的電子。因此光子得以開始在太空中輕鬆穿梭，其波長也隨著宇宙擴張而拉長了千倍。最初發著紅光的光子，在數十億年後的今天，成為冰冷的微波輻射。第一章的圖2就是這種CMB輻射的全天圖。這張全天圖提供的是宇宙變得透明那一刻的「快照」。然而，這些微波輻射也擋住我們的視線，無法觀察到更早的時空；這張CMB全天圖就是將太陽光球版的將宇宙「內外顛倒」的結果。

在廣義相對論中界定我們過去的奇異點讓我們注意到，空間中所遺留的CMB輻射幾乎均勻分布的現象是多麼令人費解。如同我在第一章提到的，圖2中的點代表天空中的溫度差異，但這些差異在任何地方都小於萬分之一度。顯然在可觀測到宇宙的所有區域內，大霹靂的運行模式幾乎完全相同。這是宇宙奇特的「利於生命」的特性之一。以太陽光球的例子來說，人們會預期它的溫度是幾乎一致，因為從太陽表面散發的所有光子，都會通過內部的相互作用交換熱量。它們自然而然會得到幾乎相同的溫度，就像是冷牛奶會很快就跟熱茶取得相同的溫度一樣（至少在英國是如此）。

但看起來這種相互作用無法讓CMB輻射的溫度變得一致，因為就算是以光速移動，從奇異點起算的時間，仍不足以讓古老的光子在得以自由穿梭

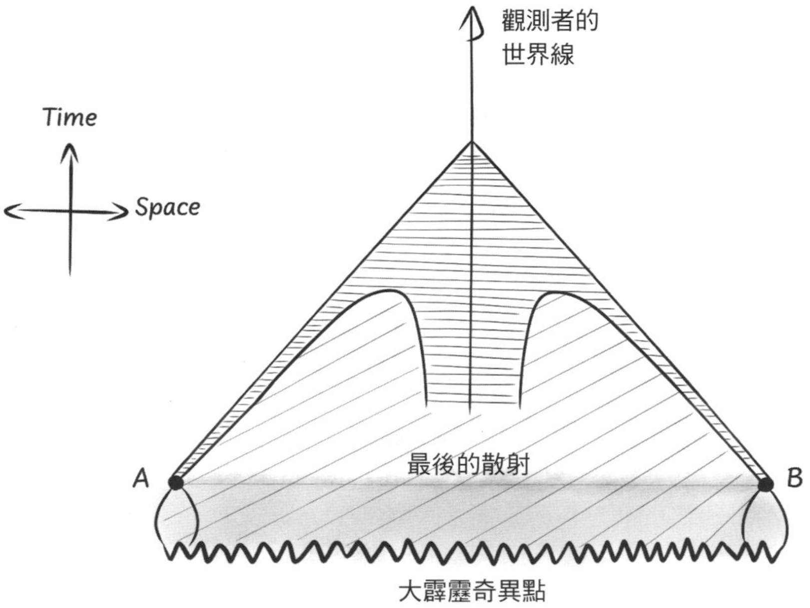

圖 19　根據一九六〇年代的熱大霹靂模型所繪製的我們的過去。我們位於錐體的頂端。從天空中的相反方向抵達我們的微波背景光子，來自我們過去光錐上的 A 點和 B 點。這些點都落在彼此的宇宙視界之外：直到宇宙的開端，它們各自的梨形光錐都沒有交疊。但我們卻觀察到從 A 點和 B 點抵達我們的光子溫度相同，差異只有百分之千分之一。這是怎麼回事呢？

於太空之前弭平任何溫度差異。在圖19中，我繪製一張相對更精準的圖來說明這一點，而這張圖是奠基在圖18的那張艾利斯呈現在熱大霹靂宇宙中，觀察者的過去的繪圖。從天空中的相反方向抵達我們的微波背景分子，分別來自我們過去光錐上的A點和B點，但是這些點的過去光錐，並沒有在宇宙開端交會。這代表從大霹靂至今，A與B點之間不可能有光訊號通過。而由於任何訊號傳播的最高速限就是光速，這代表任何物理過程都不可能建立出包含A點和B點的一個共通的環境。物理學家認為，A點和B點周遭的區域，都位在彼此的宇宙視界之外。

事實上，在一九六〇年代熱大霹靂的宇宙模型裡，當我們看向天空中相距好幾度的CMB時，我們看到的是尚未彼此接觸的宇宙區域。現在我們的整個可觀測宇宙中，會包含數百萬個像這樣擁有獨立宇宙視界的區域。這現象也導致在天空溫度幾乎一致的CMB輻射，不僅令人困惑，而且極端神祕。如果愛丁頓或愛因斯坦還活著聽到這一點，這個視界之謎很可能會證實他們對宇宙起源這個概念最深的擔憂。就好像北歐的維京人在登陸北美後，發現當地的原住民居然說著古北歐語一樣。

這個情況很奇怪。霍金的奇異點定理預測宇宙有個開端，但這套定理並沒有說宇宙是如何開始的，更別說為什麼會從爆炸的起源中，會出現一個有著幾乎均勻的CMB和其他利於生命特性的宇宙。甚至宇宙似乎要把關於時間的最終起源和宇宙設計的所有問題，都置於科學之外，彷彿要把這些問題外包給愛丁頓的超自然力量。但沒有必要深入探究這一點——因為相對論理論預測了其自身的垮台。霍金博士研究中的大霹靂，是個無須解釋的事件，因為其底部的奇異點，代表著時間、空間和因果的全面崩毀。如同偉大的惠勒曾說過：「時間奇異點的存在代表著充分因果原則的終結，從而結束科學所累積的可預測性。」[5]這是怎麼回事？物理學怎麼能走上自我違背之路——反而變成物理學不存在？為了解開這個謎團，我們必須仔細檢視當物理學家說他們預測將發生什麼事時，他們實際的意思是什麼。

從伽利略和牛頓以降，物理學一直奠基某種二元論之上，並仰仗這兩種不同資訊來源在根本上的分離。首先是演化定律，這些數學方程式會規定，物理系統如何因時間從一種狀態變成另一種狀態。再來是簡要描述在某個特定時刻的系統狀態的邊界條件（boundary condition）。演化定律會帶著系統的狀態，在時序上向前或是向後演化，決定系統在特定時刻之前或之後的狀態。正是演化定律和邊界條件的結合，才形成讓物理學和宇宙學引以為傲的預測框架。

例如，如果你想預測下一次日蝕將在何時何地方發生。為此我們可以應用牛頓的運動和引力定律，來找出地球和月球在未來的軌跡。然而，若要使用這些定律，你必須先知道在某一特定時刻下，地球的位置和速度，以及月球與太陽（還有木星）的相對位置和速度。這些數據就是邊界條件。它們標明這兩個天體在太陽系中某個特定時刻的狀態。沒有人會指望牛頓的定律能解釋，為什麼在這個時刻它們會位於這個位置。我們反倒會測量它們。手中握有這些資訊，我們就能代入牛頓的方程式以確認它們未來位於何方，進而預測何時何地會發生日蝕，或者追溯在更早之前所發生的日蝕時間。

這是普通物理學如何形成預測的典型範例。物理學家設想演化是受到自然界的全體定理所支配——而我們就想找出這些定律。但是邊界條件則包含特定系統中的特定資訊，因此不被視為定理的一部分。從某種意義上來說，邊界條件是用來界定我們對物理定理所提出的特定問題。事實上，像牛頓動力學這樣既存的定律，在創立的時候就預期可以容納形形色色的邊界條件。這些方程式因而賦予了通用的特性，也具備能夠解釋各式各樣現象的靈活度。因此物理學的定律，有點像是棋類的規則。然而儘管這些規則很重要，它們只能告訴你特定棋類要怎麼下。

但是這種在動力學的類定理和特設邊界條件之間的區隔，是否就是自然界的根本性質呢？在實驗室的情境下，出現這樣的區隔是非常自然且適當的，因為進行實驗所控制的條件（即邊界條件），與我們想藉由實驗來檢驗的定律之間有明顯的差異。然而，當我們將我們的實驗和實驗者、我們的星球、恆星、星系，放到宇宙整體的大型演化過程時，這種區隔就存在風險且非常尷尬。因為當我們這麼做時，原先實驗的邊界條件，會跟著大型系統的邊界條件，一併納入系統的類演化定理中。回到日蝕的範例，一名整體宇宙學家（holistic cosmologist）會說，行星在任何時刻的速度和位置（原始的邊界條件）源自於它們過去的歷史，而我們的行星系統本身則是太陽系形成史的結果，而太陽系又是聚集了先前恆星系統的殘骸，而這些恆星系統最初是源自太古宇宙中的些微密度變化，而太古宇宙又來自於……什麼呢？

當我們回到起點時，就會遭遇悖論。是什麼決定了宇宙起源處的終極邊界條件？很顯然並非交給我們來選擇，而且我們也無法測試不同邊界條件會產生怎樣的宇宙。也就是說，宇宙的起源會提出一個**沒有**控制權的邊界條件問題。但有趣的是，大霹靂當下的條件，反而似乎可以被納入我們試圖理解的定理中。然而，物理學的二元論認為，邊界條件並非物理定理的一部分。甚至史蒂芬的奇異點定理所提到，時空和所有已知定理會在大霹靂當下崩毀的現象，似乎也能證實這個觀點。但要注意的是，這個悖論只會在宇宙學的脈絡裡出現，因為只有當我們設想宇宙整體的演化時，我們才無法參考更早的時刻或更大的空間，來設定初始邊界條件。

史蒂芬比他當代的所有物理學家都更深刻感覺到，要在科學的基礎上理解宇宙的起源，就必須真正擴展已經有幾百年歷史的物理學預測框架。他認為，「動態與條件的二元對立」是一種太狹隘的世界觀。他早在博士論文中，就直接點出這個問題，寫道：「愛因斯坦相對論的其中一個弱點是，儘管他提供動力場的方程式，但卻沒有為它們提供邊界條件。因此，愛因斯坦的理論沒能提供一個獨特的宇宙模型。能提供邊界條件的理論想必很吸引人，而霍伊爾的理論就做到了這點。不幸的是，其邊界條件把那些看似對應到真實宇宙的宇宙給排除，我說的是擴張宇宙的模型。」在近十五年後，他在接任盧卡斯數學教授席位的就職演講中進一步闡明這點。盧卡斯數學教授席位是由盧卡斯（Henry Lucas）於一六六三年設立，他是劍橋大學聖約翰學院（St John's College）的畢業生、慈善家，也曾代表劍橋大學就任議員。在一六六九年到一七〇二年期間，這個席位是由艾薩克．牛頓所擁有（儘管史蒂芬常常開玩笑說，當時的教授席位沒有裝引擎）。對牛頓幸運的一點是，設下這個席位的契約中有條規定，就是擁有人不能在聖公會任聖職。這代表牛頓免於要宣誓信仰三位一體——對他來說，這是不可能的。*

史蒂芬在一九七九年被選為第十七位盧卡斯數學教授席位，並在他的就職演說〈理論物理學的盡頭是否就在眼前〉（"Is the End in Sight for Theoretical Physics?"）中，他對物

* 牛頓——請注意他是三一學院的院士——拒絕接受尼西亞公會議（the Council of Nicaea）提出「聖父和聖子的來源和本質相同」的決議。

理學理論力量的信心來到最高點，他提出具爭議性預測表示，物理學家會在本世紀末找到萬有理論。但他接著說：「一個完整的理論除了動態理論之外，還需一組邊界條件。」他進一步解釋：「許多人會認為，科學的角色僅限於前者的範圍，只要我們得出一組局部的動態定理，理論物理學就完成了它的目標。他們認為宇宙的邊界條件問題，屬於形而上學或宗教的範疇。但只有當我們不再只會說『事情會是現在這樣，是因為它早就是這樣』，我們才能擁有一個完整的理論。」

所以永遠保持樂觀和企圖心的史蒂芬，並不打算被自己的奇異點定理給挾持住。他和其他人推論認為，最初的奇異點真的想告訴我們的，並非科學手段註定無法找出大霹靂的起源，而是愛因斯坦用可塑性時空的方式來描述引力的方式，會在對宇宙誕生造成巨大影響的極端條件中失效。當我們深入研究大霹靂時，會發現到量子理論的小尺度隨機性脫穎而出。有人會說，時間與空間很渴望打破由愛因斯坦決定論所設下限制重重的框架。畢竟，就算廣義相對論中的時空會經歷彎曲和扭曲，但仍是一個受限重重的結構，因為他是由指定順序的空間形狀所構成在一起，就像是俄羅斯娃娃一樣，一個套著一個組成以創造出四維時空。霍金的大霹靂奇異點定理的最大貢獻，就是展示出相對論跟量子理論衝突的嚴重性。這個定理也讓勒梅特的直覺更具說服力，也就是宇宙的創始是個大型的量子現象，所以如果我們將在科學的基礎上解開設計之謎，我們就需要以某種方式，將這兩個看似矛盾的自然敘事原則融合起來。史蒂芬的核心觀點是，這種融合絕不只是微調物理學預測框架而已，而是需要我們重新思考框架本身。他的想法是要讓物理學超越有數百年歷史的二元論：定理對條件、演化對創造。

量子力學，這個現代物理的第二根支柱，至今已經出現許多次。這個理論源自於二十世紀初期，一系列與原子和光有關而造成科學家困惑的實驗，這些實驗無法用牛頓的古典力學來解釋。量子力學理論的發展史橫跨了二十世紀前期的動盪時代，也可說是人類史上國際合作的最佳範例之一。在那之後的一百年裡，量子力學屢戰屢勝，成為有史以來最強大、接受最精準測驗的科學理論。這理論適用於所有已知類型的粒子。小至基本粒子之間的些微交互作用，大到遙遠恆星內部的原子融合，量子力學的預測都與實驗數據完美吻合。而正如馬克士威的古典電磁理論，為第二次工業革命奠定基礎，量子力學的定理也支撐著現代的科技。事實上，我們可能只看到量子技術能力的冰山一角。在不久的將來，物理學家和工程師希望利用微觀世界的固有不確定性，透過操控被稱為Q位元（qubits）的量子位元，以全新的方式來儲存和處理資訊，從而為量子計算的時代鋪路。

量子革命始於一九〇〇年，當時德國物理學家普朗克提出任何類型的物體在加熱時，會以他稱為「量子」（quanta）的小型離散容器發出輻射。普朗克一直在想辦法解釋，熱體輻射所發出不同顏色的光量分別有多少。他從馬克士威的古典理論中得知，光是由不同振動頻率的電磁波組成，而這些頻率會對應到不同的顏色。但問題在於，古典物理學還預測，熱體所發射出的能量，應該平均分配在所有頻率的波之間。但由於馬克士威的理論讓電磁波的頻率可以任意升高，這代表所有頻率的輻射能量加總會無限大，這顯然是不可能的。這就是克耳文勳爵所說，經典物理學的第二片烏雲。這個問題被稱為古典物理學的「紫外災變」（ultraviolet catastrophe），因為可見光的最高頻率是紫色，因此「紫外」指的是非常高的頻率。

在他後來描述為「絕望之舉」的過程中，普朗克提出一個大膽的新規則，認為光和所有的電磁波都只能以離散量子的形式發射，而每個量子的能量會隨著波的頻率變高而增加。這大大減少了高頻率電磁波發出的輻射，從而避免紫外災變。一九〇五年，愛因斯坦進一步指出，在金屬中運動的電子，只能以離散的量子形式吸收光，他稱之為微小的粒子，或光子。因此，奇怪的是，這些對於量子的早期觀點暗示了光具有波的特性，也同時具有粒子的特性，這造成人們很大的疑惑。

物理界的劇變持續發展，就像普朗克研究光一樣，丹麥物學家波耳利用量子化（quantization）來解釋穩定原子的存在——這也是實體時間的一個明顯特性。波耳*在曼徹斯特和英國物理學家拉塞福（Ernest Rutherford）一起研究，拉塞福的實驗揭露出原子的內部結構大部分是空的，而中心有一個極小的原子核。拉塞福將原子看作微型的行星系統，其中負電荷的電子繞著帶著正電荷、重量集中的原子核旋轉。因為異性電荷相吸，所以電子會被吸引並繞著原子核公轉。這個模型的問題在於，根據馬克士威的古典電磁學理論，公轉的電子會放射能量，導致他們會內旋並與原子核碰撞。這就代表宇宙中的所有原子會迅速塌縮——而我們就不會存在。為了解決這個明顯與事實矛盾的問題，波耳提出電子不能以任意的距離繞著原子核公轉，而只能在指定且個別的半徑上公轉。也就是說，波耳將電子可能的軌道**量子化**。這個將指定的軌道分開的結果，讓電子無法根據本性向內旋，從而拯救原子免於遭受快速（理論上的）塌縮，而這項發現使他在一九二二年獲得了諾貝爾物理學獎。

一九一一年，量子研究的先驅應比利時企業家索爾維（Ernest Solvay）的邀請，聚集在布魯塞爾，參加最早成立的國際物理學會議之一。在當時的比利時，國際主義被視為某種對內政策在發展。索爾維是位很有遠見的自由主義者，他藉由將自己發明的碳酸鈉新製程，變成一個全球工業網絡而致富。從公司退休後他熱中於登山，曾經多次攀登馬特洪峰，也讓比利時的阿爾貝一世對登山產生興趣，儘管最終這帶來了預料之外的災難性後果。

＊鈹（bohrium）這個元素就是以他的名字命名。

第一屆索爾維會議有著神話般的地位，因為就是在布魯塞爾市中心豪華的大都會飯店裡，科學家終於理解早期的量子概念所帶來的劃時代意義。會議由知名的荷蘭物理學家勞侖茲（Hendrik Lorentz）所主持，這場會議也成十九世紀古典物理學和即將主宰二十世紀的量子物理學之間的分水嶺。勞侖茲的開場白，充滿著這位古典物理學大師在首次瞥見量子世界時的苦惱：「在嘗試呈現較小物質粒子的運動時，現代研究遇到越來越嚴峻的難題。目前，我們離完美還很遙遠。我們反倒覺得走進了死路；舊的理論已被證明無力突破包圍著我們的黑暗。」[6] 雖然第一屆索爾維會議提出了所有問題，但並未解決任何問題。與會者對於是否可能調整古典物理學來適應量子一事，仍感到困惑且存在分歧。愛因斯坦的話很能反應當時的氛圍：「量子疾病看起來越來越沒救。沒人真的有任何理解。整個事件會讓耶穌會的神父很高興。因為這場會議給人的印象，就像是在耶路撒冷的廢墟上哀悼。」

但在一九二〇年代中期情勢有了重大的改變，當時新一代的量子物理學家以一種全新的形式，重新打造原子和次原子粒子（subatomic particle）的力學——量子力學。

新的力學有個核心宗旨是德國天才科學家海森堡（Werner Heisenberg）知名的「不確定性原理」：你無法同時精準掌握一個粒子的位置和速度。正如他所說：「（一個粒子的）位置掌握得越精準，就越難掌握（一個粒子的）在那時刻的動量（或速度），反之亦然。」

[7]在量子力學中，人們能期待的最好結果，就是知道粒子位置和速度的模糊資訊。

事實上，所有可測量的量都會受到量子不確定性的影響，在一定程度上都在類海森堡的原理中寫道。我們無法透過更仔細的觀察，或用某種巧妙的方式避開海森堡原理來測量粒子的性質，去減少這樣的量子不確定性。在這方面上，它與股市的隨機變動不同，股市之所以看似無法預測，只是因為人們沒有所有的必需資訊來推算股市的走勢。相較之下，海森堡的量子不確定性被認定是基本原理。它對於可以從物理系統（包含原則）中獲取的資訊量，設置了嚴格的限制。因此，令人好奇的點是，量子力學似乎是關於「我們可以知道什麼」與「我們無法知道什麼」的理論。當我們在第六章和第七章，從量子觀點思考多重宇宙時，這種奇特性質將顯得非常重要。

一九二〇年代中期，量子物理學家的一項偉大成就，就是將這種量子的模糊性，整合為合乎數學的形式。不出所料，由此產生的理論所描繪的力學觀點，比古典力學既有的理解要來得不穩定和流動。例如量子力學放棄科學決定論——即科學應該能夠對未來事件的走向做出明確和精準的預測——這個舊有理想。取而代之的觀念認為，我們只能預測出不同測量結果的發生機率。量子力學認為，如果反覆進行完全相同的實驗，通常結果不會完全一致。

拉塞福可能是第一個在微觀世界的核心層面，窺見非決定性交織其中的人。一八九九年，拉塞福為了研究原子的內部結構，使用取自於像鈾這般放射性來源的 α 粒子，去轟炸一片薄金箔。當拉塞福在觀察閃光時，他很快就意識到 α 粒子的方向和抵達時間是隨機的。根據量子力學的原理，這是因為雖然鈾核在固定的時間區間內的衰變**機率**是明確、可計算的，但卻無法事先知道特定的核何時會衰變。量子力學可以預測出在放射性樣本的衰變過程中所發射的 α 粒子，不同抵達時間和軌跡的發生機率，但它也說我們無法掌握（或說可以期待掌握）任何資訊，去預測**特定**的 α 粒子將走向哪裡和何時抵達。這個理論的強大（與奇怪）在於它把難以降低的不確定性和充滿隨機性的微觀世界植入到其基本的數學基礎中。量子力學的定理所提供的其實是可能性，而不是對觀察結果的明確預測。它們迫使我們接受這個現況：我們能做到最好的部分，就是預測各種結果的機率。

在奧地利物理學家薛丁格（Erwin Schrödinger）所構想的公式中，或許能最清楚看出這個理論的關鍵特性。一九二五年，薛丁格寫出一個極美的方程式，這個方程式對粒子的描述，不是微小的點狀物體，而是會擴展的波動實體。然而，關鍵在於，薛丁格方程式所討論的波並非實體波。薛丁格沒有說粒子在以某種方式塗遍整個空間。量子力學中的波較為抽象，更像是描述不同點狀物體**可能**位置的「機率波」（waves of probability）。薛丁格的公式是這樣解釋量子不確定性：波值較大的地方，是較可能找到粒子的地方。波值較小的地方，是較不可能找到粒子的地方。或許可以這麼說，量子波有點像是激增的犯罪率

（crime wave）：如果你所在城市的犯罪率激增，代表你更有可能找到犯罪行為，一如若電子波在你的儀器中創造出波峰，就代表你更有可能檢測到電子。[8]

只要給出一個粒子在某個時刻的波動型態——也就是物理學家說的**波函數**——薛丁格方程式就能預測粒子會如何隨著時間演變，在哪裡變多，在哪裡變少。因此，量子理論會依循我先前概述過的二元預測模式，也就是類定理的動態與邊界條件的對抗。因為薛丁格方程式是關於演變的定理，所以會需要知道粒子在某個特定時刻的波函數作為條件，才能知道它會怎麼樣演變。與牛頓和愛因斯坦的經典力學不同的關鍵點是，量子理論僅預測事物在未來某一時刻的發展機率，而非確切的結果。然而，基礎預測框架仍然維持二元的本質，就好像天註定一般。

因為它們是機率波，所以我們只能間接理解波函數。薛丁格的量子波描述世界的層次是某種先驗存在的。在著手測量粒子的位置之前，甚至沒有必要去問它的位置。粒子沒有一個明確的位置，只在機率波中內建其可能位置，而只要我們檢驗機率波，就會找到粒子會出現在這裡或那裡的可能性。這就好像我們藉由觀察粒子，來強迫粒子假裝在某個位置，因為只有當我們進行觀察和實驗來與世界有所互動，具體的物理事實才會存在。「沒有問題，就沒有答案！」惠勒曾這麼說。

量子世界的這種模糊、波動的特性，在著名的雙狹縫實驗中有很生動的展示。實驗的儀器設置，如圖20所示，包含一把發射電子的槍、一個帶有兩道狹窄平行狹縫的障礙物，以及一個位於障礙物後方的屏幕，屏幕上受到電子撞擊的位置，會以微小的光點記錄下來。假設你調整這把槍，讓它每隔幾秒就只發射一個電子。你會發現，每個穿過障礙物的電子，都會抵達屏幕上的一個特定點，並產生一個小光點。所以單一的電子並不會擴散開來。這就是電子的粒子性質——到目前還沒啥意外的點。然而，如果讓時間再持續一段時間，並記錄下眾多電子的撞擊位置，屏幕上會慢慢形成由一連串明暗交替的條紋所組成的干涉圖樣，會讓人想到混在一起的破碎波浪（見圖20）。在其他基本粒子、光粒子、原子、甚至分子的雙狹縫實驗中，也觀察到類似的干涉條紋。

這些干涉圖樣指出，個別粒子都有著類似波的性質存在，能感知到兩個狹縫。粒子的波函數就是要捕捉這個存在。在薛丁格的方程式中，因為電子並非移動的粒子，而是傳播中的機率波，所以它預測來自不同狹縫的電子波函數的片段，會像湖面上互相干擾的波一樣相互混合，形成有高低機率的圖樣，並預測電子會落在屏幕的哪個位置。當來自兩個狹縫的波段同步抵達時，就會相互增強；當它們步調不同時，就會相互抵消。當一顆又一顆的粒子發射時，它們所累積的落點位置，會符合每一個單獨粒子波函數內建的機率分布，因此形成我們觀察到的干涉圖樣。因此在更深層次的機率幅中，每個獨立的粒子都會感知到兩個狹縫。

量子理論的機率預測結果，與所有曾經執行過的粒子實驗結果都相符。然而其規則卻違背常識。量子理論將粒子視為相互牴觸的現實，具有波特性的抽象疊加態，但這與我們日常生活中，物體只會存在此處或彼處的經驗不符。當然，這（有時）也造成多名量子理論創始人的困擾。用薛丁格的話來說，量子宇宙「根本無法想像」，因為「無論我們怎麼想，都是錯

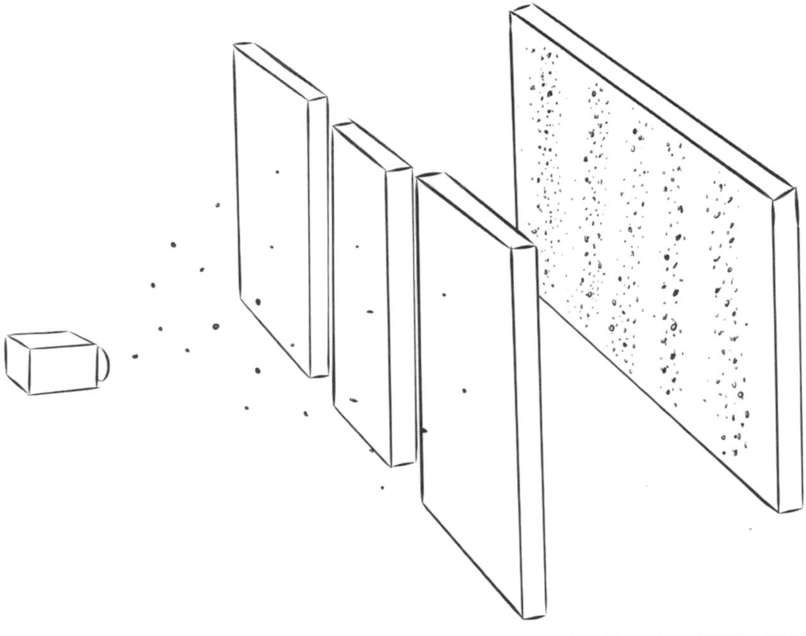

圖 20　一九二七年，貝爾實驗室首次用電子進行著名的雙狹縫實驗，證明了電子粒子有波動性。量子力學的解釋是，之所以右側的屏幕會出現干涉圖樣，是因為每一個獨立的電子，就是傳播中的波函數，會在狹縫中分裂、擴散、在遠處與自身混合，並在最終抵達的屏幕上，創造出分布有多有少的圖案，也對應著機率的高與低。

的；可能不像三角形的圓那樣毫無意義，但比有翼的獅子還要有問題得多」。[9]

二十年後，量子力學的這種反直覺的性質，也對費曼（Richard Feynman）造成困擾。身為富有遠見的惠勒的學生，費曼成為二十世紀最有影響力的物理學家之一，他的主要貢獻涵蓋粒子物理學到引力到計算科學。費曼因參與由總統所成立、調查「挑戰者號災難」的羅傑斯委員會（Rogers Commission）而聲名遠播，他在電視聽證會上展示太空梭的O環如何失效。他之後在委員會的報告中明確警告說：「就一個成功的技術而言，現實的地位要高過公共關係，因為自然是無法被欺騙的。」

如果惠勒是夢想家，那麼費曼就是實作家。惠勒看向遙遠的過去和未來，關注物理現實的基礎和科學探索的本質；費曼則致力於使物理學在此時此地發揮作用，強調他感興趣的只有試圖找到一套定理，能提供人們可以透過實驗驗證的預測結果，他沒有更宏大的目標。[10]基於這個精神，費曼在一九四〇年代末開始發展一套更直觀、更實用的方法，用來思考量子粒子和其波函數。他的概念是，想像粒子是一種有侷限的物體，但當從一點移動到另一點時，它們會沿著所有可能的路徑移動（見圖21）。古典力學假設物體在時空中循著單一路徑移動。因此古典的系統有著獨特且明確的歷史。而費曼主張，量子力學用有更廣闊的歷史觀點，並聲稱所有可能的路徑都會同時出現，儘管有些出現的可能性會比其他要大得多。

例如，費曼對於雙狹縫實驗的理解是，單獨電子不止循著一條，而是循著從槍口到屏幕的所有可能路徑移動。電子的其中一種路徑會通過左側的狹縫、另一種則會通過右側，還有一種路徑可能會先通過右側的狹縫，大迴轉通過左側後，再一次通過左側的狹縫。每一種電子可能通過的路徑（也就是歷史），無論多麼荒謬，都必須納入考量，費曼提到，而所有路徑都促成了我們在屏幕上看到的圖樣。費曼所描述的電子移動方式，有點像是GPS裝置中的替代路線建議，只是這一切都是高度不尋常——而且極度量子——的現象：與大多數搭計程車的行程不同，電子會走過所有路徑，而這就是量子不確定性如何納入他的理論架構的。

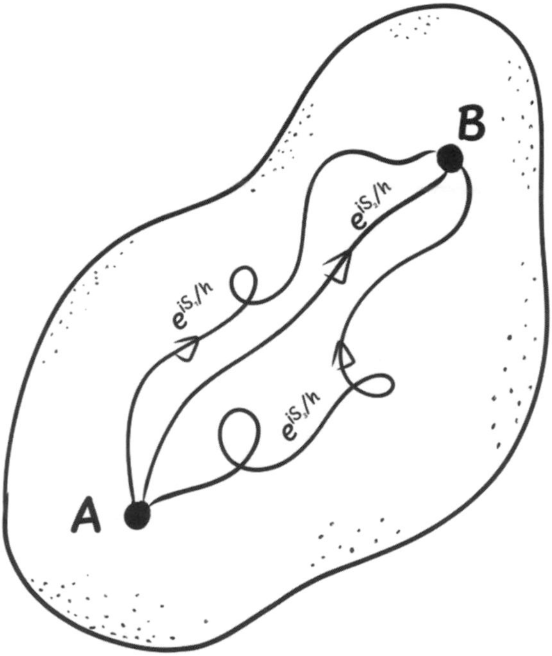

圖 21　牛頓的古典力學規定，粒子在時空中的兩個點 A 和 B 之間，會循著單一路徑移動。量子力學則認為，一個粒子會循著所有可能的路徑移動。量子理論預測，只存在抵達 B 點的機率，等於所有抵達方式的加權平均值。

就像費曼所說：「電子會隨心所欲做任何事。只要它想要，就可以用任何速度向任何方向移動，甚至可以在時間中前後穿梭，然後你將（這些路徑）的振幅加總，就會得出波函數。」[11]

為了預測出電子抵達屏幕上某一點的機率，費曼為每一條路徑標上一個複數，說明它對機率的貢獻，以及它如何也干涉到附近的路徑。這個數字基本上為每種單獨的路徑，賦予波段的數學性質。接著他寫出一道美麗的方程式，作為薛丁格方程式以外的其他選項：他利用結束在每一點的所有路徑的相加結果，來建構粒子的波函數。屏幕上明顯的干涉圖樣，是由費曼將通過兩個狹縫之後混合的軌跡加總而成。在數學上，這是因為每種路徑都有被賦予複數，代表不同的路徑就像波段一樣，可以加強或削弱彼此。

圖 22 一九六二年，費曼（右）與狄拉克在波蘭華沙舉行的相對論研討會上交談。

費曼對於雙狹縫情境的描述可以很好說明，為何光靠觀察屏幕上的結果，是無法確認電子實際上是從哪個狹縫抵達的。這不應讓人感到驚訝。由於不止有一個歷史，而是有許多歷史同時發生，量子力學顯然限制了我們怎麼描述過去。量子過去（quantum past）的模糊是天生的。它並非我們通常在思考過去時，所想的那種精準而明確的歷史。[12]

值得注意的是，費曼「歷史求和」（sum over histories）的構想，提供完全可行且精確的一種籠統思考量子力學的方式。這個構想非常適切地被稱做量子理論的多重歷史構想。在費曼看來，世界有點像是中世紀的法蘭德斯織錦掛毯（Flemish tapestry）——其結構是由交錯路徑編織而成，將千絲萬縷的可能性，編織成一幅連貫的現實圖像。

史蒂芬非常讚賞費曼本人和他提出用「歷史求和」解釋量子物理的方法。在一九七〇年代，史蒂芬經常造訪加州理工學院，期間兩人多次見面。他曾對我說，費曼這人很有個人特色，但也是名傑出的物理學家。

事實證明，費曼的框架是物理學家開始思考，將量子力學帶到次原子世界之外使用的踏腳石。他的方法顯示出，儘管表面看似充滿矛盾，但古典力學和量子力學之間，其實不必然存在根本上的衝突。其原因在於「歷史求和」的構想同時適用於大小物體，但對於較大的問題而言，機率最大的只有那條完全依照牛頓古典運動定律預測的路徑。所以微觀世界和宏觀世界之間，在基礎上並非二元對立。只是對肉眼可見的物體而言，微觀隨機振動所得出明確且決定論的平均值，那就是古典動力學的路徑。換句話說，古典決定論實際上是從隨機微觀量子歷史的集體行為中產生。相較之下，當深入到微觀領域，越來越多的隨機交錯就會變得有意義。

上述這些洞見——以及量子理論的驚人成功——代表著古典的世界觀正在消逝。許多物理學家開始相信，最初只是次原子粒子理論的量子理論，能是用到任何尺度的所有物體。在一九六〇年代，惠勒和他的團隊開始發想，就連時空視為量子泡沫（quantum foam），有著不斷扭動的泡沫幼宇宙，和突然出現又消失的蟲洞，從宏觀尺度所得出的平均值，就在某種程度上成為古典廣義相對論的明確結構。

史蒂芬也利用費曼的「歷史求和」框架在引力的範疇探險。費曼的構想是由哈妥介紹給他的，哈妥是加州理工學院（當時被視為研究所的海軍陸戰隊）的研究生，他從費曼本人那邊學到這套構想。吉姆選修了費曼的課，也協助他進行課堂的演示實驗——其中包含著名的保齡球演示（Bowling Ball Demonstration）——也負責編輯有史以來最著名的物理教科書《費曼物理學講義》（*The Feynman Lectures on Physics*），本書的高明之處在其內容的廣泛闡述——可惜很少人翻閱。

一九七六年，吉姆和史蒂芬依照費曼的方式，將黑洞的視界逃出來的霍金輻射，描述為粒子從黑洞脫逃的所有可能路徑的總和。[13]他們受到這項結果的鼓舞，將注意力轉向更具挑戰性、更令人困惑的大霹靂奇異點——也就類似圖21中的A點，只是背景改為宇宙。對粒子而言，量子不確定性代表著其位置和速度會多少不準確。因此若應用到時空上，量子不確定性就代表時間和空間本身多少會模糊，因為量子的振動會讓空間和時間的某些點變模糊。因為在幾乎所有可觀察的宇宙中，這種時空中的模糊非常有限，所以完全不重要，但在宇宙的最早階段，隨著物質密度和時空曲率無限制激增，量子不確定性便似乎變得極重要。基於上述的推理，史蒂芬想像在最早期的宇宙裡，量子效應會模糊空間和時空間的區別，導致他們稍微遭遇到身分危機，時間和空間有時會互換角色。吉姆和史蒂芬更進一步大膽提議，對這些時空中不受控的模糊進行費曼求和是可行的，而且產生的波函數可以用一種優雅的幾何形式來表示。

要理解他們對**宇宙波函數**的想法，請見圖23。這與我在第二章的圖14中所呈現，那個不斷擴張的宇宙架構相同，但這次我把這個宇宙的電影倒著播放。圖23(a)提醒我們，若盲目相信愛因斯坦的古典相對論：過去的空間會變得越來越小，最終瓦解成一個彎度和曲率無限大的奇異點，最終拖垮了時間。

但吉姆和史蒂芬認為，實際發生的情況並非如此。根據他們的說法，當我們將時鐘倒轉到那麼遠的過去時，量子力學的效應會大幅影響演變過程。事實上，他們設想空間和時間的模糊，能有效地將垂直的時間方位，旋轉成額外的水平空間方位。於是，這就為宇宙的起源開啟了一個全新的可能：這兩個空間維度可以結合成一個有點像地球表面的平滑二維球面。圖23(b)就在描述這種量子演變。我們會看到，原先在古典宇宙底部的奇異點，一個似乎將起點排除在科學之外的沒有成因的事件，在這裡被處處都符合物理定律、平滑且圓潤的量子起源所取代。

這是一個極其原創的想法。吉姆和史蒂芬提案的核心是，一個擴張的宇宙在過去並沒有奇異點，因為在我們往起點回溯的過程中，時間這個維度會分解為量子模糊。在圖23(b)的碗底部，時間已經變成空間。因此，「在大霹靂前可能發生過什麼事」的問題變得毫無意義。「詢問大霹靂之前發生過什麼事，就像是詢問

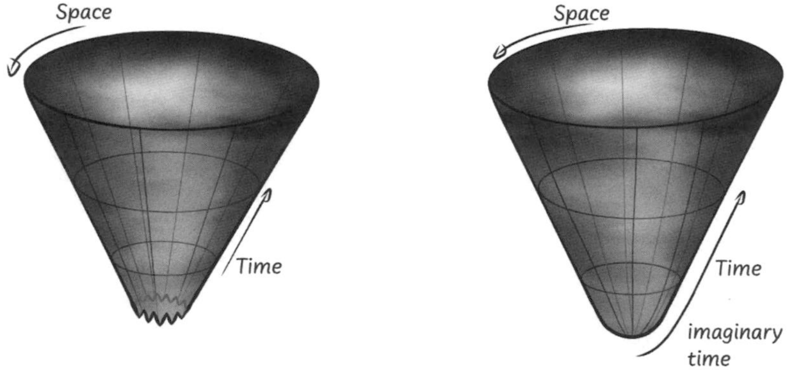

圖23　在此圖中展示出擴張宇宙在古典和量子演變中的一維圓形。(a)面：在愛因斯坦的古典引力理論中，宇宙起源於底部的奇異點，那裡的曲率是無窮大，而物理定律會失效。(b)面：在哈妥和霍金的量子理論中，這個奇異點的起源，被替換成一個平滑且圓潤的碗狀，處處都能符合物理定律。

在南極以南有什麼一樣。」霍金總結此理論時說道，他接著將他們的量子宇宙起源說稱為「無邊界提案」（noboundary proposal）。[14]

史蒂芬的無邊界假設，將兩個看似矛盾的性質融合在一起。一方面，宇宙的過去是有限的——時間無法無止境地反向延伸。另一方面，宇宙也沒有起點，沒有時間不知怎麼被打開的第一瞬間。如果你是一隻沿著圖23(b)表面爬行，想尋找宇宙起源的螞蟻，你會空手而歸。碗的球狀底部代表過去時間的極限，但它並無標誌出創造的瞬間。在無邊界理論中，任何想要確認實際起點的嘗試都是徒勞的——會迷失在量子的不確定性中。

從美學的觀點來看，無邊界假設很巧妙解決了時間零點的難題，所以很具吸引力。理論中位於時空底部的碗給人的感覺，就像是幾何版本的勒梅特太古原子。受到《哈姆雷特》（*Hamlet*）中，哈姆雷特所說的台詞啟發：「即使關在胡桃殼裡，我也會把自己當作擁有無限空間的君王。」霍金將新生的宇宙視為他手中的胡桃殼。

一九八三年七月，當吉姆和史蒂芬提交他們的論文〈宇宙的波函數〉（"The Wave Function of the Universe"）給《物理評論》（*Physical Review*）出版時，過程並不順利。第一位審稿人建議不要刊登這篇文章，理由是作者將費曼的「歷史求和」架構的量子理論，很粗暴地外推到整個宇宙。吉姆和史蒂芬接著請求複審。第二位審稿人表示他同意第一位審稿人的看法，作者這樣外推的構想確實很粗暴。儘管如此，他接著說，這篇論文應該被發表，「因為這將是篇有開創性的論文」。[15]事實也正是如此。勒梅特在一九三一年發表呼籲從量子觀點來看待時間起源的宣言，五十年後，吉姆和史蒂芬的劃時代發現，將勒梅特的大膽願景化為一個真正的科學假設。他們的宇宙波函數引發新一波對宇宙學理論的量子基礎的興趣，這會成為物理學家解開設計之謎的關鍵。

事實上，無邊界假說是出自於研究引力的量子性質的新方法，是由史蒂芬與他的第一代學生，於一九七〇年代間持續發展而成的。劍橋大學研究量子引力的方法是基於愛因斯坦的幾何語言，但卻很特別地運用四個空間維度的彎曲形狀，卻沒有包含時間方位，這與相對論中的扭曲時空很不同。

在愛因斯坦的經典相對論中，空間就是空間，時間就是時間。的確，空間和時間在四維時空中是統一的，一如我所展示過的那些圖表——從閔考斯基的空白時空，到彭羅斯黑洞的幾何——所清楚說明的。但在所有的圖表中，空間和時間的差異是很容易分辨的：時間的箭頭會指向未來光錐的任何點，但空間方位則非（例如可見圖8）。然而史蒂芬卻設想，四個空間維度的扭曲幾何形狀，可以裝入引力的深奧量子性質。因此，他的研究計畫被稱作歐幾里德的量子引力研究法，以紀念首位有系統地研究空間維度幾何學的古希臘數學家歐幾里德。

從幾何角度來看，把時間變成空間相當於將時間的方向旋轉90度。這點在圖23的量子宇宙中很明顯，「最初」在碗底部，時間開始在水平面上「流動」，與空間的圓形維度處於平等位置。將時間變成空間的旋轉，經常被敘述為把時間變成虛數，因為在數學上這種旋轉相當於將時間乘上一個虛數，也就是負一的平方根。這樣的做法很顯然會讓所有正常演變的觀點成為空談。為了趕上早班車，把鬧鐘設在早上$7\sqrt{-1}$點是沒有任何意義的。即使像脫歐（Brexit）這般緩慢的過程，也發生在實數時間。「任何與意識或測量能力相關的主觀時間觀念都將終結。」史蒂芬宣稱。但藉由進一步彎曲愛因斯坦的曲面幾何——從實數時間進到虛數時間——他找出了進入引力量子領域的一條令人振奮的新道路。

以黑洞為例。在第二章的圖11中，彭羅斯描繪出經典黑洞的幾何形狀，也就是存在於實數時間中的黑洞。在虛數時間中的量子黑洞的幾何則非常不同。更像是圖24所繪製那般有著雪茄的外觀。在這個黑洞幾何裡，在虛數時間「向前」移動相當於繞著圓圈走。雪茄的尖端代表黑洞的地平線。在那以外（也就是圖24的左側）什麼都不存在，因此跟存在於實數時間的黑洞不同，這個歐幾里德的對照組沒有會讓理論失效的奇異點。就像是「無邊界提案」用一個圓滑的量子起源來取代古典宇宙的奇異點起源一樣，歐幾里德對黑洞的描述也有平滑和溫和的幾何形狀，並在處處都符合（量子！）物理定律。透過研究歐幾里德形狀的黑洞，史蒂芬和他的劍橋團隊能夠理解黑洞並非全黑，而像是普通物體一樣，在特定溫度下會輻射出量子粒子的深層原因。[16]

史蒂芬對於將歐幾里德的幾何，用在描述引力的量子特性的成效印象深刻。他的虛數時間方案也成為當他致力於結合引力理論和量子理論，以解開大霹靂祕密的研究基礎。「人們可以這般認定，量子引力乃至於整個物理學，實際上都是在虛數時間中所定義的，」他一度這般宣稱，「我們會用實數時間來解釋宇宙，就只是我們的感知造成的結果。」[17]

在沒有引力的一般量子力學中，把時間轉換成空間是物理學家用來對粒子歷史進行費曼求和的標準技巧。這是因為在虛數時間中加入路徑，會簡化複雜的費曼總和。在計算結束之後，物理學家會把一個空間維度旋轉回到實數時間，並讀取粒子這麼做或那麼

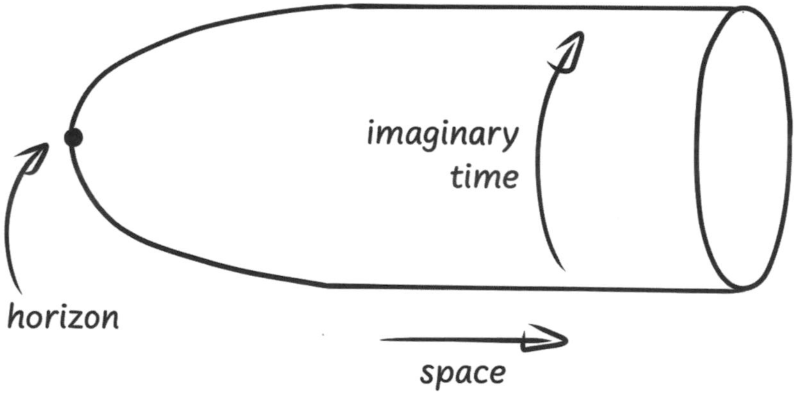

圖 24　當我們用虛數時間思考黑洞時，黑洞會是雪茄的形狀。黑洞的地平線對應到雪茄左側的尖端。尖端的幾何平滑程度，與右側圓形的虛數時間維度的大小有關。後者會接著會決定黑洞的溫度，因此也決定逃逸到實數時間的霍金輻射的強度。

做造成的發生機率。但是吉姆和霍金並不想要旋轉回到實數時間。他們「無邊界提案」的大膽之處在於，當涉及到宇宙的起源時，把時間轉為空間就不僅僅是個巧妙的計算技巧，而是基本原則。這個理論認為宇宙的故事版本是，從前從前時間並不存在。

話雖如此，但無邊界的想法還是帶點愛因斯坦的色彩。一九一七年，當愛因斯坦正在開創相對論宇宙學時，他對宇宙空間邊界的邊緣條件感到困惑。愛因斯坦得出的結論是，如果宇宙沒有邊界，那麼一切會簡單得多。他因此轉而去想像我們的空間宇宙是一個巨大的三維超球體，就像是一個普通球體的二維表面，不存在邊緣或邊界。而透過他們的無邊界假設，霍金和吉姆用類似愛因斯坦的方式，把初始邊界完全消除，就解決了時間零點的邊界條件問題。

值得注意的是，霍金是在他漸漸不再能用手寫方程式的時期，發展出他描述量子引力的幾何方式。不能用手寫可能鼓勵了他嘗試將難以理解的引力量子領域，轉化為他可以在黑板上、（從某種程度來看）在腦海中圖像化的幾何和拓樸表達方式。圖像化確實是霍金思考的核心。與霍金合作代表著要透過形狀和圖像，來呈現數學關係的物理本質。在我們合作的初期，我就初次見識到，他如何在手不能寫方程式的狀態下進行運算。那時他剛從一次救命手術中復元，我到醫院探望他。我們稍微聊了一下他剛渡過的難關，但後來霍金要求我去醫院的病房找一塊白板。當我終於找到白板時，他要求我畫一個圓圈。到了當天傍晚，這個圓圈代表的是，當你將圖23(b)的擴充量子演變投影到平面時所得到的圓盤邊緣。宇宙的起源位於圓盤的中心，而現在的宇宙就是這個圓圈。當然，這一切都在虛數時間中。

史蒂芬對他用於量子引力的歐幾里德方法的研究至深，因而從中得到幾乎無法用其他方式獲得的洞見。無邊界假說或許是其中最顯著的一個案例。但這個方法的要點——將時間轉換成空間——也代表著我們很難理解宇宙起源的真實狀況。時空底部的碗狀結構告訴我們，我們應該放棄我們所珍視的「賦予過去和未來意義的時間一直存在」的觀念。但令人挫折的是，這個方法幾乎沒有解釋在

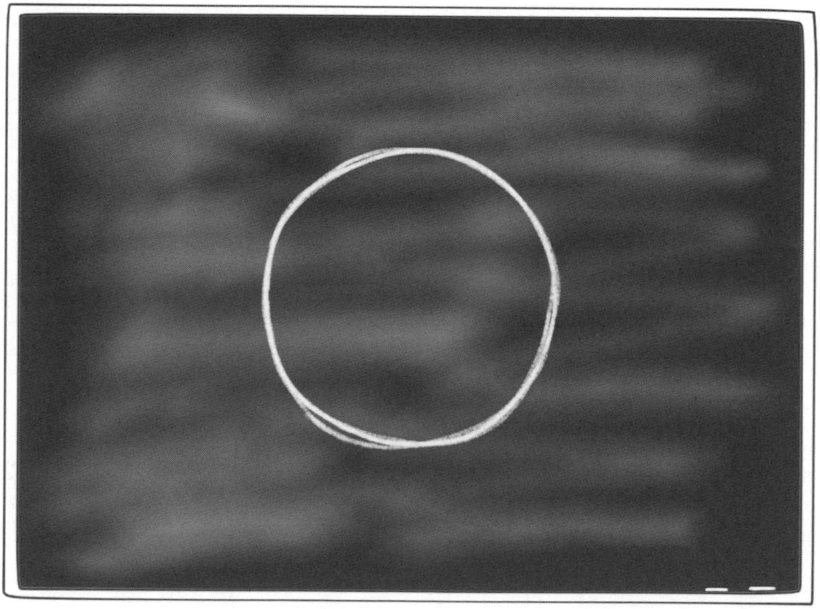

圖 25　在虛數時間中的擴張宇宙發展。

時間缺席之下（如果有的話）可能會發生什麼事，或是哪種微觀量子模糊的加總，會產出最初的碗狀幾何。就彷彿這個理論想告訴我們的是，我們不該問這樣困難的問題。

因此物理學家抱怨說，史蒂芬用歐幾里德幾何的方式就像是魔法一樣。他的整個研究法，經常被輕視為劍橋人的怪習慣。時間為什麼會以這般奇怪的方式運作？有部分的問題在於，歐幾里德架構並不是個完全成熟的量子引力理論，而是一個由古典和量子的元素或混合而成的半古典理論，沒有明確的數學基本原則。史蒂芬和他的學生在發展理論的過程中，會不斷創造規則。就像哈佛理論學家科爾曼（Sidney Coleman），在他嘗試根據歐幾里德研究法來主張宇宙常數應為零之後說：「歐幾里德架構下的引力，並非有著穩固基礎和明確程序定理的學科；實際上，更像是一片沒有道路的沼澤。我以為我已安全穿越它，但也總有可能是我不知道自己已經陷入流沙，正在快速下沉。」[18]然而，史蒂芬卻毫不動搖。「在正確和嚴密之間，我寧願選擇正確。」他反駁道。他就是有種很強烈的直覺，認為在探索宇宙最極端的領域——黑洞和大霹靂上，歐幾里德幾何提供一條獨特且強大的途徑。時至今日，從他在量子宇宙學完成的先驅成果的近四十年後，無邊界假說仍然造成人們對此有很大的興趣、很深的困惑與激烈的爭論，且至今還沒看到有人對我們最深處的起源，提出其他可行的替代方案。

一九八一年十月，史蒂芬在宗座科學院的會議上，首次提出「宇宙沒有邊界、沒有明確創世時刻」的概念，這看似是刻意要引起共鳴。這個學院所設定的目標是向梵蒂岡提供科學建議，以促進科學與宗教之間的相互理解。為了實現這個目標，科學院邀請來自全球的科學家來到聖伯多祿大殿（St. Peter's Basilica）後方植物園中別緻的庇護四世山莊，針對「宇宙學和基礎物理學」這主題，進行為期一週的辯論。[19]但事實證明大霹靂是個敏感的話題。在當週稍早，教宗若望保祿二世（Pope John Paul II）向在場的科學家說：「關於宇宙起源的所有科學假說，例如由太古原子帶來的整個實體宇宙，都沒有回答宇宙開端的問題。科學本身無法解決這樣的問題。我們會需要超出物理學和天體物理學的知識，也就是所謂的形而上學。最重要的是，會需要來自上帝啟示的知識。」[20]就好像是在回應教宗的訓諭，史蒂芬在名為「宇宙的邊界條件」這場令人驚嘆的演講中，提出了一個大膽的觀點，就是宇宙可能根本沒有開端。「宇宙的邊界條件應該具有某種非常特殊的特性，而能有什麼比沒有邊界來得特殊呢？」他提出的觀點，讓所有觀眾都嚇得目瞪口呆。

從這架構所衍生出的宇宙無邊界波函數，在當時是（至今仍是）種全新類型的物理定律。它既不是動態的定理，也不是邊界條件，而是融合兩者，體現出一種全新的物理學。在之前我曾提到經典物理學和普通的粒子量子力學，都遵循區分定理與初始條件的傳統二元預測框架。無邊界宇宙學捨棄了這樣的二分法，取而代之的是更通用的框架，會將原始條件與動態同等看待。根據無邊界假說的概念，宇宙並不存在明確的A點，所以需要指定具體的外部條件。

事實上，早就有人提出過類似的觀念。一九三九年，狄拉克在愛丁堡的演講中，早就預見物理學中二元論的終結：「這種（定理和條件之間的）分離從哲學角度來看是不夠好的，因為它違背了所有自然統一性的觀點，我可以很有把握地預測，儘管會為我們日常觀念帶來劇變，但這種分離會在未來消失。」四十年後，無邊界假說確實做到了這一點。

憑藉他們的假說，吉姆和史蒂芬實現了從康德（Kant）到愛因斯坦等許多偉大思想家都認為無法完成的事情。這項理論成功消除了演化與創造之間的古老隔閡，終於將宇宙起源的問題，納入到自然科學的範疇。並提供了一個解決宇宙起源難題的終極機會。顯然是個很吸引人的機會。史蒂芬真的覺得自己找到一種繞過奇異點的方法——它破解了重大的存在之謎。

跟勒梅特不同的是，他沒有避免把神學融入到他的宇宙創生說中。「宇宙會是全然自給自足的，不受外部的任何事物影響，」他在《時間簡史》中寫道，「它既不會被創造也不會被毀滅。那造物主將何去何從？」史蒂芬認為，無邊界理論拿掉需要存在「原始推動者（*primum movens*）來讓宇宙運行的必要性，因為理論顯示出宇宙可能是從虛無創造出來的。當然，史蒂芬在《時間簡史》篇章中所提到的「縫隙中的神」（God of the gaps），和勒梅特認為，在創始之初仍不見身影的「隱藏的上帝」（*Deus Absconditus*）有很大的不同。

但要澄清一下，這是霍金早期的發言，當時他堅持愛因斯坦的形而上學的立場。早期的霍金跟愛因斯坦一樣，推測物理學的數學定律具有某種超越其所支配的物理現實的存在。甚至愛因斯坦會討厭大霹靂的概念，很大一部分是因為這似乎削弱了這個理想。而霍金的奇異點定理，似乎證實了愛因斯坦的擔憂，而後來在量子宇宙學中取代奇異點的「無邊界碗」，似乎讓人能夠在對宇宙起源有新理解的同時，又維護住愛因斯坦的理想主義。這個前景的確令人興奮。

圖 26　史蒂芬．霍金在劍橋大學國王學院舉行的六十歲生日派對上，與他的門徒合影。

然而，就像愛因斯坦自己的相對論讓他感到驚訝一樣，無邊界假說也讓霍金感到驚訝。沒想到這個早期版本的無邊界假設還不夠激進！

第四章　塵與煙

他相信無限多的時間序列，一個不斷滋長、令人暈眩的網絡，充滿分歧、交會、平行的各個時間。你活在某些時間裡，卻沒有我；我活在其他時間裡，卻沒有你；又在另一個時間裡，我同樣說這些話，但我是一則錯誤、一個幻影。

——豪爾赫．路易斯．波赫士（Jorge Luis Borges）《歧路花園》（*El jardín de senderos que se bifurcan*）

史蒂芬在劍橋的相對論學派就像是支搖滾樂隊：不拘禮節、和日常生活脫節、並懷抱改變世界的雄心壯志。

他們的大本營是由應用數學家巴奇勒（George Batchelor）於一九五九年創立的應用數學與理論物理學系（DAMTP）。起初DAMTP設立在知名的卡文迪許實驗室的其中一間側廳中。一八九七年，湯姆森（J. J. Thomson）在這裡發現電子，一九五三年，華生和克里克也在這裡破解了DNA的螺旋結構。*後來在一九六四年，DAMTP搬到費茲比利烘焙坊對面，位於銀街和磨坊巷的舊印刷廠區，那也是我第一次見到史蒂芬的地方。這棟維多利亞式建築的外觀並不起眼，內部的樓層規畫也極不合邏輯，像是個充滿昏暗通道的迷宮，可以通往教室、死路和陳舊的辦公室。我們很喜歡那地方。

DAMTP的命脈是「公共區域」（common area）。這裡由柱子所支撐的天花板很高，牆上掛著歷任盧卡斯數學教授席位的肖像、幾張人造皮的扶手椅、以及一個貼滿學生派對或學術論壇宣傳海報的布告欄。在一九六〇年代中期，夏默開始導入幾乎成為日常慣例的下午茶儀式。每天下午四點，燈會被點亮，茶杯會像玩具軍隊一樣排列在吧桌上，接著會供應茶飲。瞬間大廳就變得熱鬧非凡。畢竟，理論物理學是門非常注重交流的學科。

史蒂芬會從他辦公室橄欖綠色的門後現身，右手拿著敲擊裝置，左手握著方向桿，控制著他的輪椅穿過人群——偶爾會壓到某人的腳——加入對話。討論會在鋪著可換洗的白色桌巾的矮桌進行，這些桌子非常適合寫下方程式和試著與彼此交流新的想法。茶本身味道很糟，但因為這個場合能把大家聚在一起，便促成優秀的科學成果。因參與原子彈開發而聲名狼藉的前普林斯頓高等研究院的院長歐本海默（Robert Oppenheimer）就曾說過：「我們會在喝茶的時候，向彼此解釋我們不懂的事情。」多年來，DAMTP的下午茶時間就是為了這目的而存在，也把這個公共區域變成理論物理學最新發展的國際中心。

我每天下午與史蒂芬共進下午茶的儀式，使我們建立出遠超過一般師生關係的深厚關係。通常我們的討論會持續到公共區域變回空蕩的時候，甚至還會延續到晚上，無論是在康河畔的酒吧磨坊這個DAMTP的人下班聚會的地方，或者是去他位在華茲華斯林的家中吃晚餐。** 與史蒂芬共事，不只是工作而已。他在工作與私生活之間沒有太明顯的界線。他在許多層面，會把密切合作的夥伴團隊視為第二個家庭。

惠勒曾經說過，做好科學研究的方式有三：鼴鼠的方法、狗的方法和製圖師的方法。鼴鼠會從地表的某處開始，系統性地向前挖掘。狗會嗅聞周圍，然後由一個線索引領到另一個線索。最後，製圖師則會構想整體的概念，擁有對於事物可以如何組合在一起有種直覺，因此找到通往新理解的路。在我看來，霍金是一名製圖師。

在將與理論物理學的幾個公開關鍵問題有關的人物串連起來，夏默非常有一套，而史蒂芬則從他的地圖中得出自己的明確計畫。但他得仰賴我們來填滿他地圖上的空白。從一開始，史蒂芬就期待我們和他合作，將他腦袋中直覺所產出的偉大概念，轉化為完全成熟的研究計畫並付諸執行。因此，跟大多數的指導老師相比，他讓我們更靠近他。

---

* 劍橋有個傳說是，華生和克里克其實是在對街的酒吧「鷹」發現DNA。

** 在那些時光裡，他通常端上非常熱的咖哩。

顯而易見的是，透過語音合成器的溝通必定充滿限制——不只有詞彙，還特別是方程式的使用上——史蒂芬無法針對計算過程的細節提供太多指導。他會擬定出大致的方向，並隨著我們的進度進行調整。也就是說，雖然光是靠他簡短、看似謎語般的指令，要在史蒂芬的地圖中遊走可能充滿挫折，但其實這過程也很激勵人，因為會迫使我們，他的學生，具有創造性與獨立思考。而且他信任我們。史蒂芬流露出一種堅不可摧的信心，認為我們可以解決這些困難的宇宙之謎。也是這樣的鋼鐵般的意志力，使他儘管因疾病而衰弱，也能堅持不懈，並在科學研究中展現出某種頑強心態。每當我陷入絕望的深淵、當我因為某條研究路線失敗，覺得這幾乎代表著我們所要做的事是不可能完成時，史蒂芬就會出現並展開他的心智地圖，向我提供新的觀點，將我們拉出絕望的深淵，帶領我們走上嶄新的軌道。這就是霍金的一貫手法——追求最深層的問題、不斷嘗試從不同角度解決，並找出一條前進的道路。

做為「天外救星」（deus ex machina）般的導師，他的表現非常出色。此外，他的信任與機制、以及所散發出的溫暖，代表他穩定提供給我們研究團隊的不只有優秀的科學想法，還有某種親密感。史蒂芬在劍橋的學派的確與黑洞和宇宙有關，但我認為我們從他身上學到更多關於心靈的事物。就像他教導我們量子宇宙學一樣，他也教會了我們勇氣和謙卑，以及生活的方式。

當然，我們展開合作時，史蒂芬也因成名而忙碌。但他把名氣留在DAMTP的牆外。讀早報時，我可能會看到他駕駛著輪椅，穿過拉馬拉的全版照片，或是他在零重力飛行中漂浮在半空中的照片，但一旦在DAMTP裡面，他實際上就是我們的一員，都致力於理解宇宙及其最深層次的定理，也都非常樂在其中。

史蒂芬的存在是個奇蹟。在他身上體現出某種非比尋常的綜合氣質，既對於科學上的幾個重大問題有求知慾，但又能保持輕鬆愉快、以及某種難以抗拒，可能隨時隨地冒出來的幽默感。有天他不顧一切地從帕普沃斯醫院（Papworth Hospital）自行辦理出院，只是為了要看一場啞劇。當在講座上談到科學時，史蒂芬就必定要包含幾個笑話。*總是如此。而儘管他的話總是像神諭般難解，但他也很享受閒聊。（即使這需要花費很長的時間。）史蒂芬混合智慧與趣味的獨特特質，讓他所到之處都會有神奇的事情發生。當然，因為他永遠都無法以一種安靜、不引人注目的方式進到房間，所以這種特質也有點幫助。

當我在一九九八年六月來到他家門口時，史蒂芬正全力投入在他的量子宇宙學計畫

---

* 為了在人們會盯著他背後螢幕顯示什麼字的小圈圈裡講笑話，史蒂芬發展出一種非常巧妙的笑話措詞法，所以直到最後一個字出現前，你都不會明白他到底是在傳達深刻的意見還是普通的笑話。

中。《時間簡史》出版帶來的熱潮已經退去，第二次弦論革命正在產出驚人的理論觀點，史蒂芬的團隊也活力四射。與此同時，望遠鏡技術的進步，正在把宇宙學從一個充滿推測的領域，變成一門量化的科學，其基礎是奠基在對數十億年宇宙演化過程的精細觀測。那是宇宙學探索的黃金十年，就好像大自然的書擺在我們面前，等著我們狂讀。

一九八九年由美國太空總署發射的宇宙背景探測者（Cosmic Background Explorer，簡稱為COBE）衛星，在我們閱讀前幾頁宇宙歷史時起到關鍵的作用。COBE所執行的一項實驗證明，古老的宇宙微波背景輻射（CMB）有著近乎完美的熱譜，溫度為2.725克耳文。但COBE也執行了另一個微差微波輻射計（differential microwave radiometer）的實驗，目的是掃描CMB輻射在不同天空區域的微小溫度差異。這是項傳奇的實驗。宇宙學家一直清楚早期宇宙不可能是完全均勻的，因為後來的宇宙也不是完全均勻的。現在我們發現物質會聚集成星系和星系團。如果從一開始宇宙中的氣體就均勻分布，那麼星系的網絡就永遠無法形成，而既然星系是生命的搖籃，那我們也就不會存在。相對而言，即使是在太古電漿中發生最微小的密度變化，也會隨著時間在引力作用下逐漸放大，從而有機會導致物質在更密集的區域內凝聚並形成宇宙結構體。針對宇宙擴張和引力凝聚的相互作用所進行的計算顯示，若要在約一百億年內形成星系，幼宇宙種子的密度差至少達到一比十萬。自從宇宙學家在一九六〇年中期偶然發現到CMB之後，他們就一直在找尋這些變動的蹤跡。COBE衛星是他們的最後希望。因為當初設計COBE，就是希望能有這樣高的靈敏度來尋找宇宙起源，所以它也在利用熱大霹靂理論的基礎一致性。

讓宇宙學家感到欣慰的是，COBE精準找到它要尋找的目標。它蒐集到的資料顯示，早期宇宙的確有些區域稍微熱或稍微冷。雖然CMB的平均溫度是2.7250K，但在某個方向就只有2.7249K，而在天空的另個區塊則有2.7251K。「這就像見到上帝一樣。」COBE的首席研究員在記者會上興高采烈這樣宣布。

微弱的微波光子，是我們能夠期待觀測到的最古老宇宙事物之一。[1] 我們無法用蒐集光子的望遠鏡看到比這更早的時代。然而我們不禁想知道，是什麼導致太古熱量會存在微小的亮光。畢竟，CMB輻射中的些微差異，必然是再更久之前的事件所帶來的結果。不幸的是，COBE的視覺系統稍微模糊，無法解析小於十度以下的輻射背景。這導致宇宙學家對於COBE所觀測到稍微熱和稍微冷的區塊的緣由一無所知。但COBE成功讓宇宙學家意識到，太古火球的灰燼與煙霧之中暗藏著許多資訊，但他們得想辦法閱讀背景輻射中的微小字跡。從COBE問世以降，微弱的微波背景已經成為現代宇宙學揮灑深刻問題的畫布。

於是在二十世紀默默，「黃金般」的天文觀測結果終於開始解開宇宙的出生證明，並

實現勒梅特在七十年前提出的願景：[2]

世界的演變可比擬為剛結束的煙火表演；
只留下幾縷紅煙、灰燼與煙霧。
我們站在一塊冷卻的餘燼之上，
看著太陽慢慢落下，
並試圖回想世界起源已逝去的璀璨。

史蒂芬也一直致力於結合宇宙學理論和觀測結果，並非常希望宇宙學家能透過細心篩選灰燼，進而重建出宇宙的起源。到了一九九〇年代，史蒂芬越來越重視他的無邊界假說。因為它巧妙迴避所有與萬物起源有關的上古悖論，所以非常吸引人。對霍金而言，這理論也似乎是真的。大量的證據指出，他確實認為這是他最偉大的發現。[3]但是無論一個宇宙學理論有多麼的優雅或出色，其真正的考驗是落在預測上頭，而霍金是最早強調這點的人。假設宇宙的確是誕生「於無」，來自一個純粹在空間維度的球形小區域。那麼由點組成的CMB全天圖又會長成什麼樣子呢？這是個讓人好奇的問題，也是此時史蒂芬的首要任務。但要回答這個問題，我們必須先回到宇宙暴脹這個認為宇宙在早期經歷一次短暫的超高速擴張的觀念。

宇宙暴脹理論於一九八〇年代初，由理論物理學家古斯（Alan Guth）、林德、斯坦哈特、和阿爾布雷克特（Andreas Albrecht）所開創。這理論被視為是熱大霹靂模型出現以來，對它最重要的改進。一開始，暴脹被認為是宇宙歷史最早期的某個瞬間時刻，當時引力造成的排斥力很強，導致宇宙急速暴脹而瘋狂擴張。這些暴脹理論的先驅想像，在一瞬之間，可觀測的宇宙就會很驚人地膨脹10^{30}倍。這大約相當於原子和銀河系的規模差異。

這樣激烈的擴張吸引到理論學家的注意，因為這現象恰好可以解釋我在第三章討論的謎題：為什麼在最大的尺度下，宇宙是如此的平滑與均勻？極短時間內發生的超速擴張代表著，即使在現今可觀測宇宙中隔最遠的地區，在暴脹開始時仍非常接近，都位於彼此的範圍內。從圖19可以看得出，即便是最短暫的超速暴脹，也會將大霹靂的奇異點推得更遠，由此創造出一個涵蓋著我們整體過去光錐的相連環境。可觀測宇宙的整體因此擁有共同的因果起源，而在每個地方出現的宇宙都幾乎相同。

然而，光看表面的話，暴脹背後的誇張數字聽起來很瘋狂。若換個角度來看，在那個瞬間急速擴張的暴脹速度，其實遠遠超過宇宙在隨後的一百三十八億年的總擴張因子！是什麼奇特的物質，能致使空間如此劇烈伸展？暴脹理論的先驅提出，可能是純量場（scalar field）所導致。這種場是很特殊的物質形式，可以像電場和磁場那樣，是種不可見、可以填充空間的物質，但它們相對簡單，因為它們在每個空間點上只有一個值，而非向量。希格斯場（the Higgs field）是最著名的純量場，在二〇一二年，歐洲核子研究組織（European Organization for Nuclear Research，縮寫為CERN）發現到這個物理粒子標準模型的集大成。標準模型理論的擴充範圍通常包含大量的純量場，其中一些可能是宇宙裡暗物質的一部分。導致暴脹的場被恰如其分地（或許有點令人困惑地）稱為暴脹場（inflaton field）。暴脹場是個假說場，時至今日尚未在CERN或地球上的任何角落發現到它，但暴脹理論預測，暴脹場可能短暫推動早期宇宙的擴張，形成如此驚人的規模。

但為什麼純量場有如此強大的反重力斥力呢？向量場與所有形式的物質一起出現在愛因斯坦方程式的右側（見頁82）。然而跟一般物質不同的是，向量場和宇宙常數（也就是愛因斯坦的λ項），擁有某些重要的共同特質。向量場跟宇宙常數一樣，在空間中均勻分布，不僅帶有正電，能夠產生吸引力，也帶有造成反引力的負壓或張力。事實證明，向量場的反引力會大於引力，這就是它們與其他形式的物質不同，可以讓擴張加速的原因。此外，擴張的空間有利於暴脹。雖然一般物質會流失能量到擴張的空間中，但因為充斥在宇宙中的暴脹場具有負壓，所以就像宇宙常數一樣，它不僅不會稀釋，實際上還會從擴張中獲得能量。[4]

一九一七年，當愛因斯坦將宇宙常數加入到他的理論時，他做了微調，讓常數的排斥力能夠完美平衡掉物質的重力吸引，使宇宙保持靜止。六十年後，暴脹理論的先驅更進一步想像，在宇宙非常早期的某個瞬間，暴脹場的反重力遠遠超過所有引力的來源，為大霹靂提供真正的巨響——宇宙瞬間的巨大擴張。

圖27是暴脹理論的說法。曲線代表著數值不同的（假想）暴脹場的能量密度。曲線的高低指出暴脹場的反引力強度。暴脹宇宙學家想像，在宇宙的最早階期，有一塊區域裡面的暴脹場不知為何處於能量曲線的高原階段。這個現象導致那處空間開始膨脹，而裡面的暴脹

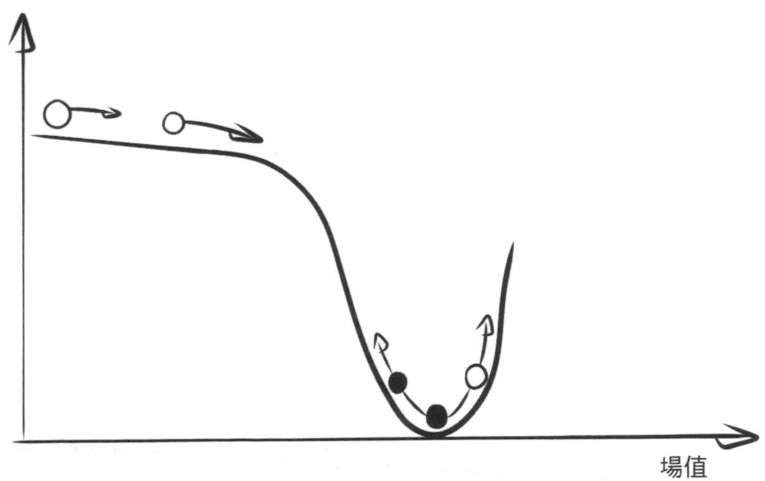

圖 27　縱軸是暴脹場的能量密度，橫軸是場的不同數值。當宇宙膨脹時，場的能量傾向往低谷滾下。

場也緩緩滑落至能量的低谷。一旦暴脹場跌到能量的最低點，就能有燃料繼續暴脹了。宇宙的爆炸成長將會畫下句點，擴張速度變得較為和緩。因此雖然引力場跟宇宙常數都會導致反引力，但兩者在一個關鍵層面有所不同：宇宙常數顯然是恆定的，然而暴脹場的值會隨時間而變。暴脹場的暴脹特性，使它可能開啟和關閉突然出現的快速擴張——暴脹理論學家也利用這個關鍵的性質。

而到了瞬間暴脹的尾聲，存放在暴脹場內的大量能量需要有地方可去，因而會產生熱。當暴脹停止，能量低落的暴脹場釋出熱輻射到宇宙中。某部分的熱能隨後會變成物質，因為愛因斯坦的方程式 $E=mc^2$ 告訴我們，只要能為某質量（m）的粒子提供足夠的能量（E），就有可能將高能量的輻射粒子（光子）轉變成為大質量的粒子。在一閃即逝的暴脹尾聲所釋放出的能量之強，足以讓宇宙加溫到一千兆兆度，足以創造出等同於可觀測宇宙中約 10^{50} 噸重的物質。

確實，暴脹在眼睛都還沒眨完之前就產出一個極大且均勻的宇宙。但COBE在CMB所發現的活躍閃光又是怎麼一回事？難道暴脹會產出幾乎（但不完全完美）平滑的宇宙嗎？

事實上確實是如此。與所有的物理場一樣，暴脹場是個量子場。海森堡的不確定性原理認定，它也必須受到難以降低的量子模糊性所影響。也就是說跟粒子差不多，只要我們越精確掌握到某個場在特定位置的值，我們越不清楚它在那位置的變化速率。但如果無法完全掌握場的變化速率，我們就無法知道它在一段時間後確切的值是多少。也就是說，量子場是由多種變化速率數值所組成的奇怪振動的混合體，就像是粒子的波函數中有許多路徑一樣。

通常這種量子振動非常的小，只侷限在微觀尺度。但宇宙暴脹的速度並不普通。研究暴脹的理論學家很驚訝地意識到，他們所設想的快速巨大擴張會放大微觀的量子波動，延伸成為宏觀的波狀變動。即使一開始暴脹因為受到不確定性的限制只有極小的振動，但暴脹的爆炸性擴張也會將這些振動，轉化為宏觀的波動，在整個平滑的擴張宇宙上疊加波狀的場變化，就像是寧靜的湖面上的漣漪一般。

至關重要的是，當暴脹結束並將能量釋放為一股熱量時，充盈在新生宇宙中的熱氣體會繼承這些變化。這也就是為什麼任何從暴脹中誕生的宇宙，其輻射溫度和物質密度都有著微小的不規則。接下來隨著宇宙的擴張速度減緩，也有越來越多的太古漣漪來到我們的宇宙視界裡能被我們看見，就像是抵達岸邊的波浪。輻射溫度的波動，會出現在那邊讓我們欣賞。當我們比較天空不同方向CMB的溫度時，這些波動就會形成CMB的高溫點和低溫區。但物質的密度差異會變得很重要，因為這能夠播種出新的星系。一開始密度比較低的區域，會擴張得更快，形成更多空間。有著更多物質的地區，會開始從周圍吸引更多物質、增高密度差，這也是我們今日看到的大規模銀河系網路的形成方式。

一九八二年的夏天，霍金和吉伯森將幾位重要的暴脹理論學家都找來劍橋，多年後，他充滿感情回憶這個夏天，認為這是**真正**的工作坊。「超級前期宇宙」（The Very Early Universe）是由納菲爾德基金會這個由汽車大亨莫理斯（William Morris）、納菲爾德勳爵（Lord Nuffield），於一九四〇年代所成立的慈善機構所資助。* 一連好幾天，霍金與他的同事都在爭論從暴脹所產生的原始變化有哪些關鍵特性。在工作坊結束時，他們達成共識（真想不到），一次瞬間暴脹會在CMB閃爍的波動中，留下一個獨特但難以察覺的明確特徵。[5] 也就是說納菲爾德工作坊的理論家已經找出暴脹的確鑿證據，而且只要我們仔細掃描有微波的天空，就有可能發現它。他們的發現被視為是理論宇宙學，乃至於所有科學中最壯觀的預測之一。暴脹所留下來的波動遺跡，以驚人的數學精準度被凍結與保留在CMB之中，而這無疑是我們所希望認出的最古老的宇宙化石之一。

想當然耳，這場納菲爾德聚會成為傳奇。一九八二年的納菲爾德工作坊對宇宙學的意義，就像是一九一一年的索爾維會議對原子物理的意義一樣。這項研究結果標誌出宇宙最早期歷史研究的成熟。暴脹理論的預測清楚展示出，量子力學不僅對微觀世界有著深遠的影響，同時也影響著我們在大尺度上對宇宙的觀測。就如同一九一一年的索爾維會議標誌出量子力學被理解為原子世界核心的時刻，一九八二年的納菲爾德工作坊也顯示出量子力學對宇宙學是不可或缺的。暴脹理論說明了，CMB的高溫點和低溫點是原始的量子模糊性，而且會在宇宙之中放大與變清楚。而且這場工作坊還預測，如果能有更先進的COBE能對CMB的光點拍攝更清晰的影像，就能夠驗證這一切。這樣的影像將形成一個巨大的弧形，將我們今日的宇宙觀察，與大霹靂後不到10^{-32}秒的微觀量子振動進行連結。

史蒂芬對工作坊的結果喜形於色，他寫道：「暴脹假說有一個很大的優點，就是它對宇宙當今的密度和空間均勻度的偏差做出預測。在不久的將來，我們應該能夠測試這些預測，從而進行否證或鞏固。」[6]

在CMB中由暴脹產生的區塊與光點，就像是從黑洞逃逸出的霍金輻射的宇宙版本，這又是黑洞和大霹靂之間的另一個美妙連結。我之前提到過，霍金輻射的起源是黑洞附近的物質場的量子振動。這些振動產出成對的粒子，它們短暫出現，接著又消失，就像是一

＊事實上，這是史蒂芬在劍橋主持的第二次納菲爾德會議。第一次的會議是關於超引力，「舉辦會議的目的是要有意義地度過四個星期。」史蒂芬曾開玩笑地總結，但這會議同樣令人難忘，一幅在黑板上描繪會議過程的創意插圖，直到史蒂芬辭世前都是他的辦公室裝飾品。（見彩頁，圖10）

對從海洋表面短暫跳出再潛入水中的海豚。物理學家稱它們為虛粒子（virtual particle），因為它們與真實的粒子不同，生命短暫，因而無法被粒子探測器測量到。但是，在黑洞的範圍附近，虛粒子可以變成真的。這是因為虛粒子對的其中一員可以掉入黑洞中，讓另一個粒子能自由逃逸到遙遠的宇宙，其表現形式是黑洞所發出的微弱輻射。[7]暴脹宇宙的故事，就像是黑洞的顛倒版：快速的暴脹擴張放大與我們周邊宇宙範圍有關的量子振動，這讓宇宙在微波頻帶上略為閃爍。暴脹理論預測我們正浸泡在充滿霍金輻射的宇宙浴缸中。

儘管機會渺茫，但史蒂芬在世時仍有見到CMB輻射的詳細觀測計畫展開，並很欣慰地發現觀測到的變化模式確實與暴脹理論的節奏相符。

在二〇〇九年的夏天，歐洲太空總署發射普朗克衛星，在近十五個月的時間中，成功蒐集到古老微波光子。由於衛星位於地球的大氣層之外，且能掃描整個天空，所以在這方面的成果比地表望遠鏡優秀。普朗克衛星記錄下從空間的無數方向抵達我們的CMB光子溫度和偏振。接著普朗克的天文學家團隊製作出一張詳細無比的微波全天圖，把原先COBE的模糊景色變成異常清晰的圖片。這張圖片就是彩頁的圖9，它也鼓勵你把CMB的天空想像成一個巨大且遙遠的球體，我們的星球就位於中心，而這球體就是我們的視線範圍。我先前在圖2所提供的CMB全天圖，就像是製作世界地圖一樣，是這個球體在平面上的投影圖。

乍看之下，CMB球體上的亮點與斑紋似乎沒有規律，但深入研究之後，就會發現幾百萬個像素中，潛藏著人們尋找已久的原始膨脹的特殊變異。

圖28展示出這個暴脹的波動模式，描繪出各點的溫度差異與其在天空中測量時的角度之間的預期關係。從中我們可以看出，變異的程度有點振盪，但就像鐘聲一樣，會逐漸向較小的角度衰減。普朗克衛星的實際觀測資料（亮點）和理論的預測結果（曲線）高度一致，令人驚嘆。這種波動的變異模式，已經成為現代宇宙學的代表圖像。這張圖被公認是個有力證

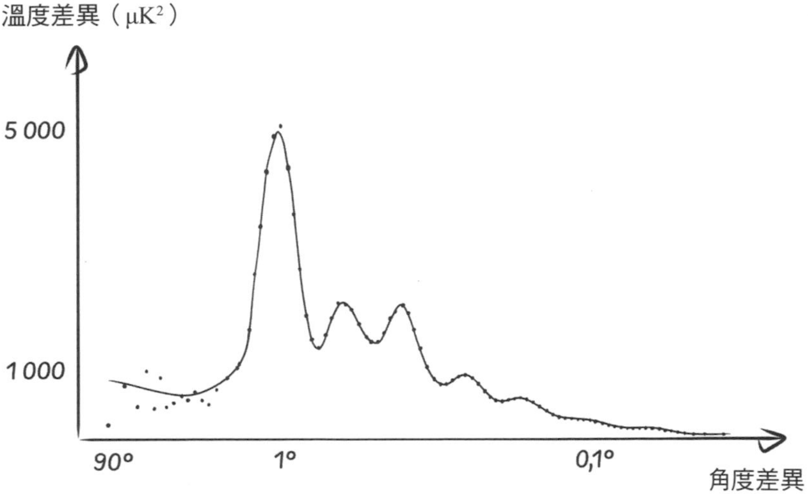

圖28　圖片的縱軸是CMB溫度差異的預期程度，橫軸則是天空中兩點之間的角度差異。角度大的位於左邊，角度小的位於右邊。實線是暴脹理論的預測。而各點則是普朗克衛星的觀測資料。這些點幾乎完全落在理論預測的振盪模式上。

據，能證明我們世界的最深層起源，就位於短暫的原始暴脹期間，放大跟伸展的量子振動之中。普朗克（衛星）真的沒有辜負它被冠上的天才名字。

更重要的是，CMB變異的振盪程度，也告訴我們關於當前宇宙組成，甚至是宇宙未來的一些事情。這是因為這些是波動幅度的微小差異，除了暴脹之外，還受到宇宙演化中的幾何結構影響。利用愛因斯坦討論時空的幾何圖形與內容物相關連的理論，普朗克衛星蒐集到的精準資料，能讓我們更瞭解宇宙的組成。例如圖28的第一個峰值，就發生在天空中角距離約為一度的位置（做為比較，滿月的角距離大約為半度）。峰值位於這個位置，代表可觀測宇宙的空間形狀幾乎沒有彎曲。因此，如果我們身處的三維空間是個超球體，那麼尺寸就必須要非常巨大，才會在我們的宇宙視界中看起來像是平的，就像是我們在地球上看到的平坦地平線一樣。

第二個峰值顯示出，像質子和中子這樣常見的物質，只在今日的宇宙組成中佔了約5%。第三個前來救援的峰值，顯示出宇宙中還包含約25%的暗物質，這些幾乎不與普通物質或光互動的神祕粒子，前提是如果它們會進行互動的話。[8] 儘管如此，暗物質在宇宙的歷史中扮演重要的角色，為太古氣體中的微小星系種子提供額外的引力，使其演變為廣袤的星系之網。你可以把暗物質想像成宇宙的脊柱，引領著可見物質形成宏觀的結構，確保宇宙的宜居性。

從普朗克衛星的振動曲線圖所指出的三個高峰的高度與位置，我們可以得出某種令人不安的結論：目前宇宙約70%的成分並非物質（詳見圖29）。相對地，宇宙的主要成分是我們無法看到、擁有反重力性質的暗能量，而這股能量就是推動近期宇宙擴展的主因。這個對CMB的解釋，也進一步在一九九八年被兩組天文學家的發現所證實，他們從觀察遠處爆炸星體發出的光發現，宇宙在過去數十億年的擴張速度正在變快。[9]

如果暗能量真的只是愛因斯坦的λ項，也就是與虛空有關的能量，那麼其會對宇宙的深遠未來造成劇烈影響。一旦宇宙常數取得主導就將永遠存在，因為你不能像暴脹場一樣，關掉一個常數。因此，如果真的有個固定的宇宙常數存在，空間的加速可能會持續下去。在這樣的未來裡，宇宙中將不會形成新的恆星與星系，現有的星系

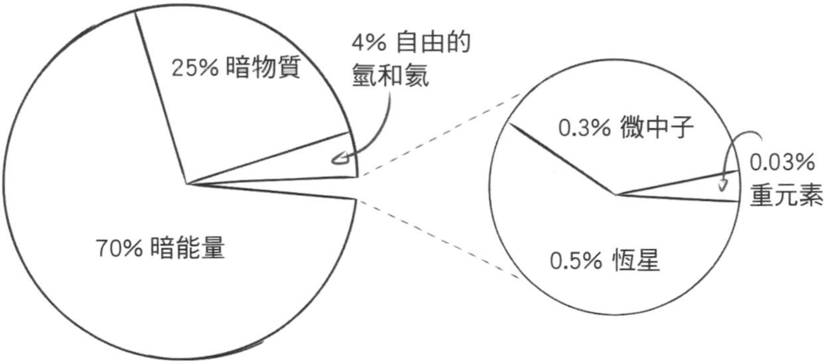

圖29　一張顯示出現今宇宙的物質與能量總量的圓餅圖。其中有大部分是由暗能量組成，而在過去的數十億年裡，暗能量在加速宇宙的擴張速度。賸餘的大部分是由未知粒子所組成的非原子暗物質。只有一小部分，約5%，是我們常見、熟悉的物質與輻射。

要不就相撞，或者就逐漸消失在各自的視界之外，而夜空會慢慢陷入黑暗[10]，未來的天文學家將會喪失許多樂趣。

如今，大量的天文觀測結果都與這個模型符合，圖28與29所總括出的宇宙模型，也經過眾多的檢驗與交叉驗證。物理學家現在很有信心，自己非常精準掌握可觀測宇宙的組成和其擴張的歷程。經過宇宙學的黃金十年，我們所得到的宇宙圖像與近九十年前勒梅特所描繪的圖像驚人地相似：先是有個短暫的暴脹、接著是近乎停滯的擴張期、最後進入一個更為緩和的加速階段。（見彩頁圖3）

因為在建立解釋人類宇宙歷史的一致性模型上扮演關鍵角色，而在二〇一九年獲得諾貝爾物理學獎的皮博斯（James Peebles），他說：「目前視線範圍內沒有一片烏雲。」[11]

然而，有個關於暴脹的關鍵預測仍充滿謎團。那就是原始重力波。因為瞬間暴脹的擴張，會放大所有（包含空間本身在內）的量子振動，進而產生某種規模的重力波。這些空間的漣漪被稱為原始重力波，為了與後來因為黑洞、中子星、星系碰撞而產生的重力波做出區分。

自從宇宙誕生，這些因暴脹而產生的原始重力波就同步跟著擴張。如今，它們的波長非常長，遠超過地表上著名L型探測器的捕捉範圍。但光是這些由暴脹所產生、在空間中起伏的重力漣漪的存在，就會影響到微波背景光子的偏振，因為這些光子在抵達我們的望遠鏡碟面之前，已經在這稍微不規則的空間中旅行一百三十八億年。而儘管這些原始重力波的預期振幅相對較低（就算用重力波的標準來看），暴脹理論學家仍認為可以在微波背景中檢測到它們的存在。

遺憾的是，普朗克衛星沒有搭載精準的偏振計。後來在南極的阿蒙森－斯科特南極站進行、設計來測量CMB偏振程度的實驗，確實找到理論所預期來自暴脹的那種偏振。然而經過深入解讀資料後發現，這個偏振可能只是銀河塵埃的干擾。但宇宙學家並未放棄。他們正在策畫新的衛星任務，在宇宙微波背景天空中尋找原始重力波的痕跡。儘管這些來自暴脹的重力波能提供的資訊不多，但光是觀測到它們，即便是間接地觀測到，也將是一項重大的發現。因為這不僅會鞏固暴脹理論的地位，也將能夠首次證明，時空確實和所有已知的場一樣，都有著量子起源。

史蒂芬同樣對偵測到暴脹產生的重力波抱有很大的希望。在他去世時，他正在寫一篇論文，希望更精確地預測暴脹理論中原始重力波的強度。他在這個計畫中投入很多心力，因為藉由暴脹延伸到宏觀層面的量子振動，其實就是從黑洞逃脫的霍金輻射的宇宙版。多數的物理學家都同意，確實，如果能找到原始重力波的痕跡，那麼就能（雖然是間接地）證明霍金輻射的存在。

對於宇宙誕生的那個短暫卻關鍵的瞬間，暴脹理論提供相當圓滿的說明。雖然暴脹的本質仍不清楚、原始的重力波仍難以理解，但多數宇宙學家對於其獨特帶有振鈴現象的溫度變異模式進行詳細觀察，說明了大家對暴脹理論的接受。暴脹理論感覺沒錯，看起來也沒錯。但這也引出另個至關重要的問題：暴脹是如何開始的？因為當我們試著解釋最早期的宇宙時，我們千萬要小心不要拿謎團換來另一個謎團。無論暴脹的概念在理論上有多麼吸引人，如果在一開始就無法啟動某個關鍵擴張，我們將一無所有，並證明暴脹這個關於早期宇宙的物理模型是有問題的。這就是科學運作的方式。

那麼要啟動暴脹需要哪些條件？暴脹場怎麼會在一開始就位在能量高峰上呢？這就是無邊界假說的用途所在。值得注意的是，無邊界假說預測宇宙起源於一次劇烈暴脹。在數學上，這是因為在無邊界的創生過程中，時空底部的圓形區域跟暴脹一樣，需要有外在的純量物質施加負壓力。在實數時間古典宇宙學的脈絡中，帶有負壓的物質會導致快速且巨大的擴張——暴脹。而在虛數時間的量子宇宙學的脈絡下，完全相同的負壓使其能夠將時空的底部平滑地封閉成一個球體。因此無邊界的創造與暴脹的擴張，是相輔相成的孿生進程。它們會加強彼此，前者會成為後者的量子實現（見圖30）。在物理上這代表著，如果宇宙是從虛無創造出來的（根據無邊界理論的定理），那麼它會遵從大多數擴張宇宙可能性的機率，就非常微小。但有個特定的軌跡組合，比其他組合的可能性要來得多。這組擴張路徑是，宇宙在一次短暫、劇烈的暴脹擴張後，接著就減緩擴張速度。

我在第一章提過，在任何演化的層次，決定論只會形塑最基本的結構趨勢。通常只能事先預測到最粗略的特質。根據無邊界假說，某些暴脹的形式，就是宇宙演化在結構上的粗略特質。

無邊界假說跟暴脹理論之間存在著有趣共鳴的發現，對好幾輩的霍金學生來說都是很興奮的經歷。這項發現意義非凡。這理論的先驅認為宇宙暴脹就是既有宇宙的一個短暫過渡階段。但量子實現的結果卻暗示，暴脹**是**一切的開端。在無邊界提案中，暴脹成為量子

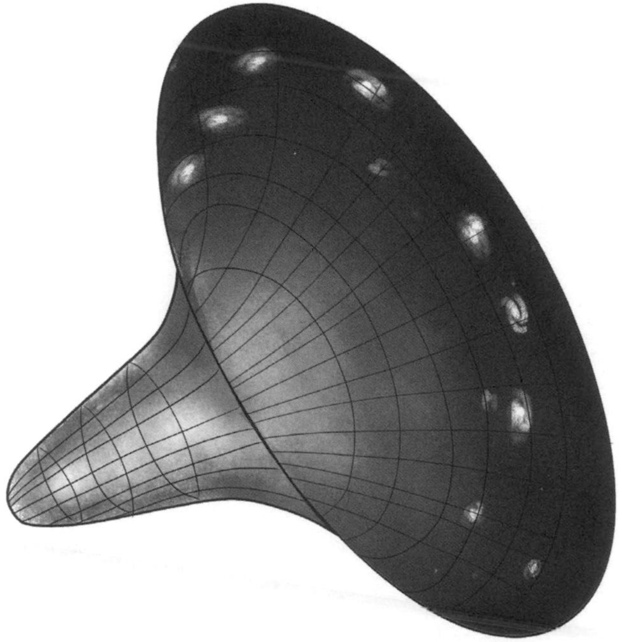

圖 30 吉姆和史蒂芬的無邊界假說的宇宙起源預測是，宇宙是由一次超高速暴脹擴張中誕生的。

過程不可或缺的一部分，在初始帶出古典的宇宙時空結構。所以無邊界提案拉高了暴脹的地位，把它跟時空的崇高存在並列。暴脹的起源不是個神祕的僥倖事件，或者是「上帝之手」將暴脹場充滿能量的結果，而是要讓宇宙存在的必要宇宙條件。

然而，這裡有個問題：無邊界提案的預測是，暴脹的爆發是盡可能地小。最初擴張的強度是由暴脹場的初始值所決定。在圖27中，那些暴脹場初始能量高昂的宇宙，會經歷巨大的暴脹爆發。它們會因而變大，並擁有足夠的物質形成十億個星系。這結果非常像我們所觀測到的宇宙。相較之下，那些暴脹場初始能量落在谷底的宇宙，就只有些微地暴脹。這樣的宇宙到頭來幾乎是空的，不存在星系，甚至可能會重新塌縮成一個大擠壓。這一點也不像我們的宇宙。不幸的是，若只看字面涵義的話，無邊界理論恰恰好會挑出後者的宇宙。理論似乎想表示，我們應該發現到，自己正處在一個我們不該存在的宇宙裡。因此，也不大意外多數的物理學家會覺得自己很難認真看待無邊界創生說。從吉姆和史蒂芬提出他們的宇宙起源說的模型以來，這一直都是「房間裡的大象」（the elephant in the room）。

讓我們進一步檢視這隻大象。暴脹如何開始的謎團，與時間之箭的謎團息息相關——這是另一個這世界的明顯特質。從日常體驗中，我們很清楚事情的發生有明確的方向性。

蛋會破掉，但不會自己拼起來。人會變老，但不會變年輕。恆星塌縮成黑洞，但不會從黑洞逃出來。最重要的是，我們記住過去，但不知道未來。這種方向性、這發時間之箭，是物理世界背後最強大且普遍的運作定理之一。我們只不過從未遇到反轉四濺的蛋或黑洞射出恆星。但時間是如何獲得如此健全的箭？

在古代，人們對於時間之箭抱持著目的論的觀點。許多事情的發生會依照明顯的方向性，就與亞里斯多德的觀點——自然的運作會受到「目的因」引導——完全吻合。然而，我們現在知道了，時間之箭的出現，其實是源自於混亂會增加的趨勢。想想你的辦公室、或你的臥室，除非你花費心思努力維持整潔，否則都有變得更加混亂的趨勢。這是因為辦公室凌亂的方式比整齊的方式要多得多。或者以拼圖為例，如果你在搖動盒子裡的拼圖之後發現，裡頭的拼圖完美重現盒面上的圖案的話，你會感到驚訝。這還是因為，無序拼圖的組合方式，比有序的拼圖要來得多。這些案例說明了物理系統的一個普遍特質：混亂的方式比有序的方式要多得多，這就是為什麼以許多要素構成的物理系統，其演化方向是趨於更大的混亂。

科學家透過物理系統中的熵（entropy）來衡量其混亂程度，這個概念最先是由十九世紀的奧地利物理學家波茲曼（Ludwig Boltzmann）所提出。高熵代表系統處於非常混亂的狀態，而低熵則代表處於非常有序的狀態。複雜物理系統易於演變成高熵的狀態，這現象意味著有個準通用的箭頭，也就是熱力學第二定律。這個熵的箭頭是我們所經歷的時間之箭的**來源**。

但這裡有個謎團。顯然只有熵值低的時候，才會開始增加。所以為什麼昨天的熵值比今天低呢？我們如何擁有一顆可以拿來做蛋捲的低熵值的蛋？蛋來自雞，雞是農場的低熵系統，而農場本身也是低熵值生物圈的一環。地球的生物圈為了維持運作，從太陽獲得能量。那麼低熵值的太陽從哪裡來的呢？太陽源自於一朵熵值非常低的氣體雲，這朵氣體雲在近五十億年前塌縮，而它也是前個世代的恆星的殘餘。那麼製造出第一代恆星的極低熵值的氣體雲呢？這朵雲最遠可以追溯到，那些充盈在早期宇宙的熱氣體其微小密度變化，而早期宇宙的根源可能可以追溯到暴脹時期。

在暴脹結束時的宇宙，確實具備超低的熵值。

所以這個雞與蛋的故事，其實有著深奧的涵義。它告訴我們，秩序的終極來源、我們現在擁有沒破掉的低熵蛋的原因，都與我們的大霹靂起源有關。大約在一百四十億年前，宇宙的開端極其有序，而自那之後，我們一直跟隨著自然的演變模式，邁向更大的混亂之中。區分出過去與未來的時間之箭，可能是人類經歷的最基本要素，而它的起源就來自於太古宇宙的極致有序、低熵狀態。這或許也是所有宇宙利於生命的特質中，最為神祕的一個。宇宙如何在一誕生，就是如此低熵的狀態？劇烈的暴脹是否以某種巧妙的方式，降低超早期宇宙的熵，並違反熱力學第二定律？但事實並非如此，熵在暴脹期間有增加（雖然增加得比預期慢），並且在宇宙演變的過程中持續增加。

彭羅斯最為支持這個觀點，他也因此將暴脹稱作「幻想」。若要開始暴脹，暴脹場就必須處於熵值極低、但能量極高的狀態，彭羅斯認為這是個調整程度不合理的初始條件。但是若用量子宇宙學來解釋暴脹理論，就有可能解決彭羅斯的疑慮。作為一個統一動態與初始狀態的理論，無邊界假說內建某種時間的不對稱性，在宇宙歷史的一端，是平滑的暴脹式誕生，而另一端則是沒有結局、混亂的狀態。然而無邊界提案所隱含的時間之箭，似乎遠不足以為宇宙注入生命。這套理論認為暴脹場的能量在山腰，處於熵值中等的狀態。吉姆和史蒂芬的想法似乎是要用一聲低語，而非一聲巨響來創生宇宙。無邊界假說可能很優雅、深奧與美麗，但並不奏效。熱力學第二定律贏得勝利。

無邊界假說只有一絲希望。這希望深藏在「無邊界假說」的量子源頭中。如你所見，無邊界提案作為宇宙波函數的理論，它並沒有特別選出暴脹最小的絕對量，而是描述宇宙有著模糊的起源。就像是特定振幅的電子軌跡，會混合存在於單一電子的波函數中，無邊界的波函數也稍微涵蓋到一系列的暴脹宇宙，每個宇宙都有著不同的暴脹場初始值。也就是說，量子宇宙不只是個可以擴張的空間，而且不同擴張歷史的可能性在之中會疊加起來，就像是在電影《回到未來》（*Back to the Future*）中，布朗博士向馬蒂解釋的那樣。

想對這個抽象的量子宇宙有所理解，可以回想一下那個擴張的圓形宇宙。圖30所描繪的是發生在一維圓形宇宙的無邊界創生。但這只是其中一個擴張的歷史，只能代表一小部分的無邊界波。圖30中的圓圈，位於更大型的量子現實中的某個特定的浪頭之上。要完整想像無邊界波，就必須想像存在著一組圓圈，而且每個圓圈都以自己獨特的方式擴張。我試著透過圖31具現這個難以想像的量子宇宙。這裡所提出的擴張宇宙組合，在某種程度上在無邊界波中共存，也鮮明表現出量子宇宙中時空的模糊特質。

這些宇宙的共存既有趣又令人困惑。在古典相對論中，時空之間並沒有關連。例如，在彩頁圖1的那張勒梅特的知名圖表中，每一條曲線都代表一個獨立的宇宙，而在愛因斯坦的理論裡，沒有任何因素可以讓某個宇宙的權重變高。但在量子宇宙裡，史蒂芬的波函數，會在由所有宇宙歷史可能性所組成的大舞台上發揮作用。就像是電子的量子力學，會將不同軌跡的可能性統合於一個實體——電子波函數——一樣，無邊界波函數會將擴充宇宙的不同可能性結合在單一架構之下。正是因為如此，它有能力進一步針對「哪條曲線該是我們的宇宙？」這個與設計之謎息息相關的問題，提出在理論上的洞見。

有趣的是，統整在一起也就代表整個波函數不會隨著時間變化。事實上，我在圖31中並沒有表明有統一的時間觀念，也就是相對於演變中的擴張宇宙集合體的一個通用時鐘。在量子宇宙學裡，時間失去了作為基本架構原則的意涵。[12]合理的時間觀念反而成為個別擴張空間的內顯特質。這是因為時間的測量，總會涉及到一個物理性質相較於另個物理性質的變化。例如，我們可以把隨著擴張而冷卻的單調宇宙輻射，作為我們這個宇宙的時鐘（儘管這無法成為安排會議時使用的實用時間單位）。但是一個時空中CMB溫度的演變，顯然無法當成另一個時空的時鐘所使用。

然而遺憾的是，無邊界

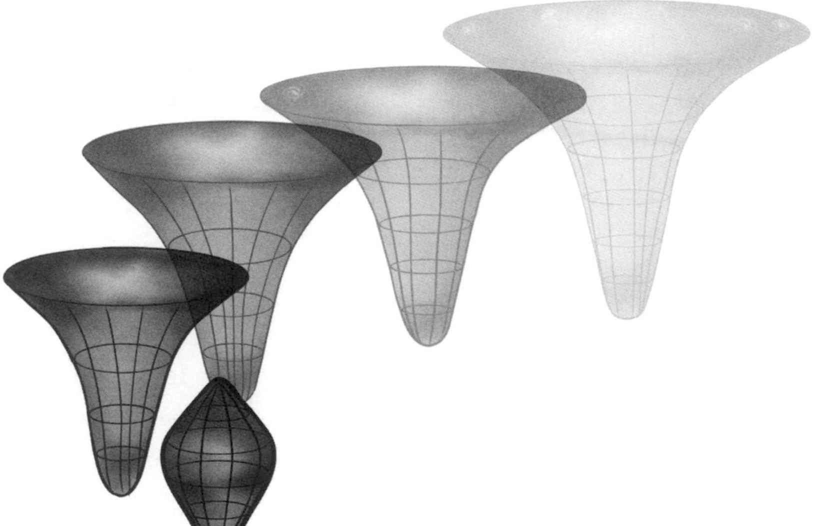

圖 31　在量子力學中，粒子的波函數包含所有粒子可能路徑的混合體（見圖21）。同樣地，量子宇宙學的宇宙波函數，則細說宇宙擴張歷史的所有可能性。若只光看表面，霍金的無邊界波函數的形狀，會由那些經歷過小型快速暴脹後又快速塌縮的宇宙所主宰。經歷強烈的快速暴脹、形成星系並變得宜居的宇宙，雖然沒有被理論完全排除，但它們位在波函數的末端。幾乎在理論中看不見它們。

波本身的擴散，似乎不足以涵蓋到任一個有著強烈快速暴脹的宜居宇宙。作為涵蓋著不同強度的高速暴脹的機率波，無邊界波在最小暴脹宇宙有個異常高的峰值，但只有一個非常低的尾巴繼續延伸到有更大型快速暴脹宇宙的位置。所以雖然無邊界提案與暴脹之間，因為都仰仗同種的負壓來創造宇宙，而有很大的共鳴，但無邊界提案也暗示，規模小到剛好夠讓宇宙存在的暴脹，與擁有更大規模暴脹的各種有趣的擴張宇宙歷史相比，發生機率要高上許多。

這種情況令人困惑。我們是否應該期待生活在最可能出現的宇宙中？更重要的是，如果我們所觀測的宇宙位於機率波的最末端，那我們是否應該忽略這個宇宙波函數的理論。別忘了，得要有以原子形式存在的物質存在，才有可能有觀察者思考他們身處哪個宇宙。如果宇宙理論中可能性最高的宇宙是空白且無生機的，那麼我們也無須訝異，我們在那裡找不到自己。此外，如果宇宙的某些性質，對於生命的存在是不可或缺的（例如星系），我們就不應該只因為一個宇宙波函數認為可能性最高的宇宙沒有星系，就否決它。重要的不是理論認為何者可行性最高，而是何者最可能被觀測。當我們將理論和觀測結果作比較時，不存在觀測者的宇宙歷史不會納入考量。

基於上述理由，一九九七年霍金和圖羅克試圖加入人擇條件——即「我們」應該存在宇宙中——來拯救無邊界理論。[13]然而他們發現，加入這規則幾乎沒造成變化；加上人擇條件的無邊界理論，最終預測出只有一個（我們的）星系的宇宙，這與我們觀測到，充滿星系的宇宙截然不同。這個令人失望的結果，似乎對當時的圖羅克影響很大，他徹底改變研究方向，開始尋找新方式來完全避免開始的存在。然而史蒂芬仍堅持無邊界提案；從事後看來，這只是他的起點。

與此同時，林德以及任教於塔夫茲大學的烏克蘭裔美國宇宙學家維倫金，這位寡言的沉思者，提出了關於暴脹起源的挑戰觀點。他們的提案非常激進，其意涵也令人印象深刻，也因此一直吸引到宇宙學界的關注：多重宇宙。

林德和維倫金，把暴脹如何開始的問題完全倒過來思考。他們認為，暴脹一直是宇宙的預設狀態，也因此實際上很難停止暴脹。他們提出，暴脹性擴張的本質就是永恆存在。[14]他們的論證中包含同一種在暴脹過程中會成長為星系的量子振動，只是在遠超過我們宇宙視界的更大尺度上進行構思。如果暴脹創造出這般波長異常長的波紋，那麼在那麼浩瀚的距離下，暴脹場的能量就會波動。在某些區域，這樣的波動會幫助暴脹的能量減緩與終結，形成後續會緩慢擴張的熱大霹靂。然而，如果在某個遙遠的區域，暴脹經歷一次加強能量的大振動的話，暴脹的速度又會變快。林德和維倫金此時提出，即使這樣的區域可能很稀有，但它們的暴脹率高代表可以產出很大的空間，所以在某些區域總是會存在能加強能量的大振盪，在那裡暴脹仍保持在能量高原之上。那麼從大方向來看，暴脹就像一場到處肆虐的流行病，其過程非常地自給自足：暴脹的區域會產出暴脹的區域，接著造成局部的大霹靂或更多的暴脹，然後無止境地循環。

顯然，永恆暴脹的觀點，為我們遙遠的過去提供一種截然不同的看法。暴脹的起源將是沒有起源。暴脹不再只是讓時空產生的一次短暫、快速的原始擴張，而是一種將永不枯竭的宇宙產生機制。「宇宙本身是個自我複製的系統，」林德寫道，「沒有終點，也能沒有起點。」[15]可觀測宇宙的整體，只是位於更大空間裡的一個島宇宙。從大角度來看，宇宙會是個複雜的超級結構——多重宇宙。單一的島宇宙區域內，延伸至宇宙規模的量子振動，會促成星系的發展。但那些延伸到比宇宙更大規模的振動，將會形成其他的陸地。如果我們能以某種方式從外部觀測宇宙，我們將會看到一個精緻的宇宙拼布，裡頭有著緩慢擴張的島嶼、暴脹結束後啟動演化週期的區域，都鑲嵌在一個巨大、可能會無盡暴脹的空間。部分島宇宙中有著延伸距離很遠的星系網絡，就連韋伯太空望遠鏡都看得到它。而暴脹突然終結的其他地方，則幾乎沒有可以形成星系結構的物質。就算從理論上來看，都不可能從在不同的島宇宙之間移動，因為暴脹的海洋會快速擴張，就連光也無法穿過將島嶼分隔開來的這個擴張中的海灣。因此實際上，每個島宇宙都會表現得像個獨立的宇宙。

這樣對物理現實的描繪，令人困惑。會讓人想到湯萊特（Thomas Wright）所提到永無止境的宇宙。萊特是一名生長在十八世紀，來自英國北部達拉謨的一名鐘表匠、建築師及自學天文學家，他有個前衛的想法，認為銀河系只是無數星系中的其中一個，而每個星系都包含大量的恆星。他所繪製的看似無窮無盡、充滿球狀星系的空間，與某些暴脹多重宇宙的圖像有著驚人的相似之處（見彩頁圖7）。康德著迷於萊特永無止境宇宙的概念，並將星系描述成「島宇宙」（islande universes）。雖然萊特和康德的這般臆測，能夠幫助人們更願意接受「宇宙比想像中大」的概念，但仍要到一九二五年，哈伯發現到天空中的螺旋星雲，確實是分開的星系時，這個概念才真的被接受。然而，與暴脹理論學家所提出的無盡多重宇宙相比，哈伯所開拓的眼界相形之下就小很多。

我們對多重宇宙近似碎型（fractal）的複雜宇宙結構感到震驚。在永恆暴脹的多重宇宙裡，你終將會在一個島宇宙當中，找到像是銀河系翻版的星系，裡頭有著和我們一樣的太陽系，而且在那條完全相同的街道上，有棟完全相同的房子，而你的分身正在讀著這段文字。而且，這樣的翻版不止一個，而是有無窮多個。有一天我試著把這想法告訴我的小女兒莎樂美（Salomé）。她堅決反對這想法。

在一場於劍橋舉辦、為了慶祝史蒂芬六十大壽的愉快晚宴上（史蒂芬很有辦派對的天分），林德回憶起他跟史蒂芬的第一次見面，那種見面形式只有俄羅斯物理學家做得到。

那是在一九八一年的莫斯科，當時史蒂芬被安排要到斯騰伯格天文學院向一群傑出的俄羅斯物理學家針對「暴脹」主題演講。當時史蒂芬還能說話，但因為他的聲音很難理解，他的演講方式通常會讓他的學生複述他的話。而他在斯騰伯格學院的演講，就必須經過兩段步驟，其中一名精通英語和俄語的年輕學生，也就是林德，就被安排要把史蒂芬學生的轉述翻譯成俄文。因為林德是暴脹的共同發現者，他對這主題非常瞭解，而身為俄羅斯人，他忍不住要對史蒂芬的發言進行詳細詮釋。一開始都進行得很順利：史蒂芬說話，史蒂芬的學生複述，接著林德會口譯。但後來史蒂芬開始批評林德的暴脹模型。於是在史蒂芬接下來的演講中，林德發現自己處在很倒楣的位置，他必須向俄羅斯的物理界菁英解釋，為什麼世界上最傑出的宇宙學家，認為他的暴脹理論是完全錯誤的。根據林德的回憶，這是他們成為終身好友的起點。但至今理論宇宙學界的**最重大爭議**，也是在那個時候萌生。

林德和史蒂芬在暴脹起源的對立，某種程度上是勒梅特與霍伊爾對立的再現，只是這次發生在半古典宇宙學中，這個混合古典和量子物理學的領域，林德和霍金都投入其中。在一九五〇年代，霍伊爾為了堅持穩態宇宙的觀念，提出星系分離而出現的空白，會由不斷被創造出的物質所補上。相較之下，勒梅特已經完全接受「宇宙會不斷演變、遠古宇宙跟現在宇宙有很大不同」的觀念。只要把討論脈絡從宇宙換成星系，在這場對立中的霍伊爾就變成林德，對立的領域就從古典宇宙學變到半古典宇宙學。因為兩者的論述很類似：

永恆暴脹所產生的多重宇宙，會不斷創造出島宇宙，因而從更大尺度的多重宇宙角度看來，就會形成某種穩態。暴脹的終極原因之謎——以及暴脹是否有個起點——似乎會在永恆暴脹的多重宇宙中消失。[16]相較之下，史蒂芬的無邊界宇宙學絲毫沒有提到穩態。霍金反而將勒梅特的宇宙演化論發展得更極端，將時間轉變為暴脹「開始」的空間。多重宇宙學假設永恆暴脹空間有著穩定的基礎，而萬事萬物都發生在其中；但無邊界提案則認為，在最前期的宇宙中，量子力學變得極端重要，甚至能把基礎——也就是時空的基本結構——給徹底摧毀。

史蒂芬認為永恆暴脹多元宇宙的觀點，是物理世界的過度延伸，既不合理，也和我們希望觀測到的任何事物無關。安得烈則反對無邊界假說，理由是它的預測是觀測者根本不存在。無邊界起源說認為，最有可能的暴脹，是其中最微弱、且會產出空洞、無生命宇宙的那個。而林德的永恆暴脹，則是人們所能想像到最強烈的暴脹，因為它不只產生一個宇宙和觀測者，而是無數多的宇宙和觀測者。當無邊界提案告訴我們，我們不該存在的同時，永恆暴脹使我們陷入身分危機。因此在宇宙學的黃金十年之後，不僅宇宙學的理論受到嚴峻的挑戰，重要的理論學家間也存在很深的分歧。

但多重宇宙的概念，同時引發出科學家與大眾的想像力。而且在二十、二十一世紀之交，這概念變得很有影響力，因為弦論學家開始對此產生興趣。弦論學家透過精湛的數學技巧，為林德的泡沫多重宇宙賦予另一層變化，他們認為在多重宇宙裡，不僅充滿著空蕩的島宇宙和擁有許多星系的島宇宙，而且在所有可想像的面向上，每個島宇宙都有所不同。這觀點將我們帶入下一階段的旅程：多重宇宙真的對宇宙的精細微調提供了另一種觀點嗎？它是否能解開設計之謎？

圖 32　一九八七年，在莫斯科的霍金和林德（站在霍金旁邊），以及沙卡洛夫（Andrei Sakharov，坐著的那位）和古薩德揚（Vahe Gurzadyan）。

第五章　迷失在多重宇宙中

找到阿基米德點的人，會用來對付他自己。彷彿只有在這種條件下，他才獲准找到它。

——法蘭茲．卡夫卡（Franz Kafka）

《補遺》（*Paralipomena*）

「我希望你們能製造出黑洞。」史蒂芬露出大大的笑容說道。我們離開貨梯，進到位於地下、共五層樓高的洞穴，歐洲核子研究組織在這個位在日內瓦附近的傳奇研究室中，安置著超環面儀器（A Toroidal LHC Apparatus，簡稱為ＡＴＬＡＳ）。歐洲核子研究組織的主任霍耶爾（Rolf Heuer）非常坐立不安。當時是二〇〇九年，有人在美國提起訴訟，擔心歐洲核子研究組織新建的大型強子對撞機（Large Hadron Collider，簡稱為ＬＨＣ）會製造出黑洞，或者其他可能摧毀地球的特異物質。

大型強子對撞機是一座環狀的粒子加速器，其主要目的是創造希格斯玻色子，這個（在當時還是）粒子物理標準模型缺少的一環。它位於瑞士與法國邊境下方的隧道中，總周長為二十七公里（近十七英里），而且能在裝置內的圓形真空管中，將質子與反質子[1]加速到光速的99.999991%。在環狀裝置上有三處地方，可以導引加速後的粒子束進行高能量的碰撞，以再現宇宙在炙熱的大霹靂後極短時間內的狀態，當時的溫度超過了百萬億度。由數百萬台跟樂高一樣疊起來的感應器，組成超大型偵測器——譬如ATLAS偵測器，或是緊湊緲子線圈（Compact Muon Solenoid，簡稱為CMS）——用來捕捉劇烈的正面碰撞所噴射出粒子的軌跡。

這場訴訟很快就因「對未來損害的假想恐懼，不足以構成實際傷害」為由被駁回。在那年的十一月——經過早期測試後的一次爆炸後——大型強子對撞機成功啟動，而且ATLAS和CMS偵測器很快就在粒子碰撞的碎片中找到希格斯玻色子的殘骸。但目前大型強子對撞機還沒創造黑洞。

為什麼史蒂芬（我想還有霍耶爾）希望大型強子對撞機可能會產生黑洞的這想法不完全是無稽之談？我們通常認為黑洞是大型恆星塌縮之後的遺跡。但這是個很偏促的觀點，其實只要壓縮到一定程度的小，任何物體都可以形成黑洞。即便是只是一組加速到接近光速、在強大的粒子加速器內碰撞的質子—反質子，只要能在一定程度小的體積內碰撞出足夠的能量，也有可能形成黑洞。這當然只會形成一個小型、存在時間短暫的黑洞，因為它會快速發出霍金輻射並消失。

與此同時，如果史蒂芬和霍耶爾所抱持「製造黑洞」的希望成真，也將為粒子物理學家長達十年的探索劃下句點，他們嘗試透過逐漸升高能量進行粒子碰撞的方式來探索自然界。粒子對撞機就像是台顯微鏡，但被引力設置了解析度的基礎限制，因為每當我們試圖增加能量，以觀察更小體積的對象時，就會觸發黑洞的形成。到了那個點上，增加更多的能量只會產生更大的黑洞，而無法增加對撞機的放大能力。因此奇怪的是，引力和黑洞完全顛覆了物理學中的常規邏輯，也就是更高的能量能探測到更短的距離。但是建造更大型加速器的結局，似乎不是找到最小的基本組件——這是每個化約論者（reductionist）的終極夢想——而是一個湧現的宏觀彎曲時空。引力把短距離循環回到長距離的現象，嘲弄著人們根深蒂固的觀念：物理現實的結構是個各個尺度環環相扣的工整系統，我們可以一層一層剝去外殼，到最後就會得到基礎的最小組件。引力（以及時空本身）似乎帶有反化約論的色彩，我會在第七章深入討論這個很難理解但重要的觀念。

那麼失去引力的粒子物理學，是在哪個微觀尺度下轉變成擁有引力的粒子物理學？（或者換句話說，要花費多少成本才能實現史蒂芬製造黑洞的夢想？）這是個與統合所有作用力相關的問題，也是本章的主題。愛因斯坦早就懷抱著尋找能涵蓋所有基本自然定律的統一框架的夢想。這也直接關係到多重宇宙學，針對為什麼宇宙的設計會鼓勵生命發展，是否有可能提供替代觀點。因為只有理解所有的粒子和力量是如何和諧地結合在一起，才能進一步理解基本物理定律的唯一性（或缺乏唯一性），從而清楚能在那個層級，預期到它們在各個多重宇宙的變異。

大部分可見的物質都是由原子組成，原子內則包含電子和很小的原子核，而原子核本身又是由質子和中子所聚集而成的。原子核的結合，是作用在夸克（由質子和中子組成的粒子）的強核力。強核力很強烈，但作用範圍極短，只要距離超過約十萬分之一公分，就會驟減為零。弱核力是第二種核力，會作用在夸克和包含電子和微中子在內，被統稱為「輕子」（lepton）的物質粒子上。弱核力會讓某些核粒子轉變成其他粒子。例如，單獨的中子是不穩定的，它會在幾分鐘後衰變成一個質子和兩個輕子，而上述過程就是由弱核力所促成。第三個，也是最後一個粒子力，是我們最熟悉的電磁力。跟強核力與弱核力不同，電磁力跟重力一樣，有很大的作用範圍。它不僅能在原子和分子的尺度起作用，將電子與原子核和分子中的原子結合起來，也能在宏觀的範圍內發揮作用。所以不意外的是，電磁力和重力影響了大多數的日常現象與應用，從通信設備、磁振造影檢查儀，到彩虹與極光。

所有可見的物質，與三種主宰其相互作用關係的粒子力，被統整在一個嚴謹的理論框架下：粒子物理的標準模型。標準模型的發展橫跨一九六〇年代及一九七〇年代初期，它是個用「場」——我們之前曾討論過，在空間之中擴散的波動性物質——來描述物質粒子以及作用力的量子理論。根據標準模型，像電子和夸克這樣的物質粒子，只不過是場所延伸的局域激發。在物質粒子間起作用、類似粒子激發的力場，被稱為交換粒子（exchange particles）或玻色子（boson）。例如，光子這個媒介電子力的交換粒子，就是電磁力場中，類似粒子的單獨量子。

量子場這個理論基礎，深深影響了標準模型對微觀下粒子世界運作模式的構想。以兩個電子之間的交互作用為例。當兩個電子靠近彼此時，它們會偏轉與散射，因為相同的電荷會相互排斥。標準模型用具體的方式描述這個過程，也就是亮的電子之間交換了一個光子。當兩個電子進到彼此的影響範圍時，其中一個電子會發出光子，而另一個電子會吸收光子。在交換過程中，兩個電子都會經歷小型的撞擊，把兩者帶到分岔的軌道上（見圖33）。但還不只這樣。費曼的

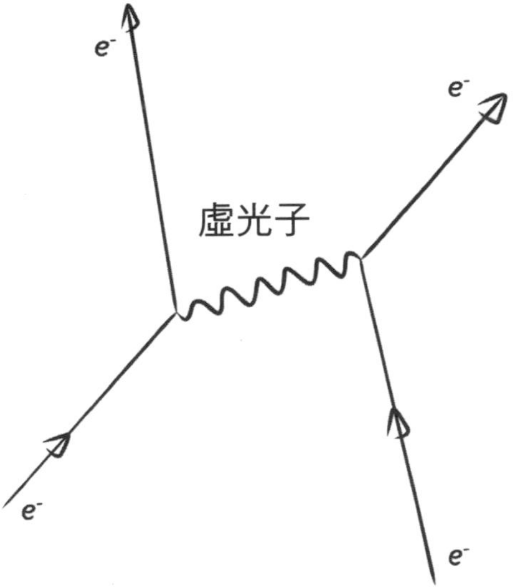

圖 33　所謂的費曼圖（Feynman diagram）在描述兩個電子之間交換光子的量子散射過程。費曼的「歷史求和」量子力學構想指出，要計算電子的散射角度淨值，必須考量所有可能的交換方式，包含涉及超過一個光子的交換。

「歷史求和」量子力學構想指出，為了要計算它們散射角度的淨值，必須加上在兩個電子之間，一個甚至多個光子的所有可能交換方式。這種交換歷史的多重性，代表我們無法確認到底交互作用會在何時何地發生，這是海森堡不確定原理的一種表現形式。

如此看來，儘管光子就像傳遞引力的引力子（graviton）一樣沒有質量，但是造成弱核力和強核力的玻色子很重。這就是為什麼核力的作用範圍很短，只能在原子核的微觀尺度內運作。一般而言，交換粒子的質量越大，它作用的範圍就越小。也正是因為微觀量子的質量為零，使得電磁力和引力可以在整個宇宙作用。

所以這就是所有的標準模型了嗎？並沒有！還有最後一個非常難以捉摸的希格斯玻色子（Higgs boson），是以一九六四年假定其存在的英國理論物理學家希格斯的名字命名。希格斯玻色子是類似粒子的「希格斯場」量子，希格斯場是無形的純量場，被認為像是早期宇宙的暴脹場一樣，充盈在整個空間當中，也可以看作是以太的現代變體。希格斯場是標準模型的關鍵要素，因為它賦予其他基本粒子質量。電子和夸克、甚至是交換粒子，在標準模型理論中都沒有內秉質量（intrinsic mass），而是從穿越無所不在的希格斯場時所遭受的阻力來獲得質量。就好像粒子在移動時，始終得在泥漿中跋涉，我們將這之間的阻力稱為質量。粒子的最終獲得質量，取決於它們對於希格斯場的感應有多強。夸克與希格斯場的交互作用很強烈，所以就很重，較輕的電子的交互作用就比較輕微，而光子則根本不與希格斯場起作用，所以仍然沒有質量。

有個會賦予其他粒子質量的純量場的概念，是由個性較內向的希格斯先提出，而比他愛出風頭的雙人組合：美國人布勞特（Robert Brout）與比利時人恩格勒（François Englert）也獨立發展出這概念。這個類似粒子的場的激發態，在比利時被稱為布勞特—恩格勒—希格斯玻色子，而在其他地方則被稱為希格斯玻色子。這個概念成為標準模型的基石，並且在近五十年後、於二〇一二年終於在大型強子對撞機確認它的存在，而這個發現也被視為以好奇心為動力的科學、先進工程和國際合作的長期深度合作關係的真正勝利。就像宇宙學中發現到暗能量一樣，布勞特—恩格勒—希格斯玻色子的實驗發現結果也再次說明，空曠的空間並不真的是空的，而是充滿著無形的場，其中有個場會影響質量，而這些質量構成幾乎我們在日常生活中遇到的所有事物。這個結果也證明，自然界真的將純量場作為塑造物理世界的關鍵成分之一。總體而言，布勞特—恩格勒—希格斯玻色子的發現強化了這個論述：可能存在著某個類似的場，在極早期宇宙階段，驅動了暴脹。

希格斯玻色子的創造，需要使用像大型強子對撞機這樣的設備，因為希格斯場會進行交互作用的對象不只是其他粒子，還會賦予自身類似粒子的量子大量的質量（m）。根據愛因斯坦的方程式 $E = mc^2$，這就代表設備要提供大量的能量（E），強到能讓無所不在的希格斯場激發，並產出（就算只是很短暫地）一個單獨、充滿活力的量子。事實上，大型強子對撞機要成功創造出希格斯玻色子的機率，是大約一百億分之一。而且這些希格斯玻色子只會短暫存在，便幾乎在瞬間分解成一批較輕的粒子。儘管如此，粒子物理學家透過仔細掃描它的衰變產物，就已經推算出希格斯玻色子的一些性質，包含其質量大約等於一百三十個質子的總和。這可能聽起來很重，但大多數粒子物理學家卻覺得這驚人地輕。事實上，與多數物理學家認定的自然值相比，希格斯玻色子的實際質量只有它的十京分之一。[2]這個結果到了二〇一六年變得更加令人困惑，因為大型強子對撞機在進行重大升級之後，仍無法召喚出理論家所假想的任何新基本粒子，物理學家也就比較能接受這麼輕的希格斯玻色子。然而，希格斯玻色子那麼輕卻很關鍵，因為如果它更重，質子和中子也會更重，可能會重到無法形成原子。希格斯玻色子的無法承受之輕，又是一個讓我們的宇宙適合生命的性質。

因以，標準模型無法完全預測包含希格斯粒子在內，各種粒子的質量。這是因為這理論不清楚每種粒子和希格斯場交互作用的強度。總體而言，這模型包含大約二十個參數、關鍵數字，像是粒子的質量和力的強度，而且其數值常常出人意表，因為這並無法由理論事先決定，而必須經過實驗測量之後，才能以人工加入公式中。物理學家通常稱這些參數為自然常數，因為它們在可觀測的宇宙中，似乎幾乎是一致的。有了這些常數的存在，這理論針對我們已知的可見物質的反應作用，提供非常精準的描述。事實上，標準模型無疑是迄今經過最多次測試的理論模型。它的一些預測已獲證實，精準到小數點後的十四位！

然而，你或許會好奇，是否存在著更深層、尚未發現的原理，決定出標準模型所仰賴的那些參數數值。希格斯玻色子的質量，以我們的角度看可能小得很不自然，但它的值或許是在遵循更高的數學真實？又或者這些常數在宇宙中並非一致。也許它們會隨著宇宙的演化慢慢演變。又或者在不同的宇宙區域之間，它們會有所改變，導致非標準模型粒子物理學的島宇宙出現？

希格斯場替粒子提供質量的機制，為這些困難問題提供初步的解答。希格斯場產生質量的方式，主要指出這個場的強度，並非上帝創造萬物的證明，而是當宇宙開始擴張、在熱大霹靂後開始冷卻後所展開的動態過程的結果。此外，這個過程還包含對抽象數學上的對稱所造成的隨機破壞。

在冷卻時，物理系統的對稱性會受到破壞，是個非常常見的現象。想一下當水溫降到攝氏零度以下、從液態水變成冰塊時，就會發生這種變化。液態水在所有面向都是相同的：它具有旋轉對稱性。然而具有固定幾何結構的冰晶，會破壞溫度較高的液態水的旋轉對稱性。磁鐵也是另一個典型的案例。例如在接近關鍵的居禮溫度（Curie temperature，攝氏770度）時，鐵棒的磁性會發生劇烈的變化。當溫度超過居禮點（Curie point），鐵原子的磁場會不規則晃動，而無法對齊。在這樣的情況下，鐵棒外部磁場的平均值為零，反映出電磁力的基本旋轉對稱性。然而，當鐵棒的溫度慢慢降到低於居禮溫度時，會自動形成帶有正磁場的磁疇（domain）並造成質性上的狀態不同：不僅旋轉對稱性被破壞，更賦予特定（隨機）方向磁性上的北極。

這是個普遍的現象。當溫度下降，物理系統的對稱性就容易破缺，從而形成更豐富的結構，也提供變得更複雜的可能。希格斯場也不例外。它對溫度的反應，跟普通物質十分相似。在暴脹沒多久後，當宇宙的溫度比太陽的核心要高一億倍時，希格斯場會劇烈振盪且平均淨值為零，就像是鐵棒在高於居禮溫度時的磁化一般。當這個淨值為零的希格斯場遍布在初生宇宙時，所有的粒子都沒有質量——這是個高度對稱的狀態。然而隨著宇宙擴張、溫度下降，希格斯場也經歷轉變。這個轉變約莫發生在熱大霹靂時期的10^{-11}，此時溫度降到極度寒冷的10^{15}度。此時，希格斯場的熱振動大幅減弱，其自身的交互作用開始主導場的作用反應。交互作用會由場的能量曲線——也就是不同值的場所含能量——所控制。但就像是圖27的暴脹場一樣，希格斯場能量曲線的峰值落在場值為零時，而當場值不等於零時，能量就較低。因此，高度對稱的希格斯場突然發現自己處於一個不穩定的狀態，跟一支用筆尖站立的筆沒什麼兩樣。圖34提醒我們，這支筆很快會為了穩定性而放棄對稱性，並隨機選擇一個方向倒下來。同樣地，淨值為零的希格斯場會快速凝聚，在每個地方其強度會跳躍到，一個對能量有利、零以外的值。也正是希格斯場這個值從零變成非零的破壞性轉變過程，為粒子提供質量，而這也是通往複雜性的長路上的一個關鍵步驟。

除此之外，凝聚後希格斯場的對稱性降低，也導致弱核力與電磁力的分別。你會發現，當希格斯場為零時，不僅物質粒子沒有質量，傳遞弱核力的交換粒子也沒有質量。標準模型的創始者——格拉肖（Sheldon Glashow）、溫伯格和薩拉姆（Abdus Salam）發現到，在這種無質量的高溫情況下，物理變化的過程完全不會受到光子與傳遞弱核力的使徒粒子之間的特定交換行為影響。也就是說，此時的弱核力影響範圍也很大，無法跟電磁力有所區別。而兩種力存在數學上的對稱性，

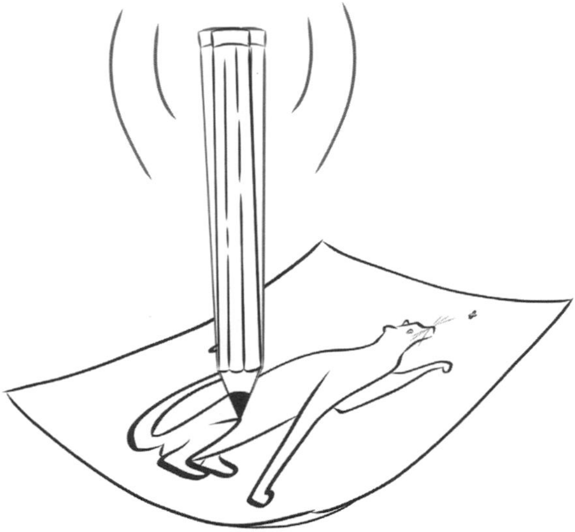

圖 34　一支用尖端站立著的削尖鉛筆，會遵循地球引力場垂直向下的對稱性。然而這種對稱狀態是不穩定的，所以鉛筆很快會倒下。鉛筆最終的水平狀態雖是穩定的，但它打破了基礎引力場的對稱性。統一粒子物理理論的預測也與這很類似，認為利於生命的物理理論所反映的，是一種在宇宙擴張和熱大霹靂後的冷卻階段，逐漸並隨機凝聚而成的對稱破缺狀態。

並將兩者結合成統一的電弱力。但當太古宇宙的溫度下降，導致希格斯場經歷對稱性破缺的轉變時，統一的電弱力就分裂成短程的弱核力和長程的電磁力。

因此若將標準模型粒子物理學的推測，套用在想像熱大霹靂熔爐的畫面上的話，我們今天所擁有的粒子質量和各種力強度的數值，並不是宇宙天生就有的。而是當宇宙擴張和冷卻時，所凝聚出的對稱破缺狀態的特性。這是個相當深遠的見解。它告訴我們，在宇宙擴張的極早期階段，有些基礎的物理定律，會跟著它們所主宰的宇宙**共同演化**。物理學家認為這個類似粒子物理的定律，也是**有效的定律**——但只在宇宙擴張後的相對低能量和低溫環境下適用。

我們在不用顧慮、甚至不需要知道在更短的距離和更高的能量上發生什麼事的前提下，就可以發現並使用這條粒子物理學的有效定律，這一點非常驚人。自然界的階層性與嵌套結構在這個面向表現得很完美。例如，你可以用流體動力學的方程式，以宏觀角度來解釋水的狀態：將水視為光滑的流體，忽略水分子的複雜動力學。你也可以同樣地用簡化後的粒子理論來解釋，當一束質子和中子的能量，低於十億電子伏特（electron volt）之下的狀態，而忽略它們是由三個夸克組成的事實。過去物理學的許多成就，都仰賴像這樣在尺度上工整的分野。但這其實是個警告：當我們試著將引力納入統一的框架之中，而且還面對到極度嵌套結構的限制時，我們遇到了很大的麻煩。

顯然，這個隱藏在熱大霹靂之中、在最古老的演化層次所產出的有效定理，它的確切形式其實有著最根本的含義。想像一下，如果凝聚希格斯場的強度有些許不同。那麼粒子的質量也會有所不同。但即便這些變化很微小，也會帶來深遠的影響：往往會排除掉穩定原子的存在，接著危及化學層面，最後同樣地，影響到宇宙的宜居性。

在標準模型的範圍內，我們可以放心：對稱性破缺希格斯場的變化，其最終結果舉世皆然。的確，希格斯場會以不同的方式，從能量曲線上滑落，就像圖34中的鉛筆，可以朝不同的方向倒下一樣。無論如何，其整體的強度，以及因而產生的粒子質量都是相同的。但是標準模型，只不過是粒子物理學的其中一角。首先，它只是暫時把強核力和電弱力結合在一起。此外，標準模型無法解釋，佔當今宇宙總質量與能量25%的暗物質，在其中可能還包含更多種類的粒子和作用力。最後，標準模型也漏掉暗能量和重力，即時空的彎曲。

種種跡象指出，當我們追溯到更古老的宇宙時期時，有可能會有更統一的簡單性與對稱性。儘管我們現在進到較為推測性的範圍，但確實有可能在標準模型中，分裂電弱力的破壞對稱機制會更為普遍，而且當我們進到更高的溫度階段或更早的時期時，會有更多現存物理定理中的熟悉結構消失。

請思考物質粒子的存在。可觀測的宇宙包含約10^{50}噸的物質，但幾乎沒有反物質。這是另一項「利於生命」的特性，因為若是兩者在擴張宇宙中等量，那麼所有的粒子很快就會跟反粒子同歸於盡，只留下一道高能量的伽瑪射線，而沒有物質。但是當大型強子對撞機透過能量極高的碰撞產生物質時，卻會創造出相同數量的反物質。所以宇宙是如何從激烈的誕生過程，帶著超額的10^{50}噸物質出現？想必在超熱的大霹靂之中，有某種打破物質和反物質間對稱性的事物。

這種破壞對稱性的假設性機制，以及與之相關的類希格斯場，是所謂的「大一統理論」（Grand Unified Theories，簡稱 GUTs）。這個標準模型延伸理論的一部分，因為這些理論把電弱力和強核力結合在統一的架構裡。實際上，大一統理論的一大特色就是其對稱性。這種構想最早可以追溯到愛因斯坦，他在一九〇五年就將與空間和時間相關的對稱原則，作為他狹義相對論的基礎。勞侖茲曾埋怨，愛因斯坦只不過是僭取自己和其他人一直嘗試推論出的想法，但歷史卻站在愛因斯坦那邊。從愛因斯坦以降，抽象的數學對稱性已被公認是物理理論的可行基礎。

• • •

在宇宙學的背景之下，大一統理論預測：如果我們回溯到宇宙溫度極高、比太陽核心溫度還高數十億倍的時期時，那麼電弱力和強核力在本質上就是同一種力量，而且在物質和反物質間也存在完美的對稱性。但是典型的大一統理論允許，其組成的力之間有細微的混合。這樣混合的結果之一是，正子（positron，電子的反粒子）可能會轉變成質子——一種粒子。儘管這種轉變極其罕見，但這樣的混合就提供使宇宙在冷卻階段打破原始的統一對稱，進而讓物質的數量稍微超過反物質的一種可能。在這樣的情境下，接下來所有的反物質都會在稠密的原始氣體中與物質同歸於盡，並用高能量的光子淹沒宇宙。但會留下一小部分、不超過十億分之一的物質，也就是形成你我以及地球上所有物體的約莫 10^{50} 噸的物質。而那些光子則構成現今觀測到的微波背景輻射，也是宇宙史上最大的毀滅事件所留下又冷又黯淡的遺跡。

顯然大一統理論的理論發展還沒有像標準模型那般成熟。要能夠使基礎對稱性顯現所需要的驚人能量規模，遠遠超出了大型強子對撞機的能力範圍。我們也無法藉由對遙遠年代的貧乏宇宙觀測中判斷，眾多有可能的大一統理論中，哪個正確描述超熱的大霹靂。但是若它們主要奠基的對稱原則被證明為真，那麼我們就可以預期，物理世界的一些最基本特質，像是質量與物質的存在，就不是先驗的數學真理，而是一連串對稱性破壞變化的結果，使得原始的對稱性轉化為複雜性質的基礎。

而且還不止於此。在大霹靂的炙熱之下，就連粒子和力之間的基本區別也可能消失。一九七四年，物理學家懷斯（Julius Wess）和朱米諾（Bruno Zumino）推論，宇宙可能存在個非常普遍的對稱性，他們稱之為超對稱（supersymmetry），不僅能連接不同的力場，還能連接立場與物質場。如果他們的論點屬實，那麼載力粒子和物質粒子之間的最大區別，可能是源自於一系列的類希格斯轉換。這些轉換可能已打破最初的超對稱，或許也在這過程中產出暗物質粒子，它們受到熟悉的四個力之外的力所宰制。

這裡的大方向很明確：針對粒子物理，我們最優異的統一量子理論表示，當宇宙從超熱的大霹靂冷卻下來的第一個剎那，可能各種數學的對稱性就已被打破，並引發一系列的轉變，而這些變化逐漸形成一套在低溫環境生效的定理。我們因此發現了一個驚人、更深層次的演化，在這個「演化的演化」（metaevolution）當中，物理定理本身會改變與變形。圖35描繪這一系列的變化過程——有些已獲得驗證，多數是假設性的——它們將宇宙最初的均勻對稱性，轉變成最終適合生命存在、充滿差異的物理環境。

這些卓越的見解，讓狄拉克提出的一個古老觀念重現江湖。早在一九三〇年代，狄拉克就已經推測物理定律並非固定不變的真理，它們並不像浮水印一樣，從宇宙誕生之時就烙印在其中。「與新宇宙學相關，值得多加留意的一點是，」狄拉克說，「在時間的開端，自然定理可能與現在完全不同。因此，我們應該認定自然定理會隨著時代而不斷變化。」[3] 八十年後，在宇宙學背景下所實現的一統粒子理論，就體現出狄拉克定理演化的看法。

此外，若想要深入理解可觀測的定理為何會是現今的樣貌，破壞對稱性轉變的隨機元素會是關鍵。

因為在那裡有個關鍵點。再怎麼有企圖心、認為能夠掌控最高能量階段發展的大一統理論，都無法完全決定原始演化的結果。剛好相反，最宏大的大一統理論預測，破壞對稱的方式有很多種，這導致當宇宙才成長幾微秒，就會有不同的低溫定理。這個預測表示，對於宇宙演化有著決定性影響的標準模型和暗物質，其性質並非僅由大一統理論背後的數學邏輯所決定，而是反映出（至少一部分）我們宇宙初期發展的特定結果。

這種情況在生物演化中非常普遍。我在第一章曾回顧，生命在過去是如何藉由不可思議多的「凍結的意外」，建立出驚人的複雜性。

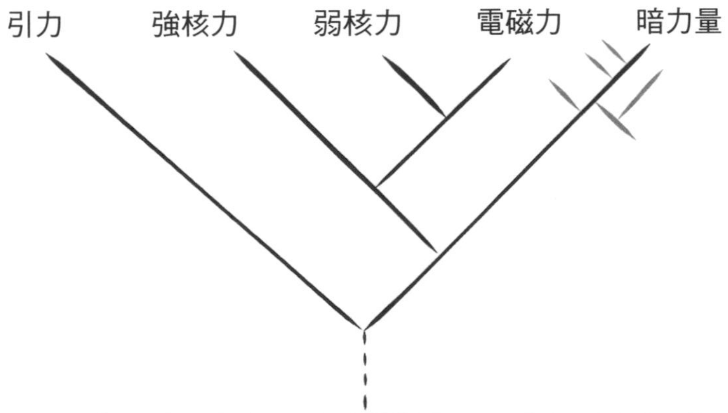

圖 35　從熱大霹靂後開始發展、一系列破壞對稱的物理定理變化的樹狀圖。一統粒子理論預測，最古老的演化階段，可能會與其他階段有很大的不同。

從個別生物的機制、物種的特徵到生命之樹的分類，無數偶然事件的結果，就深藏在生物學定理般的樣式裡，這些偶然事件經過數十億年的共同演化，使得生物的複雜性能層層浮現。部分生物世界的定理，甚至可以追溯到與我們之前討論到的與宇宙演變類似、破壞對稱性的偶然事件。一個常被引用的例子是DNA螺旋結構的方向。地球上所有已知生命形式的DNA分子，都是右旋。這樣的一致性值得留意，因為分子化學所遵循的電磁學定理，對於左旋和右旋DNA的對待完全平等——對稱。因此，就算生命是奠基於左旋DNA，也同樣能夠蓬勃發展。雖然存在各種荒唐的假設，但有可能是約三十七億年前，當首批生命出現在地球上時，某個隨機事件使得其DNA開始右旋，一旦發生這種破壞對稱性的事件，其特定的分子配置就會成為基本架構——地球上的生命定理——的一部分。

大一統理論告訴我們，物理定理的許多特性也遵循相同的方式，是根基在早期演化中的偶然轉折，那些轉折後來就被凍結成為物理藍圖的一部分。這樣的隨機成分終將會出現在宇宙中，因為粒子物理的定理是量子力學，而量子力學不具決定論。大霹靂後即刻所造成的隨機量子場躍遷，完全會影響到接下來破壞對稱性的事件如何開展。一如鉛筆會朝隨機的方向倒下，宇宙的變化所導致場以不同方式凝聚成不同形式的場混合物，其實際形式也包含不可避免的偶然性成分。

另一方面，並非所有情境都有可能發生。原因是早期宇宙中的場會相互影響；一個場的變化會影響到其他場，以此類推。這個相互聯結性質的終極源頭，來自於場有著共同的起源，但也限制了可行的發展空間。因此，在宇宙演化的最初階段，隨機變異和選擇會相互影響。形成某種在物理定理的底層發生、達爾文式偶然與必然對抗的過程。

當然，其結論是：宇宙遊戲的規則、今日物理世界運行的定理，可能會有截然不同的結果。可能會存在六種微中子（neutrino）而非三種、或者四種光子、或者可見物質和暗物質之間，會有強交互作用。這些差異會形成截然不同的宇宙。大一統理論，及其更宏大的超級延伸理論都指向一個驚人的結論：粒子力之間的相對強度、粒子的質量與種類，甚至光是物質和力的存在本身，都並非刻在石頭上的數學真理，而只是在宇宙創生後，某個古老且幾乎未知的演化時期的化石遺址。

當然，你可能會認為，這種物理學的達爾文式分支，發生在一眨眼（還短的）時間裡，而且環境極度原始。相較之下，地球上生命的演化則是發生在數十億年的時間內，在這顆行星（本身也不斷演化）的複雜生物圈裡。

確實如此。在宇宙劇烈擴張的十億分之一秒內、當宇宙降至宜人的十億度之下後，有效物理定理的形式基本上已經定型。人們原本認為這麼短的時間裡，沒多少空間能讓任一種達爾文式過程發揮作用。然而，關於有效定理的形成，重要的不是時間的長短，而是系統經歷的溫度範圍大小。在早期宇宙階段，後者的數值顯然很龐大，讓許多變化得以發生，也有足夠的空間使其偶然結果得以積累，並形塑低溫下的物理學和宇宙學。

那時有多少變化的餘地呢？在物理的基本定理上，變異和選擇之間的平衡又是如何？我們都知道在生物學裡，變異的程度極其廣泛。無論是數學上可以推算出的基因數量，更別提基因在DNA中可能的排列組合，都比我們曾碰過的任何數字大上非常多。而其中只有極小部分的分子組合，體現於地球的生命之中。這般存在於生物學的龐大調整空間，代表著機運（壓倒性）獲勝，而生物演化是個極度分歧的現象。而確實，在生命之樹的龐大資訊中，源自於演化過程「凍結的意外」，遠遠超過源自於純粹化學與物理學。古爾德等人就是受此啟發而宣稱，如果我們能夠倒轉時鐘，讓生物演化重新發生，我們將得到一棵非常不同的生命之樹。

但在熱大霹靂出現後，是否真的存在同樣寬闊的競爭空間？在圖35中所描繪的物理定理樹狀圖的結構，主要是由其根源的底層數學對稱性所決定，還是由歷史偶然性所塑成？這顯然是個關鍵點，也是多重宇宙學家的重點目標之一。

為了理解各種可能性，我們必須在統一框架的道路上邁出最後一大步，將引力納入討論中。

正如我之前所提到，將大一統理論延伸並納入引力，所帶來的挑戰規模會截然不同。首先，愛因斯坦的廣義相對論用嚴謹的古典場來描述引力——時空的結構——而標準模型和大一統理論所論及的是振動的量子場。因此，對於引力和時空，大一統理論似乎需要提供量子化的描述。史蒂芬用來解釋量子引力的歐幾里德方法正好提供了這部分（至少在某個程度上），但這方法所奠基的虛時間幾何，只包含引力在量子領域中的部分普遍性質。這些性質幾乎無法說明那些在時空背後的極微小量子的本質。更重要的是，光憑量子場來對引力取得完整的量子描述，已被證明是不足夠的。這是因為當規模變得越來越小，時空場的量子振動就會變得越來越強。時空的極細微波動創造出使量子振動變得更加狂亂的自我增強循環，並會破壞其基本結構。與其他只在固定時空背景波動的場不同的是，引力就是時空。這點是試圖將引力和量子理論融合時，會面臨的難題的核心。

此時弦論出現了。在一九八〇年代中期，理論家們發現通往量子引力的一道令人興奮的新途徑，也就是用弦來取代點狀的粒子，來作為物理現實世界的基本構成要素。弦論的核心概念是，當你深度剖析物質，而且精細程度比使用最大的粒子加速器所能達成的最小尺度還要小的規模時，你會在所有粒子的內部深處發現會波動的微小能量帶——物理學家稱之為弦。

弦之於弦理論，就像是原子之於古希臘人一樣：無法分割且無法看見。然而，與古希

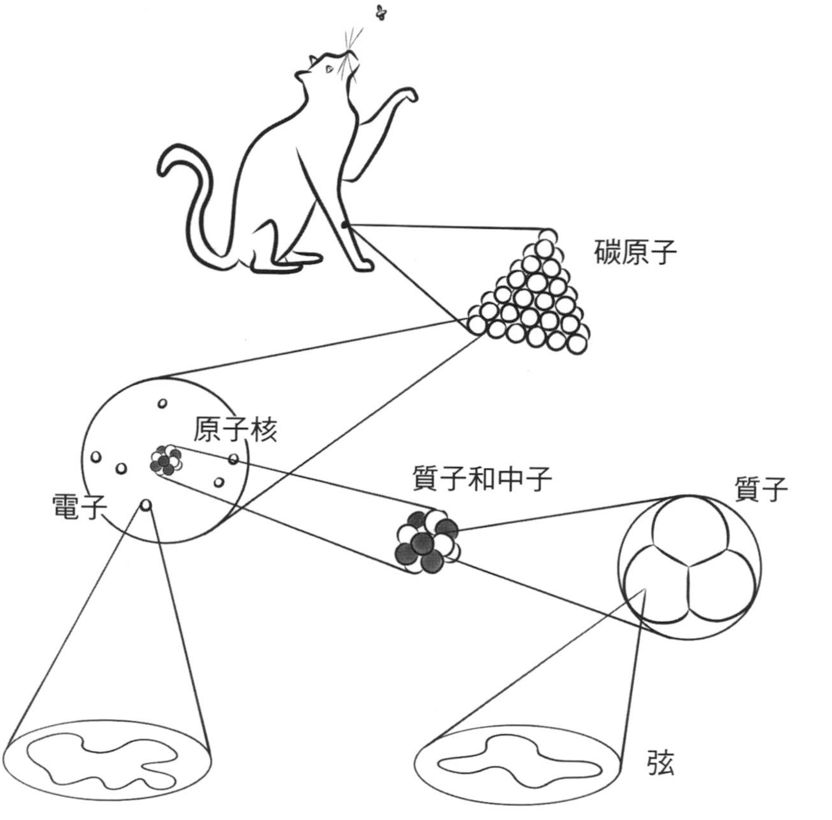

圖 36　弦論的設想是，物質的微觀基本構成要素不是粒子，而是細小的振動能量帶——弦。

臘人對原子的概念不同，弦論裡的所有弦是相同的：所有種類的粒子內部，都深藏著同類型的弦。這種平等主義與大一統哲學確實非常契合，但你可能想知道，同類型的弦如何賦予個別種類的粒子不同特性，從其特定的質量與自旋，到其電荷或顏色。弦論的回答是：一根弦可以用不同的方式擺動。弦論宣稱電子和夸克，甚至像光子這樣的力載子，都源自於一個特殊種類弦的不同振動模式。就像大提琴上不同弦的振動，會產出不同的音符一樣，弦論預測存在某種一致的帶狀物，會藉由不同的擺動方式，產出不同的粒子類型。

有個關鍵是，弦論的先驅發現，在弦的一種振動模式中，某條弦所具備的特質，跟引力的量子——引力子（graviton）完美吻合。更驚人的是，透過把點狀的粒子模糊為搖擺的細線，弦論就能駕馭在超微小尺度上造成困擾的量子振動。事實上，正如圖37的費曼圖所示，弦論一開始就不存在超微小尺度。這張圖描繪出在弦論中，兩個引力子的散射。由此可見，當兩個環狀的引力子在交互作用時，我們不可能精準掌握到其位置。這就好像不可再分解的弦狀基本構成元素，替微觀世界制定出最短長度的下限，而低於這個限制，空間在本質上就是模糊的。在弦論如何防止時空中的微小振動失控上，這個額外的不確定性扮演著關鍵角色。

值得留意的是，這個額外的模糊性，甚至擴展到影響時空自身的形狀。在相對論中時空確實可以被扭曲與彎曲，但弦論進一步宣稱，時空的幾何並非唯一固定的，甚至認為整個空間維度都可以出現或消失。**時空的幾何長什麼樣子**？我們向相對性探尋。根據弦論，這答案得取決於你的視角。在弦論中，可以有不同形狀的時空，但都仍描繪在物理上等價的情境。這些形狀被稱為對偶（dual），而將不同幾何連結起來的數學方法被稱為對偶性（duality）。其中最著名也最讓人難以置信的對偶之一是全像對偶（holographic duality），這將會是第七章的核心議題。

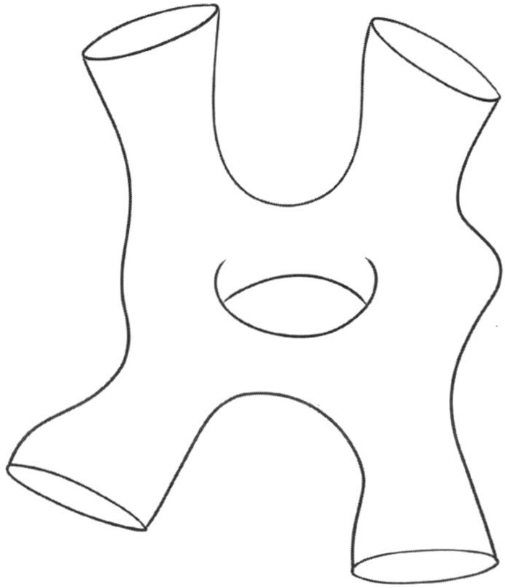

圖37　弦論將引力子——引力的個別量子——描述成細小、不停振動的迴圈（loop）。這張費曼圖描繪兩個弦狀引力子之間的相互作用。由此可見，散射的過程在空間與時間中被模糊處理。這般模糊有助於控制發生在時空中的短程量子振動。

到了一九八〇年代末，弦論學家深信，會相互作用的一維弦在數學方面，為引力提供健全的微觀描述，這也是該理論成名的主要原因。在弦論出現之前，引力跟量子理論間似乎存在根本的矛盾，就好像一套寫成兩本的自然之書，卻講述著相互矛盾的故事。隨著弦論的發現，理論物理學家終於瞥見，如何讓二十世紀物理學的兩大支柱能夠和諧共存。更重要的是，這兩大支柱在某種意義上，都來自於大一統弦理論的框架。當應用在大型和巨大的物體時，弦論的規則基本上可以簡化為愛因斯坦廣義相對論的方程式。而當應用在少數振動較不活躍的弦時，相同的弦論規則則會服從量子場的慣常理論。

然而，即便到了現在，這理論的基本結構仍有些讓人毫無頭緒。事實上，若你問一些理論家「什麼是弦論？」，你可能會得到一連串不同的答案。因為不存在直接的實驗手段，能提供讓物質和引力的弦狀本質顯現出來的超高能量，弦論學家大多只能用狄拉克的名言「探索有趣與美麗的數學」來代替實驗成果，以進一步發展他們的理論。但必須說，一般而言弦論學家對此不覺得困擾。多年來，弦論研究社群中已發展出一套精細的制衡原則來衡量研究進展，主要的標準是奠基在其與框架在數學上的一致程度，以及其所提出對理論理解的深度多寡。這也產生一種非常創新的科學學門。至今，弦論領域的發展已經遠超過其原始目標：將引力與量子力學融合。它創造出一個將物理學和數學的眾多分支相連起來的關係網，包含超導物理學和量子資訊理論，以及我將在第七章討論到的——量子宇宙學。

然而，與廣義相對論的愛因斯坦方程式，或是量子理論的薛丁格和狄拉克方程式有所不同的是，科學家尚未發現弦論的核心方程式。更重要的是，弦論中的統一力量是以某種代價換來的，而且代價絕對不小：為了使弦論背後的數學邏輯成立，弦必須要在九個空間維度中移動（模糊歧義，*modulo ambiguitatis*）。也就是說，弦論的規則要求，除了我們熟悉的長寬高之外，還必須有六個額外的空間維度，才能在數學上讓這理論合邏輯。[4]

你可能會好奇，為什麼沒有因為這些額外維度的規範，就將這理論直接從描述人類世界的可行理論移除。畢竟，如果空間中存在更多維度，我們肯定會注意到吧？可是，這說法並不必然正確，因為這六個額外的維度可能非常小，而且在每個點都牢牢地捲起來，而不是像我們熟悉的三個維度那般延伸到宇宙的規模。若上述假設為真，那麼可能會非常難確認它們的存在。這就像從遙遠的地方，看向一根吸管一樣。從遠處看，吸管只有一維，儘管其存在著環形的第二維度，而且只要有人拿著吸管喝飲料，就能看得出來。同樣的，如果六個額外維度的規模，比大型強子對撞機或任何產出高能量的實驗目前所能識別出的長度還要來得小，那麼到目前為止，其存在就能逃過我們的視線。這個可能潛伏在每個空間點的六維空間塊，目前看起來就會像是，嗯，一個點（見圖38）。

但因為弦是如此微小，它們確實能在隱藏的六維世界中漫遊。就像是大提琴的形狀會決定哪些振動模式的組合，會創造出其獨特音色，弦論中六維空間塊的幾何形狀，也決定了漫遊的弦會創造出哪種粒子和力。

弦論將我們可見的三維世界，描繪成某種模糊的倒影，映照出我們只能間接感知到的一個更難以看見、高維度的真實。

因此，從中出現的畫面是物質的本質，以及我們在廣袤的三維空間裡，實際體會到各種形式的物理定理——包括粒子力的強度、粒子的數量和種類（無論是可見的還是暗物質）、其質量和電荷等等，甚至是暗能量的數量——而上述種種都取決於潛藏在每個點中的六維小空間塊是如何捲曲。

但是，究竟是哪種定理選出了那個形狀的微小空間塊，能對應於我們所觀測到、利於生命發展的宏觀世界？這就是在迷人的數學景觀中，弦論所揭示的設計之謎。

創造出弦論的科學家抱持很高

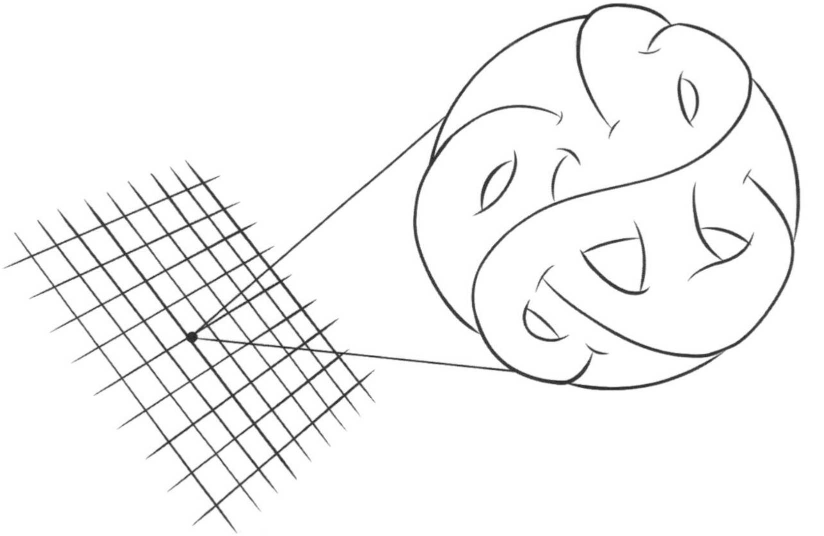

圖 38　弦論預測如果我們能將空間的結構大幅放大，我們會發現到，在熟悉的巨大三維空間中的每個點，都包含微小的額外維度塊。而且這個藏在每個點的額外維度塊的形狀，會影響在巨大三維空間中存在的力和粒子的混合。

的期望，希望理論核心中的強大數學定理能夠點出額外維度的**獨特形狀**。他們認為有了弦論，我們就能完美解釋標準模型背後的關鍵數字，以及基於純粹數學推理所得出的宇宙圓餅圖。他們也持續強調柏拉圖的理論很快會被證實，而宇宙利於生命的驚人特性，將被證明只是基於其嚴謹數學基礎所得到的幸運結果。

但這些前期的期望很快就破滅，因為人們發現到弦論中的額外維度就像樂器一樣，有著眾多的形狀與形式。在一九九〇年代，理論家驚恐地看到，科學家發現到許多方法，將六個額外維度包裝成微小空間塊。這些隱藏的幾何形狀可能極其複雜，有著幾何把手、橋樑和洞穴所組成的多維迷宮，還被場線的流動包覆與穿透，並像摺紙般緊密折疊起來。在圖38中，我試圖呈現這樣的複雜形狀，儘管投影到二維平面上就代表，這張圖無法精準呈現弦論中的更高維度的複雜性。

藉由結合理論中的不同元素，弦論學家找到的隱藏維度形狀的數量，遠超過可觀測宇宙中的原子數量。每種空間的形狀，都譜出自己的弦樂交響曲，並描繪出一個遵照自己有效定理組合的宇宙。在探索額外維度背後的數學景觀的同時，理論家也發現到，我們看得見的龐大三維空間中的有效定理，有著令人目眩神迷的豐富性。某些隱藏維度的特殊安排，幾乎能與我們所觀測宇宙的定理完全對應，只是在少數粒子質量的精確值上有所不同。像這樣的宇宙可能同樣地利於生命——還可能更利於生命。但絕大多數額外維度所包藏的宇宙與我們的宇宙完全不同，有著全然陌生的粒子和力組合體。到了世紀之交，弦論已經成為物理定律的沃爾瑪；人們可以先想像某個由特定有效物理定理所支配的宇宙，然後從中找到某個與之匹配的額外維度配置。在那兒會有無數個宇宙：暗能量的排斥作用讓星系和生命無法形成的宇宙、大型強子對撞機創造出黑洞的奇特宇宙（史蒂芬會因而得到諾貝爾獎）、甚至還有空間維度不同且擴張變得巨大的各種宇宙。

在宇宙學的脈絡裡，額外維度的形塑，也是屬於讓有效定理之樹得以開花結果的一系列破壞對稱性的轉變的一部分。此外，使三個空間維度分裂並擴張的瞬間暴脹，這項變化也可以被視為當宇宙誕生之後，形塑高維度現實的一部分。事實上，就連宇宙誕生的這個現象（空間可能在那時「分裂」成時空）也帶有某種破壞對稱性轉變的性質，從某種意義上，那也是最後一次。此外，量子躍遷也為這整個過程增添隨機性。雖然大多數的躍遷不會留下痕跡，但那些觸發對稱性破壞變化的躍遷，會被放大並留下來成為湧現有效定理的一部分。這就是達爾文主義式的變異與選擇相互影響，再次在極早期宇宙的原始環境中發揮作用——也是我們能夠想像得到的最古老與最低層次的演化。

六維空間塊的驚人可能性代表著，弦論對我上面提出問題的回答是：變異和機運會勝過必然。而且差距很大。那麼萬有理論是否會過於強大，以至於什麼都無法決定呢？

一方面，振動的量子弦會造成引力的現象，代表弦論具備所有條件完成愛因斯坦夢想的條件：一個統一所有力和粒子的理論。此外，弦論與標準模型不同，在使用框架之前，沒有需要事先測量的自由參數（free parameters）。從理論的角度來看，這就是物理學最純粹的事物。另一方面，這樣的純粹性很顯然讓這套理論能夠容納數量非常驚人的有效定理。葛林（Brian Greene）在他的精彩著作《隱藏的現實》（*The Hidden Reality*）很詳盡地描述這個數學景觀，並闡述弦論的複雜結構，如何以超過五種非常不同的方式，讓大量的可行定理得以付諸現實。

從務實的觀點來看，這個類似沃爾瑪的定理，代表著弦論不只是條定理，而是定理的定理。但從現在往回看，這點並不讓人驚訝，因為弦論背後統一的數學邏輯中，就不存在參數和事先確定的結構，這代表包含在其中的任何有效定理，都必然是後來發展的，而在量子世界中，任何發展都會受到隨機變異的影響。

因此有趣的是，大一統理論的故事可以用兩種方式來解讀，且各自都展示出故事的不同面向。

若從低能量區域向高能量區域解讀，沿著圖35的頂部往底部解讀，我們會找回粒子物理學統一計畫的成功故事。隨著能量升高，我們會遇到越來越具包容性的對稱，它們深藏在越來越深奧的數學型態中，並將可觀察的力與粒子，甚至可能還有暗物質，在一個越來越包容的統一框架中相連結。這是正統從粒子物理學對大一統理論的解讀，也是這些想法在實驗室被測驗的方式。粒子物理學家要求興建更大的加速器、以更高的能量粉碎粒子，進而探索更深層次的統一對稱性（同時仍假設要創造出黑洞的門檻比這還高）。這種解讀方式也強調，自然界的基本構成要素之間存在相互依賴，以及存在著大一統理論試圖揭開的必然性核心。

若從高能量區域向低能量區域，從圖35的底部往頂端解讀，我們會看到一連串的變化會創造出分歧的、樹狀結構的物理力和粒子種類，跟生命之樹非常相似（見圖5）。這是宇宙學脈絡下的正常解讀，其中擴張會造成冷卻，而冷卻會引發分歧。若從這個角度來看，統一首先是個巨大的變異源頭，使得物理定理與數十億年後的生物物種一樣能夠突變跟多樣化。

這兩種解讀不存在矛盾。它們只是同一枚硬幣的兩個面——變異和選擇。

弦論對於分歧路徑涵蓋範圍非常廣的驚人發現，對多重宇宙理論的發展產生重大影響。在理論發展前期，多重宇宙學家如林德和維倫金就已意識到，我們可以預期不同的島宇宙（即暴脹之後轉變為熱大霹靂的區域），在結構和組成上會有所不同。有些島宇宙可能擁有足夠的物質來產生數十億個星系，而其他的可能會幾近空無一物。有了弦論之後，島宇宙可能的變異範圍暴增到難以想像的大。弦論預估如果真的在外部有個永遠膨脹的區域，那麼之中將容納形形色色的島宇宙。每個島宇宙都會承載著誕生時的印記，包含其在擴張和冷卻時所經歷的一系列變化。整體來看，多重宇宙是個非常令人迷惑、繽紛的宇宙拼布，由弦論終極定律的看不見的手以某種方式縫合起來。

住在特定島宇宙的居民環顧四周時，可能會認為物理定理是普世的，而且（也確實如此）他們甚至可能懷疑，這些定理是精心設計來造就生命的。但在弦論的繽紛多重宇宙中，這想法將是種錯覺。我們稱之為「物理定理」的事物，只是一套適用於局部的模式，或一個殘留的遺跡，能映照出我們的那塊空間從熱大霹靂冷卻下來的特定方式。就像樹雀的尖喙或右旋的DNA一樣，粒子和力的特性並非偉大設計的一部分，只不過是我們宇宙環境的特徵。只是因為造就有效物理定理的達爾文主義過程，發生在很久很久之前，它的演化性質就被掩蓋了。

我記得很清楚，在「宇宙或多重宇宙？」這個頭幾場將弦論學家和宇宙學家聚集起來的科學論壇之一，色斯金曾以〈弦論的人擇景觀〉（"The Anthropic Landscape of String Theory"）[5]為題進行演講。這場研討會於二〇〇三年三月在史丹佛大學，由林德和戴維斯召集舉行。與會的理論學家的心情都很愉悅。許多年來，找到與觀測世界特別一致的最終理論的進度停滯不前。色斯金出乎意料地在會議中提出異議，認為這種追求是誤入歧途。「弦論奠基在穩固而深奧的數學原理之上」，他解釋，「但這套理論並非常理之下的物理定律。」「我們反而應該將其視為一套統治著無數島宇宙的終極定理，而每個宇宙都有自己的局部物理定律。」

那年稍晚，在南邊的聖巴巴拉的凱維里理論物理研究所展開了他們首個超弦宇宙學計畫。在人山人海的大禮堂中，笑容滿面的林德向底下聚精會神聆聽、深怕漏掉一個字的弦論學家解釋，他的宇宙生成機制——永恆暴脹——如何能讓無數的島宇宙，就連弦論景觀的最遠處都能擴及。他主張，永恆暴脹會將理論中存在的龐大變異範圍，轉變成真正的宇宙拼布：多重宇宙。

然而令人擔憂的是，弦論的終極定理並未指明，在這個瘋狂宇宙拼布中，我們的位置在哪，因而也無法確認在我們周圍可以指望觀察到怎樣的宇宙。多重宇宙本身是無人介入且不完整的。這就是我在第一章提到的悖論：多重宇宙作為一個物理理論，卻也標誌了物理學所獲得的大多數預測能力將失效。

但色斯金提出新的大型構想。他認為只要將多重宇宙和人擇原理相結合，就可以扭轉這種尷尬的解釋，因為人擇理論在多重宇宙中**選出**利於生命的區域。「人擇原理本身並不具備科學性，但與多重宇宙理論結合後，」他進一步說，「人擇原理就具備真正的預測能力。」他因此提出「人擇多重宇宙宇宙學」（anthropic multiverse cosmology）作為新的物理學和宇宙學的典範，以取代單純基於客觀和永恆定理的正統框架。

從事後看來，真正在宇宙學引發人擇「革命」的是「弦論中的新理論見解」和「針對在空間中無所不在的無形暗能量的新觀測結果」之間值得留意的交互作用。我之前曾提到，大約在二十一世紀初曾出現讓幾乎所有人出乎意料的事件：天文學家對超新星的觀測結果顯示，在過去五十億年間，宇宙的擴張速度一直在加快。絞盡腦汁想找出解釋的理論學家，挖出了愛因斯坦惡名昭彰的λ項：因為暗能量和負壓力的關係，使得引力在大尺度之下會有斥力。足夠解釋觀察到的加速現象，所需的暗能量總量——宇宙常數的λ值——非常地小：只要許多人認為是自然值的10^{-123}倍。我們的觀測與預期之間，會出現不一致的尷尬結果，是因為量子力學的緣故，它預測空蕩的空間中應該充滿虛粒子，也就是量子真空時的振動。與這些發生在真空中激烈動態有關的能量，實際上會產生出宇宙常數。但當粒子物理學家將所有虛粒子產出的能量加總起來時，他們發現λ的數值大得荒謬，這樣巨大的宇宙常數，會在星系能夠形成之前，就將宇宙撕裂。直到一九九〇年代末，多數的理論家仍假設，在弦論的核心存在一個尚未發現的特殊對稱原則，能將暗能量固定為零。但隨著在二十一世紀初發現到，這套理論中暗藏著一個廣闊的多重宇宙，搭配「其實宇宙常數並非為零」的精彩觀測結果，從而激發科學家在討論λ時，對於「什麼是自然」有著完全不同的觀點。很快地，有種信念取代了「找到零作為基本解釋」的探索：在廣闊且多變的繽紛宇宙中，暗能量的數值在不同的島宇宙中會隨機改變，而人擇原理選中我們所觀測到的那個，非常小但不等於零的值。

非常有趣的一點是，第一次將人擇原理納入這脈絡考量的舉動，其實早於一九九〇年代末這些理論和觀測進展出現之前。早在一九八七年，當多重宇宙的猜想還被視為糟糕的形上學而嗤之以鼻時，溫伯格就進行過一次非常卓越的思想實驗：它從人擇的角度反思宇宙常數的數值。溫伯格構想出一個假想的多重宇宙，並研究哪些島宇宙會發展出星系網絡。他注意到這個情境為宇宙常數的局部數值，提出極為嚴謹的上限。事實上，那些宇宙常數值比我們的觀測值略高的島宇宙，會在大霹靂後的幾百萬年，而非幾十億年就開始加速，沒有留下足夠的時間讓物質聚集。[6]而沒有星系的宇宙將是一片荒蕪。因此溫伯格得出結論，人類存在的事實，很自然帶我們聚焦在那些只有些微暗能量跡象、身處狹窄的「利於生命」窗口中的島宇宙。

另一方面，我們不該盼望暗能量的密度，比我們存在所需的數值要小上許多。這是他論點中的人擇特色。溫伯格預設我們是隨機選出的觀測者，生活在有著眾多島宇宙的多重宇宙，在那裡集結著幾乎所有的λ值可能版本，也包含與生命相容的狹窄數值範圍。大多數宜居島宇宙的暗能量密度，會接近生命所設定出的上限，因為若要選擇較小的λ值，會需要高度巧妙的微調。按照這個思路，他得出結論：我們觀測到的暗能量數值，不該為零

（當時也普遍這麼認為），事實上只要不影響星系的形成，這數值應該盡可能地大。這個結論讓溫伯格早在一九八七年就預測，天文觀測的結果可能有一天會揭開答案：這個宇宙常數不為零，而是一個非常小的非零值。在短短十年內，超新星的觀測結果證明他是對的。

更重要的是，弦論似乎為溫伯格提供，他在思想實驗中所假設存在的極其繽紛的多重宇宙。就這樣，在一連串值得關注的事件中，關於λ的觀測結果、理論研究和人擇推論——個別都頗具革命性——在二十一世紀初結合成黃金三角。正是觀念的彙整催生了人擇多重宇宙宇宙學，這個全新的典範，為色斯金等人提供動力，更能擁抱「宇宙微調」這個翻天覆地的觀點轉變。

如果在外頭確實存在多重宇宙，那麼光是靠機運，宇宙中就只會有少數的島宇宙具備適合生命發展的局部定理。顯然生命只會出現在那些島宇宙中。其他條件不利於生命的島宇宙，就不會被觀測到，這單純是因為我們無法觀測到我們不存在的地方。人擇原理的功用，是從多重宇宙中選出宜居的島宇宙，即便這些島宇宙非常罕見。因此，綜合來看，人擇多重宇宙宇宙學似乎解決了古老的設計之謎：我們居住在一個罕見、利於生命的區域，是由人擇原理從一個大半由無生命區域組成的宇宙馬賽克圖中挑出。

乍看之下，這種思路似乎和我們在解釋人類可觀測宇宙中的選擇偏差的方式沒什麼太大不同。我們無法在宇宙中物質密度太低，以至於無法形成星星的區域生存，也無法在碳等元素尚未供應充足前的時代生存。更確切地說，我們生活在一顆岩石行星上、有著大氣層環繞、處在一個特別穩定和平靜的恆星系統的宜居區域內、時間也距大霹靂數十億年後，所以這是一個特別適合有智慧的生命發展的環境。同樣地，人擇多重宇宙學表示，我們擁有的物理定律其本質會利於生命，只不過是因為我們幾乎無法在物理條件排斥我們存在的宇宙中演化。從某種意義來說，人擇原理表示，我們在可觀測宇宙發現的物理定律之所以如此，是因為我們人在這裡。

史蒂芬對此不以為然。他非常同意色斯金、林德及其追隨者的觀點，也就是宇宙顯而易見的「利於生命」特性需要個解釋。但他堅決不認同，人擇多重宇宙宇宙學有解釋到什麼。在參加完聖巴巴拉的會議返回帕沙第納的途中，我們在比佛利山莊的一間古巴舞廳稍作停留，史蒂芬在跳舞途中抽空表達他對新弦論宇宙學的不滿。**永恆暴脹和多重宇宙的擁護者，太過糾結在典型的觀察者會看到什麼**，他用古巴騷莎舞的節奏打出這行字。**在他們的畫面中，我們就像是中國人，而災難就在眼前**。

• • •

隨著二十一世紀的即將到來，史蒂芬日益擔憂將人擇推論應用在宇宙學中，會侵蝕可謂科學心臟的理性秩序。你或許會覺得這個觀點太幽微而難以理解，但請聽我娓娓道來，因為我們已經來到林德和霍金爭論的核心。

最基本的問題是，人擇原理仰賴一個（常常避而不談的）假設：我們以某種方式，成為多重宇宙的典型居民。若要進行人擇推論，就必須先釐清哪些是典型，以及哪些不是典型。要做到這一點，就必須從實體世界中挑選出某些被認定對生命很重要的親生命特質。這些特質能將像是「主詞的『我們』」、「受詞的『我們』」或「觀測者」等字轉換為物理學的語言。然後，藉由它們的普遍程度，加上多重宇宙的統計特質，來推斷我們這些「典型的多重宇宙居民」應該生活在哪種島宇宙中，進而確認我們可以期待用望遠鏡發現哪類型的物理學。

但是，是由誰選出「人擇」特質，從而指定出我們這個組合應該是典型、隨機挑選出的觀測者？我們該將什麼納入考量：有效定理的特定特質、螺旋星系的數量，甚至最終聚集成星系的重子比例，還是高等文明的數量？我們都是在某些面向很典型，但在其他面向則非。若我住在所屬星球上人口最多的國家，我可以算是典型嗎？印度讀者的回答會是「對」，但其他人不會。若我住在四季分明的國家，我可以算是典型嗎？大多數讀者的答案會是「對」，但有些人則非。此外，還有一大堆我們無法得出答案的組合。我們是否生活在擁有最多文明的宇宙裡？或許如此。但同樣地，我們可能生活在一個就這方面不典型的宇宙：我們的宇宙雖然存在一些文明，但比其他宇宙要來得少。無論是從現在或未來的資料，都無法得出答案。因為我們根本不知道。這對人擇多重宇宙宇宙學而言是個問題。因為缺乏清楚的標準來界定哪些多重宇宙的住民是**正確的參照族群**，人擇多重宇宙宇宙學的理論預測結果，都變得模稜兩可。這個理論淪為個人偏好和主觀視角的犧牲品。從你的角度來看，我們該發現自己身處某種島宇宙中，但我的觀點卻選擇另一種島宇宙，這種差異無法基於實驗和觀察的實證基礎得到理性解方。

溫伯格的人擇「預測」表示，我們應該會測量到一個微小但非零的宇宙常數，就是一個例子。若仔細檢驗這項預測會發現，λ的預測值高度取決於選擇哪種多重宇宙居民作為參照組。溫伯格假設我們就是島宇宙的典型居民，雖然這些島宇宙的暗能量值有所不同，但有著完全共通的物理參數。宇宙學家鐵馬克（Max Tegmark）和里斯指出，若我們假定自己是從一個更龐大的島宇宙居民組合被隨機選出的觀測者，但那裡的宇宙常數的值**和**星系種子的數量都非常不同，那麼所得出的λ的預測值，會比我們現在預測的要高出一千倍。[7]若用更有創意的方式選出參照組，會得出十分荒謬的結論，導致我們該預期自己是顆空蕩島宇宙裡的真空漲落（vacuum-fluctuated）的大腦，所有的記憶都誕生自幾分之一秒前的波動。問題的根本是，以人擇原理進行推論，人們總是可以藉由適度調整隨機觀測者的人口組成，將任何失敗轉變成表面上的成功，反之亦然。

若要求多重宇宙宇宙學，通過歷史悠久的波普可否證性驗證，可能太過分了。但大自然可能沒那麼仁慈。確鑿的測量結果可能不存在，我們因而無法篤定能將整個多重宇宙理論給排除在外。然而，要求物理理論提出不含糊的預測，以便讓進一步的觀測和實驗結果有機會增強我們對理論的信心，這個要求並不過分。少了這一點，科學方法就會受到損害。就像任何取決於隨機分布，而且只能觀察到一個實例——我們本身——而得出預測結果的理論一樣，人類學多重宇宙宇宙學無法符合這些最基本的標準。

宇宙學家稱之為多重宇宙宇宙學的「測量問題」：我們缺乏一種明確的手段，可以測量不同島宇宙組合的相對重要性，這麼一來就削弱了這個理論在我們觀測結果裡的預測力。事實上，這個測量問題最尖銳的時刻，是當我們試圖預測與生命毫無關聯的宇宙特性，因為這時人擇原理無法提供藏身之處。[8]

我們面臨著很典型的孔恩式危機。人們希望人擇原理能說明，在永恆暴脹的宇宙拼布中「我們是誰」的問題，並將抽象的多重宇宙理論，和我們身為這宇宙的觀測者的經驗和測量結果連結起來。然而，這理論無法用符合基本科學實作的方式，將「我們」加入方程式中，導致這理論完全喪失解釋能力。

事實上，在終極定理之外（甚至之上）訴諸隨機選擇的舉動，背後隱藏著一種對宇宙明顯非人擇、神一般的觀點。隨機選擇的觀點是想像我們以某種方式從外部俯瞰宇宙，並在所有和我們相同的觀測者中，「選出」我們是誰。如果我們或者某個形而上的機構，確實執行了這樣的行為，並意識到這個選擇的結果的話，這麼做就很合理。但是沒有一絲證據能證明這點。把「單純注意到自己是生活在宇宙中的人類」和「在宇宙中進行隨機選擇」畫上等號，是種充滿謬誤的推論。[9]因此，我們不該認為自己就是從我們的選擇中所隨機選出來的觀測者，並以此進行理論的推導和預測。甚至，我們完全有可能（但也不完全不可能）生活在一個有效定理在許多方面都是非典型的宇宙。其實這正是破壞對稱變化的隨機性被預期會導致的結果。

世間存在一個可觀測的宇宙，其恆星和星系的有效定理和配置，碰巧孕育出生命。無論這描述是宇宙的全部，或者只存在於一個龐大多重宇宙的一部分，其合邏輯的情境都是相同的：我們的宇宙、我們觀測到的宇宙，顯現出一套非常適合孕育生命的物理特質。無論在遙遠、因果上毫無瓜葛的宇宙中，可能或不可能發生什麼事情，都應該和我們試圖理解這宇宙的設計的行為無關。

用「典型」基礎進行推論的圈套，在其他歷史科學如生物演化到人類歷史都處處可見。如果達爾文假定我們人類是典型，他會考慮創造有著形形色色類地行星的組合，且所有的生命之樹都包含智人的分支。他接著會嘗試預測**我們**——這個專屬地球的智人實例——應該屬於所有可能包含智人分支的生命之樹中，最普遍的那種生命之樹。也就是說，他會徹底忽略他的關鍵見解，即每一次的分歧都牽涉到一場機運遊戲，而我們所知的生命之樹中，就蘊含著在數十億年的生物學實驗裡，由無數巧合與轉折所形成的曲折歷史，絕非只是一個外部進行的隨機選擇。

生物演化中所具備的廣闊可能性代表著，任何想要用因果決定論解釋，為何我們的生命之樹是如今樣貌的手段都註定會失敗。這也是為何生物學家的研究都是事後回溯，描述如何從既定的結果追溯出特定的分歧次序。若要說生物界的典型有什麼不同的話，那麼就是它在解釋生物圈最常見的結構特質時，可以作為很有效的指導原則。

在面對大霹靂過後有效定理如何鑄成時，弦論也構想出一個同樣廣闊的可能路徑範圍，這個量子方式包含隨機躍遷和一系列破壞對稱性變化。因此，一個既定的結果，不必然是典型的，也不必然可能是先驗的。[10]然而人擇多重宇宙宇宙學與現代生物學不同，他們抗拒這種隨機性，堅持一種本質上是決定論的解釋方案，將「為什麼」置於「如何」之上。然而，生物學的案例卻暗示，這麼做是為宇宙學在討論設計的出現時，提供一個有缺陷的理解基礎。像是諾貝爾獎得主格羅斯，一直以來都抱持著以下觀點：「我們對宇宙的觀察和理解越多，人擇原理的表現就越差。」[11]

多重宇宙理論聲稱，演化這整個的概念存在著基本限制。多重宇宙宇宙學將「古老演化產出有效的物理定理」的概念放入「終極定理的固定不變設定」框架的作法，終究是在遵循物理學的正統解釋。它假設在物理學和宇宙學的最底部，我們將會找到穩定、永恆的終極定理。它假設這些終極定理會以核心主宰方程式的形式存在，控制著整個宇宙馬賽克的圖像，而且可以從中計算，要得出我們這樣低能量觀測的預測結果機率。從這個偉大計畫的角度看來，多重宇宙不過是牛頓認識論上的一個本輪（epicycle），有點像是當古人嘗試補救托勒密世界模型時，在之中加入的本輪。在多重宇宙宇宙學裡，演化和湧現終究是次要的現象，稍微不夠基本。這就是霍金和林德之爭的終極核心：在最深處，到底是變化還是永恆獲勝。

圖 39　史蒂芬・霍金和作者於二〇〇六年，身在放著歐洲核子研究組織（CERN）的超環面儀器（ATLAS）的地下洞穴裡，陪同者是 ATLAS 的發言人堅尼（Peter Jenni）和後來 CERN 的總監吉亞諾提（Fabiola Gianotti）。

就只有這樣嗎？

在比佛利山莊的那晚，史蒂芬在聽聞人

擇多重宇宙革命的提議後，伴著古巴樂隊的演奏，史蒂芬準備永遠拋棄人擇原理。**我們要好好做這件事**，他說。不再滿足於將宇宙學理論的否證性，外包給一個非科學的原則，我們發誓要重新思考其基礎。設計之謎必然會將我們帶入物理學的最終源頭，而我們只能依靠自己。弦論學家則在另個宇宙裡。

第六章　沒有問題？沒有歷史！

我們曾有過這樣的古老想法，認為宇宙就在外頭，而人類，這名觀察者，就在這裡被一塊六英寸厚的玻璃板，安全地隔離在宇宙之外。但現在我們從量子世界得知，即便只是想要觀測像電子這般微小的物體，我們都得打破那塊玻璃；我們必須到達那裡……

——約翰．惠勒

《物理學的問題》（*A Question of Physics*）

我曾問過史蒂芬他對名聲的看法。**名聲就是你認識的人，超過認識你的人**。他回答道。我一直到二〇〇二年的八月，才意識到他的這個回答有多謙虛，因為那時靠著他的名聲，解決了一個小型的「宇宙緊急事件」。

那是在我從劍橋大學畢業不久後，我們也已合作了好幾年。我和我妻子正沿著絲路前往中亞旅行。出發前我決定，如果我要將餘生投入在多重宇宙的研究上，我最好先多看看這個宇宙。但是，碰巧當我們在從阿富汗前往位於烏茲別克撒馬爾罕的大天文台——這座天文台是蘇丹天文學家烏魯·伯格（Ulugh Beg）在一四二〇年代建成——的途中，我收到一封來自史蒂芬的電子郵件，催促我到劍橋去見他。因為我們有點擔心，於是立即出發到劍橋。然而，當我們嘗試離開阿富汗時，我們被困在一座蘇聯時期的舊橋上，這座橋位於流經烏茲別克和阿富汗的阿姆河上。在橋中央獨自看守的守衛解釋，為了防止人們進入阿富汗，邊境管制站已關閉。我告訴他我們是想要出去，而非進去，但這對他而言毫無兩樣。當我們回到馬扎里沙里夫的烏茲別克領事館，嘗試洽談通行事宜時，我給那名善良的烏茲別克領事人員看了史蒂芬催促我回去的簡短訊息。後來發現，他是霍金的粉絲，幾分鐘後，他親自開車送我們過橋到烏茲別克，我們因此能前往劍橋。*

那時應用數學與理論物理系已搬出劍橋市中心，成為位於劍橋西部郊區的聖約翰學院操場後方，數學學科所進駐的現代校區的一部分。史蒂芬的邊間辦公室寬敞、明亮，擁有俯瞰校區的景色，裡頭擺滿（經常出包的）智能家居設備，這與我們初次見面時那間位於銀街，布滿灰塵且昏暗的辦公室截然不同。當我衝進去找他時，他的眼睛閃耀著興奮，而我略知原因為何。

史蒂芬用比平常快一至兩段的速度敲擊著，略過他習慣的閒聊，直接開門見山。[1]

我改變心意了。《（時間）簡史》的寫作觀點是錯的。

我微笑，**我同意！你跟出版社說了嗎？**史蒂芬抬起頭，露出好奇的眼光。

在《時間簡史》中，你採取一個上帝視角來看宇宙，我提到，**就彷彿我們某個程度上，是從宇宙的外部來觀察宇宙或其波函數。**

史蒂芬挑起眉毛，這是他告訴我，我們的想法相同的方式。**但牛頓和愛因斯坦也這麼做。**他說，彷彿在進行辯護。他繼續說道，**對於像粒子散射這樣在實驗室進行的實驗，準備一個初始狀態，並測量最終狀態，我們採取上帝視角是很合理的。然而，我們並不知道宇宙的初始狀態為何，我們當然無法嘗試不同的初始狀態，並看看它們會產生哪種的宇宙。**

我們都知道，實驗室是特別設計來從外部視角來研究系統反應的。實驗室中的科學家很細心地維持著，他們的實驗和外部世界之間的清楚分界。（的確，CERN的實驗粒子物理學家應該遠離他們進行的高能量碰撞！）正統的物理理論就反應了這種分界，明確區分出由自然定理宰制的「動態」，和代表實驗安排和系統初始狀態的「邊界條件」。我們試圖發現並檢驗前者，但我們儘力去控制後者。這是我在第三章所描述的二元論。

這種在定理和邊界條件之間的明確區隔，使實驗室科學具備嚴謹的預測能力，但也限

＊後來我們在試圖離開烏茲別克的時候遇上大麻煩，因為經由關閉的邊境管制站入境是違法的。

制住其範疇，因為我們很難將整個宇宙塞進小小的實驗室裡。我預料到史蒂芬的想法，並加強語氣回應：**在宇宙學中，上帝視角明顯是個謬誤。我們身在宇宙之中，而非以某種方式處在宇宙之外。**

史蒂芬表示贊同，並集中精力組織他的下一句話。**沒有意識到這一點**，他敲擊道，**導致我們步入一條死巷。宇宙學需要新的（物理）哲學。**

啊，我笑道，**終於輪到哲學登場了！**

他暫時撇開對哲學的懷疑，並點頭——挑起眉毛。我們終於理解到，林德和霍金的爭論，不僅僅只是不同宇宙學理論的辯論。位於多重宇宙爭議中心的關鍵問題，是關於物理理論更深層次的認識論本質。我們是如何看待我們的物理理論？物理學和宇宙學的美妙發現，最終在「存在」這個偉大難題上告訴了我們什麼？

自從現代科學革命以降，物理學的興盛得益於對宇宙採用上帝般的視角——而非造物者（至少並非總是）——但僅限於理論的領域。

當哥白尼挑戰同代人的地心世界觀時，他想像自己從星星的高點來俯瞰地球和太陽系。他的假設是，行星會繞著環形軌道移動，代表著他的日心模型不準確，但當時的天文觀測結果也不準確。[2]然而，透過想像彷彿自己從高空俯瞰地球和行星，哥白尼開創出革命性的新思維，去思考宇宙及我們在其中的位置。他發現了物理學和天文學中，人們所謂的阿基米德點，即存在一個遙遠的觀察位置，從那裡有機會獲得客觀的理解。*儘管這個想法所啟發的新科學，得花好幾個世紀發展並改變世界，但在不過幾十年內，哥白尼革命就開啟一個全新的概念現實，在那裡人類不再是宇宙的焦點。[3]

我們現在知道，哥白尼的著作，只不過是人類對阿基米德點不懈追求的起點。在接下來的幾個世紀，哥白尼的視角在物理學的論述中變得越來越根深蒂固。無論我們現在進行什麼物理學的研究，從加速粒子、融合新元素、還是捕捉微弱的宇宙微波背景光子，我們總是理所當然認為，我們彷彿是從外頭的一個非實際的點來研究自然——你可以稱之為「來自虛空的視野」（view from nowhere）。[4]儘管並非真的來自「虛空」，仍會受到地球及物質條件的束縛，但物理學家已經設計出更多巧妙的方式對宇宙進行操作與思考，就彷彿我們可以客觀地構想宇宙般。

牛頓的運動與引力定律的發現，是以這種探索方式所取得的最大躍進。牛頓明白，「數

* 古希臘科學家阿基米德試驗用槓桿舉起重物。傳聞他因槓桿的事蹟而曾表示：「給我一個支點，我將能搬動地球。」

學與物理世界的關聯」這個自柏拉圖以降就一直困擾科學家的議題，涉及到的是動態和演進，而非永恆不變的形狀和形式。「科學正在發現關於這世界的真實客觀知識」這個概念，因為其定理的成功和流行而變得更具說服力。牛頓試著在研究中納入「來自虛空的視野」，他假設存在一個由遙遠恆星所劃出的固定舞台空間，一個他認為不會變化也不會移動的絕對空間，而所有的動態在當中發生。他的引力定律和三個運動定律，支配著物體如何在那個舞台上移動，但誰都不能改變絕對空間本身。絕對空間和絕對時間，就像是牛頓物理學中的堅固鷹架，是上帝賦予的固定且永恆的競技場，一切都在之中發生。

然而牛頓的絕對背景環境，並不如他所期望的那般，是個客觀的參照點。他的簡單數學形式定律，只適用於那些在宇宙舞台上不會旋轉或不會加速的特例行動物體。例如，假設你是一位「非特例的太空人」，待在，嗯，一艘旋轉的太空船裡。如果你看向窗外，就會看到遙遠的恆星——儘管它們沒有受到任何力的作用——以跟太空船相反的旋轉方式掠過。這現象違反牛頓的第一運動定律，該定律認為，未受力作用的物體會保持靜止，或保持勻速沿著直線運動。因此牛頓優雅的定律，只對那些與絕對空間有關的特例觀測者而言是真實的，對他們來說，運動定律在某種程度上，會比對其他人而言簡單。

光是這點就夠讓愛因斯坦不滿於牛頓的定律。我們對自然的描述會讓某些行動者擁有特權，而對這些行動者來說，光是憑藉他們的運動，就能讓這世界看起來更簡單，愛因斯坦很厭惡這種觀點。對愛因斯坦而言，這是一種前哥白尼世界觀的陋俗，呼應人們該拆除它。他也這麼做了。他用一種以關聯與動態為核心的新時空觀念，取代了牛頓的絕對時空，他的天才之處在於，他找到一種將物理定律公式化的方式，讓所有的觀測者都能看到同樣的方程式在運行。廣義相對論的方程式（見頁82）對所有人而言都是相同的，無論你在哪裡，無論你怎麼移動。為了解釋任何特定觀測者的觀測結果，是如何取決於他們的位置和運動狀態，這套理論有一套與不同觀測者的感知相關的轉換規則。這套規則讓任何人都能從這個普遍的方程式中提取出自然界的「客觀核心」——至少就古典引力來說。相對論實現了愛因斯坦的夢想，也就是沒有人應該擁有特例的視野。對愛因斯坦而言，真正客觀性在現實世界的根源，不在於特定觀測者的特定視角，而在於支撐自然界的抽象數學結構。他將物理學對阿基米德點的追尋，推進到超越時間和空間、屬於數學關係的超驗領域。這個觀點也鞏固了科學界的一種看法：存在著某些基本定理，它們具有超越物理宇宙的真實性，並提供真實且有因果關係的解釋。正如一九九二年的諾貝爾獎得主、也或許是這個觀點的最高代言人格拉肖（Sheldon Glashow）所說：「我們相信世界是可以理解的。我們堅持存在永恆、客觀、超歷史、社會中立、外部且普世的真理。」[5]

多重宇宙宇宙學則不畏艱難，堅持認為物理學最終是建立在穩固且永恆的基礎之上。某種意義上，多重宇宙的理論將阿基米德點推得更遠，比阿基米德、哥白尼甚至愛因斯坦還更有膽識。多重宇宙宇宙學的想像認為，其終極法具備某種先驗存在，並重新採用牛頓的典範：有個物理現象所設置出的空間，被鑲嵌在一個固定的背景結構中，我們可以從一個上帝般的視角理解並控制它。

儘管在實驗室的控制環境中，物理定律的本體地位並不重要，但當我們深入思考其更深層次的起源時——更不用說當我們探問其利於生命的特性時——這個問題就會在我們眼前爆炸開來。在前一章中，我曾描述過當一個人帶著多重宇宙理論，冒險進到這些更深層的謎題時，這理論會如何陷入自我毀滅的螺旋中。這讓我們質疑，這套思想是否建立在穩固的基礎上。宇宙學中的哥白尼擺是否朝著絕對客觀性擺得太遠了？

實際上，哥白尼及其傑出同輩的發現所造成的困惑，並沒有逃過早期現代哲學家的注意。被迫生活在地球條件下的人類，又如何能同時客觀地看待我們的世界？當現代科學時代剛開始出現時，哲學家的直接反應不是勝利的歡呼，而是深切的懷疑，首先是笛卡爾的「懷疑一切」（*de omnibus dubitandum*），它對真理或現實本身是否存在，提出深遠的質疑。「我們不知道」（*Ignoramus*）這個重要洞察，不僅激發出科學革命，也打擊了人類在世界中的自信。二十世紀最著名的思想家之一鄂蘭（Hannah Arendt）在《人的條件》（*The Human Condition*）尖銳地表達出這種讓人類不舒服、搖擺不定的位置：「伽利略的偉大成就證明了人類思索中最大的恐懼——我們的感官可能會欺騙我們——以及最放肆的希望——存在一個外部的點，能夠解開普世知識的這種阿基米德般的希望——只會同時成真。」[6]

笛卡爾對科學革命的回應是，把阿基米德點向內移動，以人類自身為做為終極參考點，並選擇人類心智作為最終的依據。現代科學時代的出現，使人類重新依靠自身。從「我懷疑，故我在」（*Dubito ergo sum*），衍生出了「我思，故我在」（*cogito ergo sum*）。因此科學革命引發一種矛盾的處境：當人類向內探尋時，望遠鏡的問世及其後續的實驗與抽象思考的過程，卻將人帶向外頭，最終進到百萬年，甚至十億光年之遙的宇宙。在五個世紀以後，這兩種立場相反運動的組合，使人類感到困惑和迷惘。在某個層面上，現代科學和宇宙學已揭露在宇宙的本質和人類的存在之間，存在著相互聯繫的美妙網絡。從產出恆星的碳融合，到原始宇宙中的星系量子種子，我們對宇宙的現代認識揭露出一個非凡的綜合體。然而在更基礎的層面上，也就是史蒂芬試圖解開的層面，這些發現使人類極度不確定，自己在偉大宇宙計畫中的地位。現代科學在「我們對自然界運作的認識」和「我們人類的目標」間創造出裂縫，這侵害了我們自認屬於這世界的感受。忠誠的化約論者、極富才華的阿基米德式思想家史蒂芬．溫伯格在他的書《最初的三分鐘》（*The First Three Minutes*）的結尾表達出這種焦慮，他寫道：「宇宙越看似可理解，也就越顯得毫無意義。」

我不禁覺得，溫伯格在這裡所表達的感受，其源頭來自於他柏拉圖般的定理概念。在像這樣將人類與物理學和宇宙學的最基本理論分離的科學本體論裡，會覺得帶我們探索宇宙的科學似乎毫無意義，這一點都不奇怪，也導致其「利於生命」的特性變得極其神祕且令人困惑。

那麼，如果我們放棄對世界的上帝視角會發生什麼事呢？如果我們放棄「來自虛空的視野」這觀點，反倒將自己和萬事萬物都拉進我們試圖理解的系統中，又會怎樣？在一個真正全面的宇宙學裡，不應該存在「宇宙的其他部分」被隔開來，以標誌出邊界條件或者維持形上學的絕對背景。真要說的話，宇宙學是實驗室科學的反轉版本：我們在系統內部，朝著上面跟外面看。

• • •

是時候停止扮演上帝了，當我們吃完午餐回來，史蒂芬笑著說。數學系的新校區的餐廳，和應用數學與理論物理系熱鬧的老公共休息室截然不同，後者促進了許多傑出的科學結果和美好的友誼。這個新餐廳的主要問題不是食物難吃，而是我們不允許在桌上寫下方程式。

這一次，史蒂芬似乎同意哲學家的看法。**我們的物理理論，並非是柏拉圖般天堂中揮**

之不去的存在，他打字說。**我們不是從外部觀察宇宙的天使。我們和我們的理論是我們正在描述的宇宙的一部分。**

他繼續說道：

我們的理論從未完全與我們脫離。[7]

這是個顯而易見且看似冗贅的觀點：宇宙學的推理最能夠解釋我們在宇宙中的存在。我們生活在銀河系的一顆行星上，周圍有恆星跟其他星系，並沉浸在微波背景的微弱光芒裡，上述這個顯著的事實，代表著我們對宇宙，必然有個「由內而外」的觀點。史蒂芬稱之為蟲眼視角（worm's-eye viewpoint）。雖然看似矛盾，但我們是否必須學會去接受，在蟲眼視角中既有的那種微妙的主觀色彩，以便對宇宙學有更高層次的理解？

當我們在推敲這些議題時，史蒂芬的辦公室變成一間鴿舍。持續有人來來去去，包含同事、醫療人員到名人，但史蒂芬似乎對周圍的喧囂不為所動。就跟平常一樣，我留意到他在聚精會神的時候，會需要一定程度的混亂相伴。在我們慣例的下午茶時間裡，他一邊幫我倒茶，一邊大口大口吃著香蕉和奇異果，他會再次聚焦在多重宇宙宇宙學的古典基礎，認為這是類似上帝般的思想，會一直存在於宇宙學的最大罪魁禍首。

多重宇宙的擁護者墨守著上帝視角，因為他們假設綜觀而言，宇宙有個單一的歷史，有著確切的時空形式，裡頭具備明確的起點和獨特的演化歷程。這基本上就是古典的宇宙

想像。

持平而論，多重宇宙宇宙學是古典和量子思維的混種。一方面，科學家想像隨機的量子躍遷產生各種島宇宙。另一方面，人們假設這發生在一個巨大、事先存在的暴脹空間裡。在多重宇宙的理論中，後者被當作古典思維的背景——一個相近於牛頓競技場的鷹架，只不過它會持續膨脹。這種背景讓科學家覺得有可能——而且確實很吸引人——讓我們彷彿從外部角度，去思索島宇宙組成的馬賽克畫，就彷彿島宇宙的創生跟一般實驗室的實驗在本質上並無不同。

史蒂芬持續敲擊並深入討論這一點。**多重宇宙得出一種由下而上的宇宙學哲學**，他說，**在這種哲學中，人們想像宇宙在時間中向前演化，從而預測我們應該看到什麼**。

多重宇宙理論作為一種解釋方案，遵循著牛頓和愛因斯坦的本體論方法，以及他們對於宇宙的基本和決定論推論。與這思想相關的一種論述是，多重宇宙中的某個特定島宇宙的居民，被認為具備獨特且明確的過去。

但你和吉姆提出的無邊界理論，也同樣是由下而上進行構想的，我提出，**儘管那應該是量子的**。**而這種帶有瑕疵的因果觀點，是你在《時間簡史》中所闡述的願景**。

似乎我的發言，帶出一個對話的關鍵點。史蒂芬挑起眉毛，繼續快速敲擊。

當我在等待他把句子打完的同時，我翻閱在背後的書架上找到的那本他一九六五年的博士論文。我剛好看到論文最後的一段話，他在這裡詳述他剛剛得證的大霹靂奇異點定理，並表示這定理暗示著宇宙的起源是個量子事件。史蒂芬後來發展出無邊界假說來描述這個量子起源（見第三章）。然而他卻透過帶著古典宇宙學色彩的因果透鏡，來解釋他的無邊界理論。

無邊界假說所採取的由下而上角度，描述著宇宙是從虛無中創生。這個理論被視為另一個柏拉圖式的思想，彷彿它存在於先於時空的抽象「虛無」當中。當吉姆和史蒂芬首次提出他們的無邊界起源說時，他們渴望給出宇宙起源的真正因果說明，不只是它是如何形成的，還有為什麼它會存在。但過程並不順利。做為一套由下而上的思想系統，無邊界理論預測會出現空無一物的宇宙，當中沒有星系和觀測者。完全可以理解這個預測使該理論具高度爭議性，就像我在第四章所描述的那樣。

史蒂芬停止了敲擊，我越過他的肩膀去閱讀。**我現在反對宇宙有一個全局古典狀態的觀點。我們生活在一個量子的宇宙，所以它應該由費曼提出的歷史疊加——每個歷史都有其機率——來解釋。**

史蒂芬開始談論他的量子宇宙學口號。為了判斷我們的討論是否還在同一個頻道，我重述一次我認為他想表達的：**你的意思是，我們不僅應該全面採用量子觀點來看待宇宙中發生的事情——粒子和弦的波函數等——而且也要對宇宙整體採用量子觀點。這代表放棄**

存在一個全盤古典背景時空的觀點，將宇宙視為所有可能時空的疊加結果。因此，即便在非常大的尺度裡，量子宇宙也是充滿不確定性的，因為有些事件的規模遠遠超出了我們的宇宙視界，像是永恆暴脹。而這種大規模的宇宙模糊性，就在林德和多重宇宙狂熱者所假設存在的永恆背景裡放下一枚炸彈。

令我放心的是，他再次挑起眉毛，也繼續敲擊，只是這次速度較慢，彷彿他在猶豫什麼事情。到最後出現了這段文字：**我們觀測到的宇宙，是宇宙學中唯一合理的起點。**

現在神諭的層級明顯變得更高，這要歸功於隱藏在桌上某個裝飾品中的除濕機所噴出的白色蒸汽。史蒂芬正在將哲學家經常說的宇宙的**實是性**（facticity）——宇宙確實存在，並剛好是它本身而非其他東西的事實——移到中央舞台。這論點聽起來合理，但它會把我們帶向何方？他是否準備要重新思考一切？我當時有許多疑問，但我早已學會每當史蒂芬說某件事情「合理」時，他的意思是有某個他無法完全證明，但直覺認為一定是對的想法，因此沒有必要討論。所以我試圖讓話題變得更深入，大聲探問量子宇宙學更為廣泛和流動的歷史觀——從單一歷史到許多可能性的歷史——是否能以某種方式使整個宇宙學的理論框架，擺脫阿基米德點。一個恰當的量子宇宙學理論，是否能將我們的蟲眼視角納入其理論框架中，同時又不像人擇原理那般違背基本的科學原則？在哥白尼逝世的五百年後，這稱得上是了不起的統一。

當我們努力對抗孔恩式的典範轉移而陷入混亂的過程中，史蒂芬再次緩滿地，凝聚他所有的能量，又敲出一行字：

我認為，（對宇宙）採取適當的量子觀點，將導出一種不同的宇宙學哲學，在這哲學中，我們的研究由上到下，逆著時間從我們觀測結果的表面出發。*

我很驚訝——史蒂芬嶄新「由上到下」的哲學似乎顛覆了宇宙學理論裡因與果的關聯。但當我向史蒂芬提出這一點時，他只是微笑。顯然他正陶醉於享受新發現的甜美滋味。當我們離開時，他用頗具個人特色的簡潔和企圖心，講明我們的新觀點：

宇宙的歷史取決於你問什麼問題。晚安。

史蒂芬的意思是什麼？當然，自從量子力學理論在一九二〇年代誕生之後，人們就已認識到「觀察行為」（act of observation）在量子力學扮演的關鍵角色——也就是史蒂芬說的「問什麼問題」。量子力學最讓人驚訝的特點之一是，實驗者的觀測與測量行為，很明確也是預測過程的一環。事實上，愛因斯坦對量子力學覺得最憂慮的就是這個特點。

---

* 史蒂芬所謂的「表面」，指的是四維空間的三維切片。嚴格來說，「我們觀測的表面」僅位於我們過去的光錐內。舉類似的例子，是人們經常會細想在某個時刻裡中的三維空間宇宙。

一九二七年十月，當早年的量子物理學家，在布魯塞爾召開第五次索爾維物理會議時，他們頌揚著一個嶄新、成功的微觀世界理論。據說德國物理學家玻恩（Max Born）表示，物理學將在六個月內終結，而這甚至跟索爾維最初的想法相去不遠。索爾維在一九一一年發起這系列的會議，預計只會舉辦三十年，因為他認為到那時，物理學就會向這世界提供它所能提供的一切。[8]

然而，對這位二十世紀最偉大的科學革命家而言，新的量子力學獲得證實是很難以接受的。在第五次索爾維會議進行時，愛因斯坦已經對量子理論深感不安。他拒絕勞侖茲的發表論文邀請，據說他在會議期間也非常安靜。然而，正式會議現場並不是唯一的討論場合。科學家住在同一間飯店裡，而在飯店的餐廳中，愛因斯坦相對活躍。諾貝爾獎得主斯特恩（Otto Stern）留下了第一手的觀察：「愛因斯坦在早餐時走下樓，表達他對新量子理論的擔憂。每次他發想出的精妙實驗方式，都可以從中看出其理論的核心中有著邏輯上的矛盾。而波耳對此會仔細思考，並在晚餐時間詳盡解

圖 40　波耳和愛因斯坦，在於比利時布魯塞爾舉辦的第六次索爾維會議上的合影。

釋清楚。」[9]

愛因斯坦堅決反對量子理論的概念，也就是一個粒子只有在被觀測時才會處於確切位置，但在未被觀測時，只有分別在這裡或那裡的機率。「物理學是試圖掌握現實的科學，無關於現實是否被觀測。」[10]他抗議道，他甚至開玩笑地質疑，粒子是否需要**人類**觀測者才能得到確切的位置，還是只要一隻老鼠的偶然一瞥就能成立。

對愛因斯坦而言，量子力學以機率為核心的本質，就代表這不是個完整的理論，必然存在更深層的框架，能在不考慮任何觀察行為的前提下，允許對物理現實進行客觀的真實描述。「雖然這個（量子）理論產出很多內容，但沒能讓我們更靠近『老人』（Old One）的祕密，」他在給波恩的信中寫道，「但無論如何，我相信他不會擲骰子。」[11]另一方面，擁有哲學和數學背景的波耳，有很強烈的直覺認為量子力學理論是一致的。波耳認真看待量子力學的核心原則，也就是「觀測行為」（observership）——我們對自然界所提出的問題——會影響自然界如何展露自己。「直到現象被觀察到之前，沒有現象真的存在。」他堅持。

第五次索爾維會議也標誌出二十世紀的一場偉大科學辯論的開場交鋒：愛因斯坦對決波耳。賭注是？量子革命的深度與影響程度。

在某個層面上，他們的辯論牽涉到因果關係和決定論，在物理學中的基本地位。有了隨機躍遷和機率預測，量子力學顯然破壞了我們在古典物理學所熟知，介於「我們現在的位置」和「我們將去何方之間」的直接聯繫。在我們對自然界的描述中，缺乏因果關係和決定論的理論，是一種權宜之計（愛因斯坦的立場），還是對物理理論從基礎展開的全面翻修（波耳的立場）？

但他們的辯論也將我們帶入更深層次的量子力學本體論。為了要回應愛因斯坦的反對意見，波耳被迫要澄清在量子力學中，到底是什麼因素使得波函數會從模糊、幽靈般對現實的疊加態，轉變成日常經驗中的明確現實。我們無法觀測到現實的疊加態；實驗者會發現粒子會位在這裡或那裡，而不是同時位在這裡和那裡。這到底是如何發生的？波耳的哥本哈根學派的大膽回答是，這種轉變是由於實驗者本身的干預而引起。波耳提出，測量的行為促使大自然下定決心，要顯示出這個或那個版本的現實。你看，當我們決定測量，譬如，一個粒子的位置時，我們必須對它產生影響，譬如，用雷射對準它。波耳聲稱這種影響會導致粒子的擴散波函數塌縮，並在單一位置——觀測的位置——產生高峰。把雷射轉開，波函數會重新擴散，並根據薛丁格方程式平滑演化，就像我在第三章所描述的。然而，照光並測量的行為，會使粒子的波瞬間凝聚成具有確切位置的狀態。

波耳方案的問題在於，這種突然的塌縮與薛丁格方程式完全不符。根據薛丁格方程式演化的波函數不會突然塌縮，而是始終平滑且溫和地擺動。因此，波耳對觀測行為中所發生的事情的詮釋，賦予了觀測者及其測量行為一個特殊角色，這與理論中的數學框架截然相反。

這也代表，哥本哈根詮釋實際上等同於一種對量子理論的所謂**工具主義**（**instrumentalist**）的詮釋，它接受「我們用儀器所能測量的事物」和「方程式所描述的物理現實」之間存在根本的差異。「我們的測量結果與其真正的本質的相似程度，就像是電話號碼和其用戶一樣。」愛丁頓曾這樣評論哥本哈根詮釋。[12]但這種工具主義創造出一個深沉的認識論難題：那麼，到底量子力學是怎麼回事？針對這個難題，哥本哈根解釋沒有提出說明。甚至它試著迴避這個難題：它預測受到薛丁格方程式宰制的原子和亞原子粒子所組成的「量子世界」，和包含宏觀實驗者與其實驗儀器，還有宇宙其他部分在內、一切遵循古典定律的「外部背景現實」之間基本上是分離的。波函數會在測量行為中塌縮，是波耳用來連結這兩個分離世界所設計出的假設，這有點像是人擇原理從多重宇宙選出島宇宙的作法。這兩種作法都是設計來將客觀的數學形式主義與我們觀測到的物理世界連接起來，但它們都失敗了，因為它們搭出的拱橋與他們想要完善的理論基礎架構完全無關。

波耳和愛因斯坦多年來不斷精進他們的論述，但從未達成協議。從事後來看，我們珍視波耳的深刻見解：觀察過程在量子宇宙如何產出物理現象的方面發揮關鍵作用。另一方面，它對觀察過程的描述——波函數會突然塌縮——有很大的缺陷。今日所有的證據都指出，薛丁格的數學方程式，不僅適用於幾個粒子的微觀集合，也適用於構成宏觀系統的大型粒子聚集，像是實驗室和觀測者，甚至是宇宙本身。因此愛因斯坦是正確的，他不該相信波耳的方案。然而他錯在夢想找到另一種基於預測框架的替代物理理論，這理論將再次讓觀測行為變得不相干。

最終進展來自於將觀測行為，徹底融入量子理論的數學形式之中。這樣的結合能把量子理論帶到比波耳期望還高的境界，而這正是我們所投入的方向。

這條研究道路始於一九五〇年代中期艾弗雷特三世（Hugh Everett III）傑出的研究結果，他是惠勒的學生，最初研究賽局理論，後來在聽了愛因斯坦關於量子測量問題的演講後，對此議題產生興趣。艾弗雷特打破波耳在量子微觀世界和古典宏觀世界間設下的牆。他的關鍵概念是要嚴肅對待量子力學背後的數學，並將其應用於萬事萬物。他提到，如果塌縮不存在，只存在一個柔和且平滑地演化的宇宙波函數，裡頭**包含**觀測者在內的一切事物，且在演化的過程中，能依照費曼的方式探索所有可能的歷史途徑。也就是說，艾弗雷特跨出歷史性的一步，開始用一種由內而外的方式思考量子世界，將其視為一個不受外界干擾的封閉系統。圖41呈現了這個觀點，將薛丁格的貓與一名觀測者及其實驗室一起放在大盒子中。

因此，艾弗雷特的最大挑戰是去解釋，像是在測量的情境中，宇宙波函數如何產出單一、具體的答案，又同時避免塌縮。這就是他的推論變得很刺激（也很震驚）的部分。

艾弗雷特仔細思考實際構成量子觀測行為的內容。他推論，當實驗者在進行測量時，他們和被測量系統的互動，首先會糾纏到幾個粒子，接著是他們的儀器，最終他們的心智狀態會和系統的量子狀態糾纏在一起。薛丁格方程式告訴我們，這樣的糾纏不會使其聯合波函數（根據波耳的論述）神祕地塌縮，糾纏反而會分岔出不同的波碎片，而每個碎片都對應到測量的不同可能結果。因此，透過把包含觀測者以及被觀測物的宇宙波函數納入推論過程，艾弗雷特就能同步處理所有可能的測量結果。當然，這就代表觀測者也會分岔。量子力學中的觀測者，會分岔成跟自己幾乎相同的副本——每個分支上都有一個——只能由他們各自記錄的測量結果來區分。

以薛丁格的貓為例，這是薛丁格所提出的著名難題：有隻貓被放在一個密封的箱子裡，箱子上有個爆炸裝置，一旦旁邊放著的放射性原子核開始衰變就會引爆。（見圖41）。在指定時間內，這個情境的發生機率是50％。來自實驗室的哥本哈根詮釋，會從外部觀點來看這個箱子，並預測貓會處於死亡與存活疊加形成的類殭屍態，一直到箱子被打開，觀測者看到貓，才會逼迫貓做出決定。這說不通。貓不可能半活半死，就像人沒有半懷孕一樣。但艾弗雷特由內而外的觀點，則講述一個截然不同的故事。它認為在像這樣的實驗裡，貓的命運會與放射性原子核的命運糾纏在一起，而宇宙的歷史就不斷分岔。其中一個歷史版本，原子核在指定時間內衰變，爆炸裝置引爆，貓就死了。在另一個歷史版本，原子核沒有衰變，貓快樂地活了更長一段時間。整個分岔過程平穩地進行。兩隻副本貓都不會經歷不尋常的疊加，雖然其中一隻貓當然比另一隻要幸運得多。

因此，就實務的角度來看，艾弗雷特的波函數個別碎片，就像是現實的不同分支。每個波碎片都描述一個特定的歷史途徑，包含測量裝置所記錄的結果、

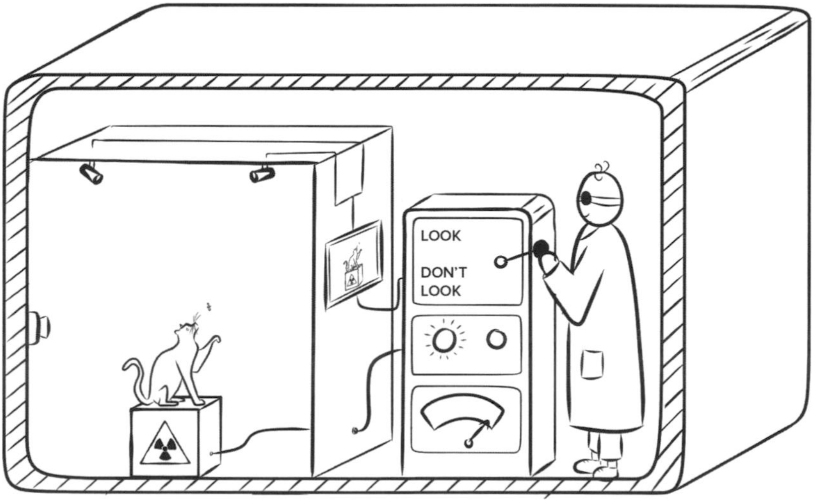

圖 41　艾弗雷特想像宇宙是個封閉的量子系統，就像個大箱子，裡面不僅有粒子和實驗，還有觀測者、他們的儀器，而且，原則上，裡面會包含所有一切。這裡的箱子所呈現宇宙的可能歷史，包含了觀測者何時決定看貓、他看貓時放射性原子核是否已經衰變、在觀測者的大腦中，如何記錄和解讀這種狀況等等內容。艾弗雷特追求一種量子力學的公式，可以預測大箱子內不同歷史的發生機率，但不納入外部對於箱子內部的觀測或其他干擾。

觀測者對此的體悟，以及跟著出現的一切：實驗室、地球、太陽系，以及大規模的宇宙。對於生活在某條分支的觀測者而言，整個分岔過程很流暢，就像一條河流分成兩條溪流一樣。觀測者不會意識到他們的分身，因為它們會乘著宇宙量子波的不同浪峰，在不同的歷史中度過餘生。艾弗雷特宣稱：「只有這些觀測者的狀態總和，加上他們個別的知識，才相當於完整的訊息。」[13]

艾弗雷特曾說過，他嘗試以某種方式連結愛因斯坦和波耳的立場。他主張他們之間的差異只是觀點問題，並將自己的方案稱為「客觀的確定論，而機率會出現在主觀層面」。這個觀點很有趣。在早期的哥本哈根量子力學的公式裡，機率被視為原則和基礎。打開一本一九三〇年代的量子力學教科書，你會在前幾頁看到，機率被**定義**為波函數振幅的平方。但在艾弗雷特的框架中，機率以一種更加微妙的「主觀」方式擺動到量子理論中，就很像是在日常生活中，機率影響我們思考的方式。無論我們在思考的是天氣、彩券、還是下一個穿過地球的引力波形狀，在我們擁有的知識不完整的情況下，我們總是使用主觀的機率來量化不確定性。這個機率的概念，是由義大利的數學家德菲內蒂（Bruno de Finetti）一九七四年在一篇論文中正式提出，他表示：「我的命題，頗具矛盾，且帶有一點挑釁，就是：『原則性』的機率並不存在……只有主觀機率存在，也就是某個人在某個當下基於某組資訊後，相信某件事情發生的程度。」[14]這就是我們日常生活的現況。在我們的一生中，多數人對主觀機率越來越有自信，因為我們發現我們認為可能發生的結果經常發生，而我們認為不可能發生的就很少發生。

但艾弗雷特擺脫教科書，進一步提出這樣的想法：就像是我們所使用的其他機率定理那般，量子理論中的機率也是主觀的。他會得出這樣的想法，是因為在他的設想中，實驗者對於他們將見證哪種特定結果的無知，也是不完整資訊的來源。機率量化了這種不確定性，因此也為實驗者提供要賭哪個結果會出現的指引，就像我們利用天氣預報來判斷是否需要雨傘一樣。量子理論的美麗和功效在於，薛丁格方程式可以用來提前預測，與所有可能的測量結果相對應的波碎片的相對高度，而這些波振幅的平方，恰好是下注的最佳策略。

因此在經驗的面向上，每一次的觀察都等同於針對開枝散葉的「可能未來」之樹進行某種修剪。量子理論的測量情境就像是站在道路的叉路口，歷史在這裡分成兩條或多條叉路。在任一特定觀測者的經驗裡，在這樣的分叉點，只有其中一個分叉存活。更精確地說，在每個分叉上，就只有那個分叉存活。與觀測者的測量結果不同的分支會獨立演化，並且與它們長出來的樹的其他部分一樣，彼此都沒有更深的相關性。從某種意義上來說，它們漂移進廣闊、深不可測的可能性空間中。物理學家說，這是歷史分支間不相互干擾的脫鉤，或說「去相干」（decohere）。

然而，並非所有的獨立歷史都會去相干，一個著名的案例是我在第三章中討論過，在雙狹縫實驗中的干涉軌跡。在實驗的設置下，穿過隔板上其中一個狹縫的電子路徑，並沒有與穿過另一個狹縫的電子路徑脫鉤，而是相互交織在一起，在屏幕上產生干涉圖案（見圖20）。它們的相互交織代表我們無法從屏幕上觀察判斷出，電子是來自哪個狹縫。就好像任一獨立的路徑，沒有個別的身分一樣。只有所有相互干涉路徑的總和抵達了屏幕的特定位置，並構成一個獨立的現實分支時，嚴格意義的機率才會出現，這就是費曼的「歷史求和」對所觀測的干涉圖案的解釋方式。

但現在請想像一個實驗的變化版：在狹縫附近加上一股會相

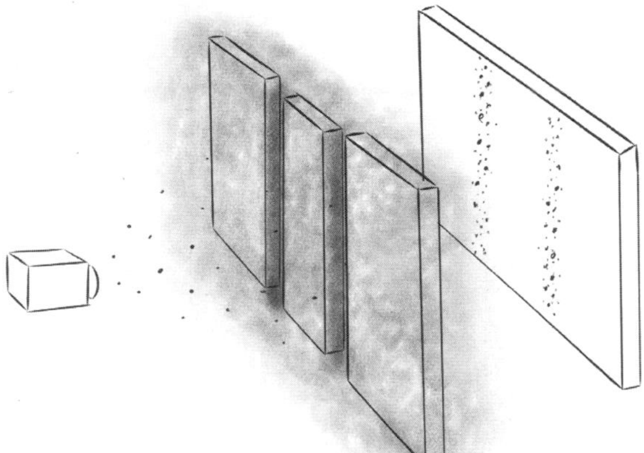

圖 42　雙狹縫實驗的一個變化版，狹縫附近有會與電子相互作用的粒子氣體。即便這些相互作用並不會對電子的軌跡影響太大，但它們仍帶走了通往屏幕的所有可能路徑之間的微妙相關性。因此，干涉圖案會被摧毀，取而代之的是兩道跟兩條狹縫大致對齊的明亮條紋圖案，也對應到通往屏幕的兩條主要路徑。這些粒子在量子的概念上進行一次有效的觀測行為。

互作用的粒子氣體（見圖42）。現在當電子穿過隔板時，從每個狹縫出現的兩個波碎片會和氣體起作用而很快變得迥然不同，以至於它們幾乎不可能在將來相互干涉。

不出所料，屏幕上的干涉圖案消失了，取而代之的是兩道與狹縫大致對齊的兩條明亮條紋，反映出通往屏幕的兩條主要路徑。用艾弗雷特的話來說，我們可以說在狹縫附近的粒子環境進行了一次觀測行為，導致波碎片去相干形成兩條清楚分野的歷史——現實的分支——並從那時開始獨立演化。你可以說，發揮作用的粒子氣體在詢問：**電子穿過哪條狹縫**？並透過提出這個問題，促使電子的波函數分裂成兩個毫無關聯的碎片，分別對應於兩個可能的答案。

這兩種雙狹縫實驗的變化版，展示出艾弗雷特方案的兩個關鍵特性。首先，我們提出問題的確切本質，會影響我們所擁有的獨立分支的樹枝狀結構。再來，只有真正獨立、去相干、並且有顯著差異的歷史途徑，才能得出有意義的預測——也就是機率總和等於一的合理賭局形式。我們將會在第七章繼續討論這點，屆時我將討論一旦有人採用量子宇宙觀之後，多重宇宙還會剩下什麼。

在宏觀世界裡，能夠造成去相干的過程無處不在。在我們的環境裡，無時無刻都發生著無數次的觀測行為在消除掉量子干涉，並將大量的可能性轉化為被挑選出的少數現實。環境透過這個方式，成為一座天然的橋樑，連接起由疊加態組成的幽靈微觀世界，和日常經驗的明確宏觀世界。更重要的是，環境去相干的過程，正是讓相當健全的古典現實得以成立的原因，儘管在微觀世界不斷發生量子振動。

以地殼會釋放的高能粒子（如鈾）為例。這個粒子最初以波函數的形式存在，並向所有可能方向擴散，直到它和像是一塊石英相互作用之前，都不能算是實際存在。當這種相互作用發生時，其所有可能軌跡之一就會凝結成形。與石英的相互作用把「可能發生的事情」轉變為「鈾原子衰變時實際發生的事情」。在任何一個歷史分支中，這個過程會成為「凍結的意外」，並以受到高能粒子影響的原子陣列形式呈現，這樣的痕跡有時會用來測定礦物的年份。我們身邊所見的宇宙——現實的這個分支——是由無數的環境觀測行為所形成的集體結果。在數十億年的時間中，無數的偶然結果被環境記錄下來，並同時塑造了環境，而每個結果都為我們的歷史分支貢獻一小部分的訊息，而這就是我們周圍的世界獲得其特殊性的方式。因此，當史蒂芬在我們談話過程裡，推論說量子宇宙觀會在宇宙學中加入某種逆著時空的元素時，這不該會讓人覺得意外。

從數學角度來看，艾弗雷特方的方案極其優雅：薛丁格方程式宰制一切。這包含整個宇宙。艾弗雷特的框架證明了，波耳的古典式包裝，是可以省略的多餘行李。子系統相互糾纏的互動過程，會導致宇宙波函數分裂成單獨、去相干、且無法看到彼此的分支，這個過程為量子測量提供令人非常滿意的微觀描述。在艾弗雷特的方案裡，人類意識、人類實驗者和人類的觀測行為，與這項過程既非完全不相關，也不被視為會遵從不同規則的獨立外部實體。他們被單純看作更廣泛的量子力學環境的一部分，在本質上與空氣分子和光子沒有兩樣。艾弗雷特提出一種，由內而外思考量子世界的方式。他證明我們可以搭乘宇宙量子波，而不只是在岸邊觀看。

這方案不只關乎語意或詮釋。艾弗雷特和波耳的方案，對量子的測量和觀測行為的呈現，做出完全不同的預測。波耳認為，只有一個結果會存活下來，而艾弗雷特主張，這只是從某個歷史分支內部的視角所看到的情境。他的方案認為，對任何特定的觀測者來說，**彷彿**其他結果都已消失。在艾弗雷特的框架中，如果能用某種方式倒轉某次觀測行為中發生的所有相互作用，在原則上就可以重新組成不同的分支，並讓它們再次進行干涉。當然，任一次的觀測行為中所包含的極大量粒子，會使得這種倒轉操作成為艱鉅的任務。然而，假設在觀測時波函數就塌縮的話，那麼顯然在理論上也不可能進行倒轉。

當我們把過去納入考量時，波耳與艾弗雷特的爭論就變得至關重要。要知道，波耳的塌縮模型禁止人們甚至去思考對過去的追溯。根據波耳的說法，想要倒推薛丁格方程式來找到過去的樣貌是沒有用的，因為發生在過去的無數觀測行為，已對方程式所規定的平穩演化造成干擾。但是，為了理解當下如何形成而回溯到過往，是宇宙學的中心思想。因此哥本哈根方程式對宇宙學而言完全不夠用。需要在數學形式中加入艾弗雷特「整合觀測行為」的想法，量子宇宙學才有可能成真。艾弗雷特的概念凸顯出量子理論中一套更深層的原則，這些原則被證實對量子理論在整個宇宙的應用至關重要。

然而，在當時，艾弗雷特的提案未受到重視。他的同事要麼不理解他的想法，要麼無動於衷。將量子理論應用到整個宇宙的想法本身似乎就很古怪。即使很有遠見（也不怕做出大膽預測）的惠勒，也覺得有必要在艾弗雷特的論文中加上註解[15]，他在註解中用修飾過的方式，解釋他的學生對量子力學的構想，希望這樣能讓它更容易被接受。但這一切都無濟於事。艾弗雷特感到很沮喪和挫敗，並將他的同儕比喻為在伽利略時代的反哥白尼學者，他離開了學術界，轉而投入軍事研究的行列。

同行科學家的質疑主要源自一種論據：作為對這世界的物理描述，艾弗雷特對量子理論的闡述讓人感到迷惑且放肆。我們真的需要難以想像大量的無法觀測路徑，以及我們的分身來解釋我們所觀測的結果嗎？艾弗雷特的方案被稱為量子力學的多世界詮釋，且一般會認為這些世界一樣地真實，而其真正的意思是物理系統存在許多可能的歷史。

然而到最後，所有理論都繞不過這方案。艾弗雷特對宇宙波函數的概念，後來被認可為一種**基礎的洞見**，因為它讓從量子觀點對整體宇宙進行思考成為可能，而且是將之視為系統**本身**，不是複製品，也不包含在更大的箱子內。艾弗雷特的研究讓人能夠寄望，存在一種合適的量子宇宙觀，具備免除上帝視角的潛力，並能以蟲眼的視角重新建構宇宙學。它因此播下一顆量子宇宙學的種子，而史蒂芬、史蒂芬在劍橋的團隊和許多人會接手發展下去。

從這些努力所發展而來的量子宇宙學架構，就如圖43所示。其形式是相互連結的三角圖案，包含一種宇宙起源模型（例如無邊界假說），和一種演化概念（例如費曼在弦論景觀中所提到，多重可能歷史的概念），

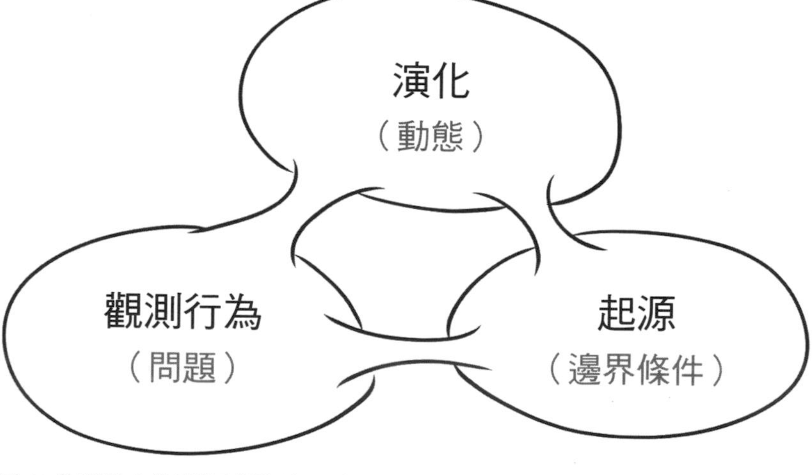

圖 43 物理學中常見的預測框架，會假定演化定理、邊界條件和觀測與測量行為之間，有個根本的區別。對大多數的科學問題來說，這種分離的框架就足夠了。但宇宙學的設計之謎卻更為深奧，因為它探尋的是定律的起源，以及人類在偉大宇宙計畫中的位置。這會需要一個更通用的預測框架，將這三者緊密交織在一起。宇宙學的量子觀點就提供這樣的框架。在這邊所勾勒出互有連結的三角圖案，就構成新量子宇宙論的概念核心，在這當中，演化、邊界條件和觀測行為，被融合為一個統一的預測方案。他們相互連結的狀態表示，量子宇宙學中的任何定律，都是由這三個要素混合而成。

還包含一個關鍵的第三要素：觀測行為。

我得趕緊說明，在這個架構中的觀測行為，並不是指你在騎自行車時四處張望。量子宇宙學中的觀測行為，更涵蓋到我在本章中所討論的，更為基礎的量子觀測行為：在歷史的分岔點上，將眾多可能結果中的一個特定結果轉變為事實的過程。雖然這個過程總是涉及某種交互作用，但它絕不僅限於人類的觀測行為，其產生的事實也不必與生命本身有關。觀測行為可以由專門的探測器、薛丁格的貓、一塊石英、早期宇宙中的對稱性破裂，甚至是由一個孤獨的微波背景光子所執行。

圖43中的三角圖案總結出史蒂芬和我開展出的新宇宙學的概念核心。這個概念設想物理現實是透過兩階段的過程形成的。首先先設想所有宇宙擴張的可能歷史，每一個都起源於，譬如說，一個無邊界的開端。而歷史會不斷開枝散葉——每一次的分岔都涉及一場機會遊戲——並產出有效的物理定理，或者是可能複雜性層次更高的分支。但這個由不確定性和可能性所組成的深不可測的領域，只是以某種形式描述宇宙於存在之前的狀態。在這個層級，不存在預測結果、沒有統一的方程式、沒有全面的時間概念，事實上沒有任何確切的事物——只有形形色色的可能性。然而，第二階段是我們稱為觀測行為的互動過程，它將某些可能發生的事情，轉變為確實發生的事情。

想一下《哈利波特》（*Harry Potter*）書中，瑞斗（Tom Riddle）的空白日記本。宇宙也是如此。可能性的領域包含對無止境類別問題的答案，但它只有在被詢問時，才能告訴我們關於世界的一些事情。在量子宇宙——我們的宇宙——之中，有個具形體的物理現實，會因為不斷的提問和觀察，從可能性的廣闊視界浮現而出。

就未來而言，觀測行為是針對我們面前開展出來的可能路徑之樹進行修剪的過程。在這個過程中、在特定觀測者的經驗當中，只有一個分支存活下來。這就是我之前描述過，艾弗雷特對量子觀測情境的由內而外描述。但觀測行為也延伸到過去。當霍金式的神諭說「宇宙的歷史取決於你問什麼問題」時，我認為這就是它想表達的意思。史蒂芬想說的是，事實的全部集合描述了圍繞我們存在的宇宙，這個集合包含地球上的生物圈，和於低溫下觀測到的有效定理，實際上構成了我們向宇宙提出的一個偉大問題。這幅三角圖案呈現出這樣的一個想法：這個偉大問題透過回溯的方式，將那些具備我們所觀測到特性的少數宇宙的歷史分支付諸實現。也就是說，在量子宇宙學中，觀測行為不僅僅是事後的想法，或者是在巨大、事先存在的多重宇宙中發揮作用的人擇後選擇原理（anthropic post-selection principle），而是在更深層次運作的動力，是形成物理現實——以及物理理論，我們主張——的持續過程中所不可或缺的一部分。就某種意義上來說，量子宇宙和觀測者是同時出現的。史蒂芬早在二〇〇二年就預見到，由上而下哲學的深刻內涵——儘管我們經過許多年的思想實驗、死胡同，和偶爾出現的「我發現了」（eureka）時刻，才讓迷霧散去——就是宇宙學理論和觀測行為是緊密相連的。

正如我剛才稍微提到，這種糾纏替量子宇宙學增添一種微妙的時間倒推的成分。人們不會從底部往上——順著時間向前——追蹤宇宙，因為我們不再假設宇宙存在一個客觀、獨立於觀測者之外的歷史，且有一個明確的起點和演化過程。正好相反的是，三角圖案中所蘊含的反直覺概念是，從某個我尚未詳細描述的基本意義上，最深層次歷史的出現時序是顛倒的。就彷彿不斷流出的量子觀測行為，會回過頭去形塑大霹靂的結果，包含多少維度變大，到哪種力和粒子類型會出現。這導致過去會取決於現在，進一步降低了因果性，遠遠超出波耳的設想範圍。

當然，我們對生物演化到人類歷史等其他層次演化的思考，使我們對時間倒推的推論法很熟悉。我在第一章簡短描述過，歷史如何在所有層面上，受到無數分支事件的偶然結果所影響。這些凍結的意外替歷史研究增添追溯過去的要素，因為它們所共同包含的大量資訊，根本不存在於低層次的定律中。只能透過事後的實驗和觀測來蒐集這些資訊。

我在第一章回顧過，達爾文的演化論如何巧妙地將因果解釋和回溯式推論整合成一個連貫的方案。我大膽主張，我們同樣能在宇宙學中套用這套由上而下的方法，也就是圖43相連的三角圖案所概括描繪的方法，從而在宇宙學中找到「為什麼」和「怎麼做」之間的完美平衡點。一如我們所見，三角圖案中的預測方法相當通用且靈活，可以將與設計之謎相關的更深層問題納入其中。

也就是說，量子宇宙學的回溯特質，遠比生物演化的回溯特質要來得更深層。生物學家不會說，有多棵生命之樹會以幽靈般的疊加態共存，直到他們找出支持這棵或那棵生命之樹的化石證據為止。他們反而會明確地假設我們一直是某棵生命之樹的一部分，但直到我們從證據拼湊出答案前，才會知道是哪一棵。這般差異源自於在生物演化中可以很有把握地忽略底部的量子層。在達爾文演化的每個分支點上，不同的可能演化路徑會立即分開，因為生命發展所處的互動環境，會立刻清理掉所有的量子干涉。也就是說，環境不斷將生命之樹的疊加狀態，（一點一點地）轉變為明確獨立的演化之樹——而我們屬於其中一棵。確實，由量子事件所引發的基因突變，在一瞬間就會去相干。因此，早在生物學家決定挖掘化石，試圖重建化石所屬的生命之樹前，我們的生命之樹就已經從其他生命之樹中獨立演化出來。物理環境已完成更基礎的量子觀測。當然，這並不是說我們對生命之樹的認識無關緊要，因為與環境不同的是，生物學家可以解釋他們的發現，甚至可能利用這些知識來影響未來的分支。

相較之下，量子宇宙學所探究的是物理環境的真正起源。它一路深入到量子觀測的層次，此外，它還努力在大霹靂的遙遠領域中進行觀測，在這裡觀測行為參與了物理定律的形成方式。疊加所形成的幽靈世界的混合現象，在此時絕非毫無關聯，而且十分關鍵。它提升倒轉時間推論法的地位，從只是歷史研究的回溯成分，到成為創造歷史的回溯要素。

正是在這個更深層的量子層面上，將三角圖案的關鍵要素相互連結的各種環節變得極為重要，而整個構想也將我們引領到正統物理學之外。

• • •

在一九七〇年代後期，惠勒提出一個精彩的思想實驗，這實驗大大澄清了量子宇宙中反向因果關係這個奇特元素。惠勒的思想實驗證明了普通量子力學中的觀測行為，是如何巧妙地進到過去，甚至是遙遠的過去。

惠勒是費曼和艾弗雷特的導師，在二戰期間參與曼哈頓計畫前，他曾跟波耳合作研究核分裂。他在一九五〇年代的普林斯頓大學，振興廣義相對論的研究，接續了愛因斯坦的研究。在當時，廣義相對論只有一項精確的觀測試驗——水星近日點的進動——和兩項質化試驗——宇宙的擴張與光的偏轉，因此被視為是物理學的邊緣學科，通常會被視為數學的一個分支，而且還不是很有趣的分支。但正如惠勒所說，相對論太重要了，不該留給數學家研究，所以他著手振興這個領域。惠勒在普林斯頓開設第一門的相對論課程，其中包含物理學課程的最夢幻的特許年度校外教學行程：前往愛因斯坦位於默瑟街的家喝茶並討論。

跟史蒂芬一樣，惠勒的科學樂觀主義似乎是沒有極限的。他富有想像力的眼光和才能，使物理學界最大的難題能更加清晰地呈現在人們面前，並激勵著未來數十年的研究方向。他於二〇〇八年去世，享年九十七歲，當時《紐約時報》的訃告引用戴森（Freeman Dyson）的話：「詩人般的惠勒是位先知，像摩西一樣站在毘斯迦山山頂，眺望著他的子民將來會繼承的應許之地。」

在他關於觀測行為和因果關係

圖 44　一九六七年，約翰・惠勒在普林斯頓講授古典力學和量子力學的差異。

在量子理論中扮演哪種角色的思想實驗中，惠勒所考量的是粒子而非宇宙，因為粒子更容易處理。他的思想實驗在今日被稱為「延遲選擇實驗」（delayedchoice experiment）。這是通才楊格（Thomas Young）在十八世紀首度進行的雙狹縫實驗的變化版。在現代版的楊氏實驗中，光穿過在隔板上切出的兩道平行狹縫，然後撞到狹縫後方的感光板。這會在板上產生明暗條紋的干涉圖案，因為光波從任一狹縫抵達屏幕上特定點的移動距離通常會有所不同。當光源被大幅減弱，將波降低到剩下微弱的光子流再逐一發射時，光的量子性質就變得明顯。就像我在第三章所描述的電子實驗一樣，每個光子粒子會在板上呈現出一個小斑點。但如果在這般極低強度的狀態下進行實驗一段時間，光子衝擊的集合體會開始產生干涉圖案。量子力學預測到這種結果，因為它將每個單獨的光子描述為進行傳導的波函數，會在狹縫分裂、擴散，並在遠端與自身混合，因而創造出一個圖案，由光子落在板上每個地方的高低機率所形成。

然而，如果實驗者決定「作弊」，在狹縫附近添加一對探測器來追蹤光子是走哪一條路徑（或者兩條都走）時，那麼就不會出現干涉圖案。光子的斑點集合反而會在板上勾勒出兩道明亮的條紋，這是兩道各自不同、走上古典路徑的特徵——光子只會通過其中一條狹縫。這是因為，就像圖42所呈現的粒子環境一樣，在狹縫附近放置探測器就等同於進行一次觀測行為，導致從兩個狹縫出來的波段碎片分離。當探測器詢問光子是從哪個狹縫穿過時，實際上也是迫使光子的波函數顯露光的粒子特性。

惠勒這次設想出的楊氏實驗的巧妙變化版，並非把探測器放在狹縫附近，而是放在靠近感光板的地方（見圖45）。事實上，他想像用一個百葉窗來代替感光板，並將一對探測器放在它的背後，而每個探測器都指向一道狹縫。如果我們關上百葉窗，實驗的運作方式就跟之前一樣：波函數的碎片相互混合，產生干涉圖案。相較之下，如果我們打開百葉窗，光子就會穿過板子，而探測器可以用來驗證光子是從哪

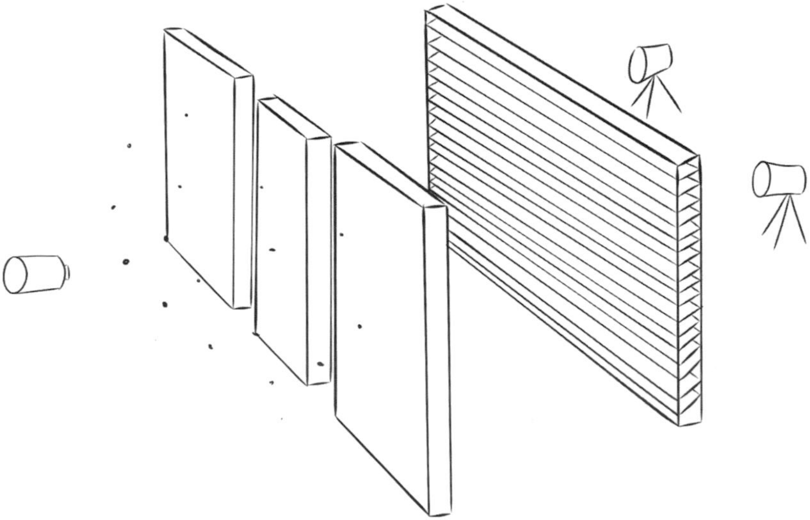

圖45　楊氏雙狹縫光粒子實驗的變化版，其中右邊的感光板被換成百葉窗，並在其後方放置了一對探測器，每個探測器都指向一道狹縫。操控探測器的實驗者，可以在個別光子抵達百葉窗的那一刻，延遲決定是否要關閉百葉窗以進行尋常的雙狹縫實驗，並形成干涉波紋，或者打開百葉窗以驗證光子是從哪個狹縫來的。人們可能會認為這種延遲選擇會讓光子感到困惑。其實不然：大自然很聰明，光子總是正確的，這顯示出在量子理論中，觀察行為很巧妙地進到了過去。

道狹縫跑出來的。藉由這種方式，實驗者可以單獨決定要以哪種模式對哪個光子進行實驗——也就是要問哪個問題——從而決定要顯露它的粒子性或波動性。

惠勒的重大洞見是，人們可以將百葉窗打開與否的選擇，**延遲**到光子抵達板子的那一刻。這是個耐人尋味的情況。在光子抵達隔板時，它怎麼知道要以波的形式行動並穿過兩條路徑，還是以粒子的形式行動並只走一條路徑，而這取決實驗者未來的選擇？顯然，光子不可能事先知道實驗者稍後會打開還是關閉百葉窗。另一方面，它們也不可能延遲決定自己是波還是粒子，因為如果光子要為百葉窗可能會關閉的可能性做好準備，它們波函數最好在隔板就分裂，這樣兩個碎片的組合才能產出我們所觀測到的干涉圖案。然而，這看似非常冒險，因為如果百葉窗最後還是打開了，因為實驗者恰好在最後一刻決定他想要知道光子的路徑，那麼波動干涉的光子似乎會陷入麻煩。

事實上，後來有人把惠勒的思想實驗付諸現實。一九八四年，馬里蘭大學的實驗量子物理學家，使用一種高科技的百葉窗，其形式是在感光版裝上超快速的電子開關，因而能在兩種操作模式之間切換。他們能夠確認惠勒概念的要素：撞到「百葉窗」的光子會產出干涉圖案；那些被放行的就不會。光子不知道為何總是對的，即使將選擇延遲到特定的光子穿過隔板之後，才決定要打開或關閉追蹤路徑的探測器。

為什麼會這樣呢？因為在量子力學中，未被觀察的過去只存在於可能性的範疇中——

一個波函數。就像是電子或放射性衰變粒子般，模糊的光子波函數只有當它們所引發的未來塵埃落定（也就是被觀察）時才會變成明確的現實。延遲選擇實驗，很生動且顯著地說明，觀察過程如何在量子力學中導入一種微妙形式的目的論、一個時間倒推的成分。我們今天所做的實驗和觀測——我們向自然界提出的問題——會回頭將可能發生的事情轉化為確切發生的事情，並在這個過程中參與到對過去的描述。

惠勒這名永遠的樂觀主義者，甚至還設想出大尺度版本的延遲選擇實驗（見圖46）。他想

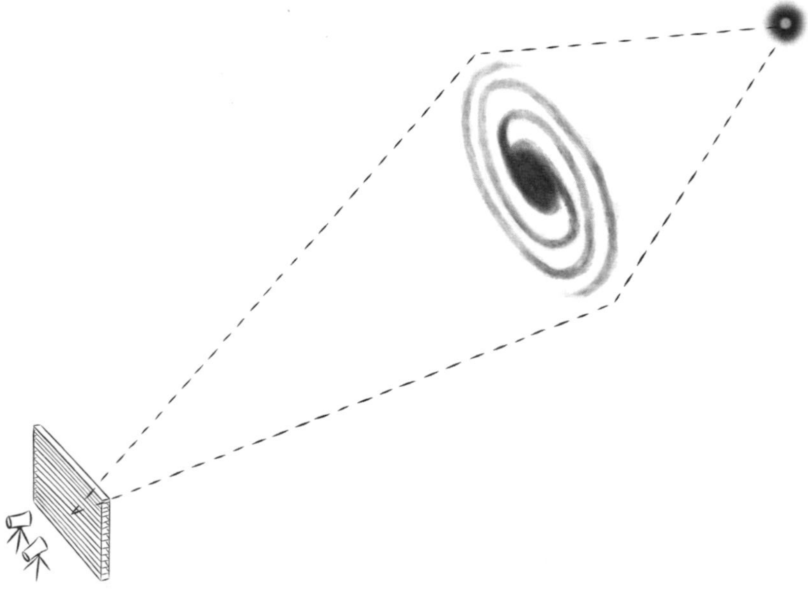

圖 46　雙狹縫實驗的延遲選擇變化版，放在宇宙尺度的版本。來自遙遠類星體的光線，因為星系的引力透鏡作用而彎曲。導致出現了多條光線抵達地球的路徑，再現了雙狹縫（甚至三狹縫）實驗的設置。

像來自遙遠類星體的光線，因為星系的質量干擾而轉彎，因而轉向照往地球。在天空中已經發現許多這般由引力造成的透鏡案例，而天文學家經常利用它們來理解宇宙中暗物質與暗能量的數量。這種偏轉代表來自類星體的光子，抵達地球的路徑不止一條，它們會以不同方式繞過干擾的星系，模仿了雙狹縫或多狹縫實驗中的情況。惠勒沉思道，如果天文學家能在這種宇宙設定下，進行延遲選擇實驗，它們就能塑造數十億年前的過去，甚至回溯到太陽系形成之前的時代。「我們無可避免地參與了使似乎會發生的事情，真實發生的行為，」惠勒寫道：[16]

我們不僅僅是觀眾。
我們是參與者。
從某種奇特的意義來看，這是個參與的宇宙。

他接著產出一張非凡的圖畫（圖47），描繪宇宙的演化是個U形物體，一邊有一隻眼睛，凝視著另一邊的自己的過去，用來說明在量子宇宙中，今天的觀測如何賦予「當時」宇宙的實在現實。[17]

在他那個時代，惠勒所提出的參與宇宙這項遠見似乎太過牽強，但在四十年後，這個觀點會成為我們由「上而下宇宙學」的核心。霍金很嚴肅（非常嚴肅）看待惠勒所提出的觀測者參與理論，將其應用到追溯量子粒子的確切路徑，以及整體宇宙的確切路徑。

圖43中的三角圖案，將觀測行為與動態及條件融合成一個宇宙學的新概念框架。這樣的綜合體不只是個小註腳，或者對某條方程式的小修正，而是對物理學本身的基本歸納。藉由統一了動態和邊界條件，三角圖案擺脫從現代物理學誕生以來，一直居於主導地位的二元論。而藉由納入觀測行為，它放棄了對「來自虛空的視野」的追求。

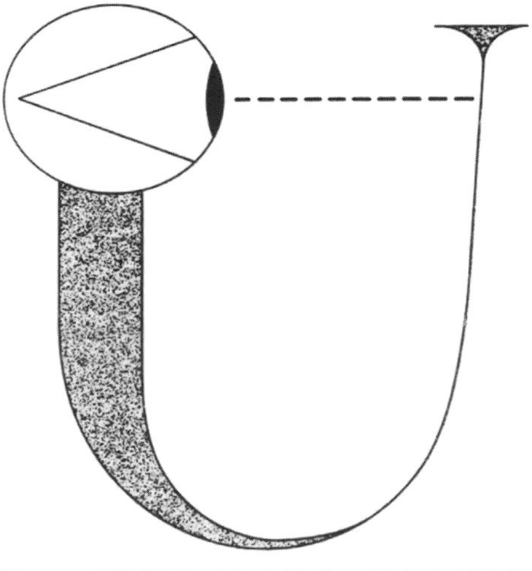

圖 47　惠勒將量子宇宙想成一種自我刺激的迴路。從右上角的小點開始，宇宙隨著時間增長，最終孕育出觀測者，而他們的觀測行為為過去、甚至是沒有觀測者存在的遙遠過去，賦予實在現實。

然而，量子宇宙學由上而下的特性，**並不代表**我們可以將訊號傳送回過去。觀測行為會使過去的存在更加穩固，但不會把訊息傳回過去。在惠勒「延遲選擇實驗」的宇宙尺度版本中，我們在二十一世紀開啟或關閉望遠鏡，不會影響到數十億年前光子的動態。量子宇宙學不會否認已經發生的過去；它們是昇華「發生」的涵義，尤其是什麼能夠（與什麼不能夠）說明過去。惠勒喜歡用「二十個問題」遊戲的變化版，來描繪他的觀點。在這遊戲中，一群同行在晚餐後坐在客廳裡。其中一人被請出去。當他不在的時候，其他人決定玩這個遊戲，但稍有變化：他們假裝有共同選出明確的詞彙，但其實並沒有。當提問者回來，並提出他的「是、非」問題時，每位人的回覆都隨心所欲，唯一的條件是他的回覆必須與之前所有的回覆相符。因此在遊戲的每個階段，房間裡的每個人心中都想著一個詞，且與之前給出的回答是一致的。隨著問題越問越多，選項自然會迅速縮小，直到提問者和回答者都被引導到同一個詞彙。然而最終的詞彙是什麼，得取決於提問者提出的問題，甚至取決於問題的順序。對於這個遊戲的變化版，惠勒說：「詞彙原先不存在，得透過問題及回覆的選擇，才使這詞彙成為現實。」[18]

同樣地，量子宇宙不斷將自己從可能性的濃霧之中，一片片地拼湊起來，有點像是在潮濕陰暗的朝霧中逐漸出現的森林。量子宇宙的歷史，不同於我們通常所想的歷史——事情會照順序一一發生。其歷史反而是一種包含我們在內的美妙綜合體，現在所開始的回溯行為會形塑當時的事情。這種由上而下的性質使觀測者（在量子意義上）在宇宙事務中，扮演著微妙的創造性角色。其為宇宙學加入了微妙的主觀性。我們——在我們的觀測行為中——實際上參與了宇宙歷史的創造。

「沒有問題，就沒有答案！」惠勒這樣形容量子粒子。「沒有問題，就沒有歷史！」

霍金這樣形容量子宇宙。

由上而下宇宙學發展的第二階段（史蒂芬偏好這種說法）[19]從二〇〇六年持續到二〇一二年。在這一期間，他逐漸培養出一種深刻的直覺，也就是隨著觀測者作為參與者被整合進預測框架，我們終於走上發展出一套能夠闡明設計之謎宇宙學理論的道路。只要我們能夠理解三角圖案到底想要告訴我們什麼。

切記，對宇宙利於生命本質的理解，所採取的由下而上策略如下：從時間起源的空間塊開始；使用永恆的客觀物理定律（或終極定律）；觀察宇宙（多重宇宙）的演化；並希望它最終成為類似我們生活的宇宙。這是物理學常用的正統推論方式，從實驗室的實驗到古典宇宙學都會使用。像這樣的推論法，基於某種法條般的絕對結構，試圖從根本找出宇宙「利於生命」特性的因果解釋。第一種由下而上解開設計之謎的嘗試，是在存在的核心中尋找深度的數學真理。第二種解決方案是同樣仰賴永恆終極定理的多重宇宙宇宙學，但增添了透過人擇原理選出宜居島宇宙的過程。

但是由上而下宇宙學，把設計之謎完全顛倒過來。首先，它用非常不同的順序進行要素的混合。我們從三角圖案萃取出的步驟更像是這樣：觀察周圍；在你的資料中儘可能辨識出類似定理的模式；使用這些模式建構出最後和你所觀測的宇宙相似的多重宇宙歷史；

將這些歷史加起來以創造你的過去。因此，由上而下宇宙學並非以絕對的背景為基礎，而是優先考量萬物的歷史本質。對於「宇宙適合生命發展」的現象，這套理論最終會追溯到一項事實：在量子層面的最深處，實相的宇宙和觀測行為是緊密相連的。在由上而下宇宙學中，人擇原理變得過時，因為這套框架本身避開了由上而下思維特有的裂縫，而這道裂縫把我們的宇宙理論和我們在宇宙中的蟲眼視角分開。這就是由上而下宇宙學的效用所在，史蒂芬認為這也是它能帶來革命的潛力來源。

就這樣，有了這個三角圖案，我們就藉此展開行動。**今天我們該如何運用由上而下宇宙學呢**？史蒂芬經常在早上半開玩笑這麼問我。

現在，為了抵達宇宙早期量子階段的核心，我們必須努力穿過許多層隔在我們與起源之間的複雜性。這一點可以經由追溯宇宙的演化來達成。首先，我們會失去人類和多細胞生命的各層面，以及它們所遵循的幾條定律般的規則。然後我們會失去遠古生命，最終還失去了更低層次的地質、天文物理甚至化學層面。終於，我們抵達了熱大霹靂的時代，物理定律的演化特性在這裡變得顯著。這就是史蒂芬想要一探究竟的領域。

讓我們把進行觀測的位置放在離暴脹結束不久之處，他說，**大約是擴張開始的最初幾分之一秒。讓我們從那裡進行回顧**。

有了由上而下宇宙學的三角圖案，就像是準備好一台足以仔細分析這種最低層面的理論顯微鏡，史蒂芬正在為有史以來最具野心的思想實驗做準備。擁有眾多可能路徑的量子宇宙學，在某個意義上開封了古典的大霹靂奇異點。從裡面迸出的是令人屏息的更深層次演化，帶領我們**進到**大霹靂中。在這個層次中，我們可以看到某種形式的「演化的演化」，我們熟悉的定律自身會在這個階段演化。就像我在第五章所描述的那樣，達爾文主義式的變異和選擇的分支過程，只有事後來看才能理解。這種真正古老的演化層次，必須由上而下進行設想——逆著時間去看。

以空間中大規模維度的數目為例。根據弦論，可能性領域中所包含的各種歷史，涵蓋各種大規模維度的可能數量，從0到10。迄今為止，科學家從未找到，為什麼恰好只有三個維度會變大，而其他維度不會的原因。因此，由下而上的哲學無法解釋為什麼我們的宇宙應該有三個大規模維度。然而由上而下的方式告訴我們，這個問法並不完全正確。由上而下的宇宙學透過回溯推論，在宇宙膨脹的最早階段，由最原始環境進行的觀測行為，就看到三個維度掙脫並開始暴脹，從而在所有可能的歷史中，創造出少數最終只有三個大規模維度的歷史。關於維度數量的機率分布並不重要，因為「我們」已經測量到我們生活在一個有著三個大規模空間維度的宇宙裡。這就好像把我們生命之樹的機率，和不包含智人分支的那棵截然不同生命之樹的機率相比。這既不相關也無法計算。只要擴張歷史的可能性領域裡，涵蓋某些只有三維擴張的宇宙，那麼與其他有著不同大規模維度數量的歷史相比，這些歷史有多麼稀有根本無關緊要。此外，這跟三維宇宙是否是唯一適合生命的維度數量無關。使人擇原理顯得過時的由上而下宇宙學，會將利於生命的特質與其他特質同等看待。[20]

對於粒子物理的標準模型也是如此。根據大一統理論跟弦論，標準模型和其大約二十個看似微調過的參數，絕對不是熱大霹靂中一系列對稱性破壞的唯一結果。事實上，越來越多的證據顯示出，在弦論中結束在標準模型的路徑極為罕見，就像在所有生命之樹的可能性中，地球上的生命之樹應該也是非常罕見的。因此，由下而上的因果關係方法，再次無法解釋宇宙為什麼最終會形成標準模型。而由上而下的典範，則以非常不同的方式處理這個問題。它的設想是，在早期宇宙中「進行」的觀測——其產生的結果被編碼在構成有效定理的凍結的意外裡——從廣大範圍的宇宙可能歷史中，創造出那些與標準模型一致的歷史。

但或許由上而下宇宙創生觀點最驚人的暗示，與太古宇宙瞬間暴脹的強度有關。請記住，無邊界假說作為由下而上的理論，它預測暴脹的絕對最小值，只勉強能讓一個宇宙存在。目前無邊界波函數的最重要分支，就是從一絲暴脹中出現的那些近乎空蕩的宇宙（見圖31）。也就是說，如果忽略我們是由原子組成的有情眾生，開始在時空中遊走並暫時使用上帝的視角，從而以**彷彿**我們並非無邊界波一部分的方式，看待其形狀的話，那麼我們會發現我們不應該存在。二十多年來，這個狀態是史蒂芬在宇宙學領域中最大的困擾。對史蒂芬而言，無邊界假說聽起來（非常）像是真的，然而似乎又是錯的。

此時，由上而下宇宙學出現了。採取蟲眼視角的由上而下宇宙學，用內外顛倒且時間反序的方式進行推論。結果是？無邊界波的形狀出現戲劇般的變化。由上而下的方法，把對應於空虛宇宙的波碎片擺到波的最尾端，並放大那些天生帶著強烈暴脹的宇

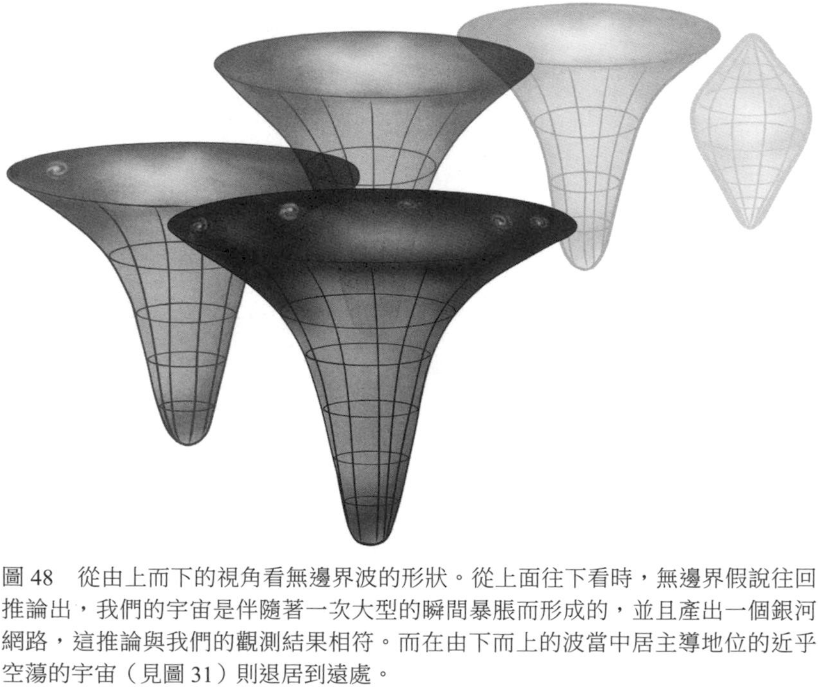

圖 48　從由上而下的視角看無邊界波的形狀。從上面往下看時，無邊界假說往回推論出，我們的宇宙是伴隨著一次大型的瞬間暴脹而形成的，並且產出一個銀河網路，這推論與我們的觀測結果相符。而在由下而上的波當中居主導地位的近乎空蕩的宇宙（見圖 31）則退居到遠處。

宙。我在圖48中描繪了這點。與圖31中，由下而上觀點的無邊界波相比，可以看得出由上而下宇宙學，實際上完全重新排列了組成波函數的分支。除此之外，由於不同波段的高度，標示出它們的相對可能性，這代表由上而下宇宙學，可以回推預測出宇宙是以一次大型的瞬間暴脹開始，而這與我們的觀測結果相符。[21] 顯然史蒂芬很滿意這個結果。**終於啊**，他對我說，接著彷彿我還沒意識到這點般，補充說：**我一直對無邊界提案很有好感**。

・・・

無邊界假說命運的這個驚人轉變生動地描繪出，在根本上，過去是取決於現在。如果我們從由上而下的角度來看宇宙，那麼起源論在這之中的角色究竟是什麼？或許可以說，無邊界假說對宇宙學而言，就像是「最後共同祖先」（LUCA）對生物演化的角色一樣。顯然LUCA的生化組成成分，不會決定從它發展出來的生命之樹。但另一方面，沒有LUCA就不會有生命之樹。同樣的，無邊界起源對宇宙的存在至關重要，但它並不預測從如此簡單的起點，會出現哪種特定物理定理之樹。[22] 對宇宙和其定律系譜的詳細理解，反而只能從（由上而下）的觀測中得到。

換句話說，起源的模型在更基礎的層次上，會是可預測性的關鍵來源。從由下往下的角度來看，圖48中所示的碗狀開端，其作用是無數可能路徑的關鍵錨點，而這些路徑會轉向成為我們的過去。沒有起源理論的量子宇宙學，就像是沒有加速粒子的CERN、沒有元素表的化學、或是沒有樹幹的生命之樹。如此一來就不存在任何預測。任何演化出分支相互連結的樹狀結構，追根究底都是奠基於共同起源的概念。建立這個起源的模型，是對樹狀結構進行科學描述的關鍵部分。這既適用於生命樹，也適用於定律樹。我敢於主張，少了真實起源的概念，宇宙學就不會有真正的達爾文革命。甚至像是，在多重宇宙宇宙學中缺乏合適的初始條件理論，可能正是該理論未能預測任何事物的根本因素。

儘管如此，你可能會好奇，從基於集體宇宙學觀測結果所形塑出的過去中，我們想要獲得什麼，因為這行為顯然會導引到我們觀測到的事物。如果由上而下宇宙學，不去尋求對宇宙及其有效定律為何如此的因果解釋、如果它並不**預測**宇宙必然會如此發展，那麼它到底可以用在哪裡？

就像達爾文的理論一樣，這個理論的用途在於它解開了宇宙內相互連接的狀態。這理論使人能夠找出宇宙中乍看獨立的特性之間的新關聯。想想看宇宙微波背景輻射的溫度差異。這些數據的統計特徵，和強烈瞬間暴脹在宇宙中產生波動的統計特徵幾乎完美吻合。若用由上而下的角度推論，這些是目前最有可能成真的宇宙。因此由上而下的理論預測，在宇宙微波背景輻射觀測到的變異，和我們的資料中選擇在最初擁有大型瞬間暴脹的其他部分有很大的相關性。利用這種相關性，以及透過對當前和未來數據間關聯性的預測，由上而下的宇宙學有很大的潛力能揭露宇宙中所潛藏的一致性。這就是為什麼這個理論比多重宇宙理論有效，因為多重宇宙理論的自相矛盾會喪失可預測性。[23]同樣能夠描繪物理現實的自上而下宇宙，也跟多重宇宙有著本質上的不同。在多重宇宙宇宙學中，巨大的暴脹空間、和其中泡泡般的無數島宇宙，就只是位於其中（見彩頁，圖7）。不管哪些島宇宙有生命，或者哪些有被觀測到，宇宙的拼布都會存在。觀測者和他們的觀測行為，以後選擇效應的身分，蠕動地進到理論中，不會以任何方式影響到宇宙的大尺度結構。

相反地，在史蒂芬的量子宇宙裡，觀測行為是行動的核心。由上而下的三角圖案，恢復了觀測者與被觀測者之間的微妙聯繫。在由上而下的宇宙中裡，任何形式的實相過去也總是觀測者的過去。就好像量子宇宙學將觀測行為設想為，在所有可能存在的深不可測領域中的控制中心。我嘗試在圖49中，用另一種樹狀的分支結構來呈現這種「世界觀」。我們進行著行動和觀測（以量子意義上），並從這個過程培育出創造出過去可能性的根，以及勾勒出可能未來的精選少數分支。在圖49中，所有根都與我們的觀測處境相關聯的事實——其中包含我們對有效定律的認識——代表這個樹狀結構的複雜性與多重宇宙相比，可說唯不足道。絕大多數的島宇宙，與我們所觀測到的宇宙毫無相似之處。

因此，與這些島宇宙相對應的根，並沒有出現在量子樹裡。那些島宇宙的歷史消失了——消失在不確定的汪洋中。

然而我必須強調（如果有需要的話），由上而下宇宙學仍是一個假說。我們現在的處境和十九世紀的達爾文差不多，因為資料太稀少，無法精細重建出，定律樹在熱大霹靂時期的出現方式。那個遙遠時代所遺留下的證據仍很零散。以暗物質，或者暗能量為例，它們佔了宇宙含量的95%。但是怎樣一連串的對稱性

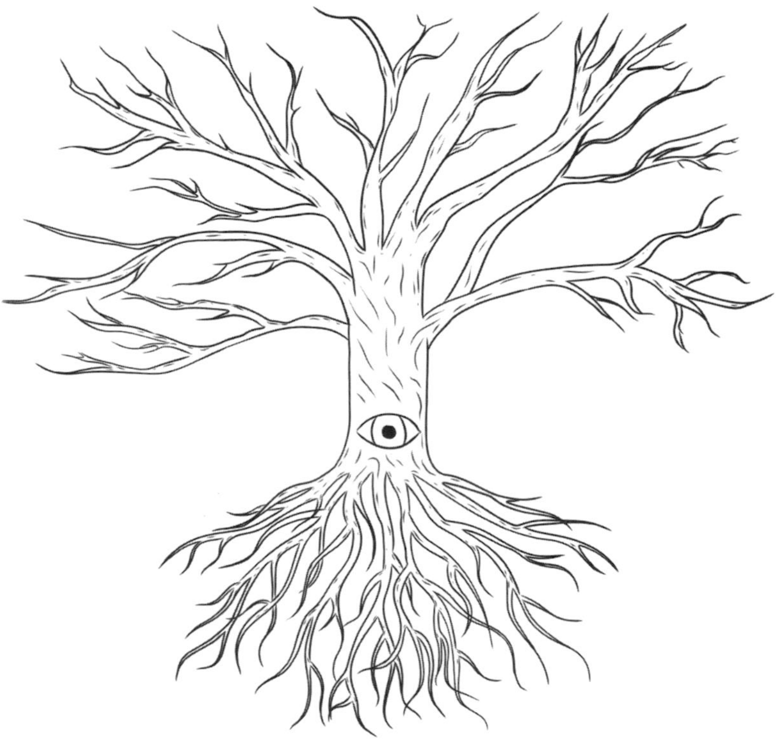

圖 49　量子宇宙今日的觀測結果，從「可能是什麼」的廣闊領域中，孕育出可能過去的根，並勾勒出可能未來的分支。

破壞變化，產出宰制暗扇區的力和粒子？只有時間能告訴我們。

鑑於證據有限，我的宇宙學同行中，仍有堅定的前達爾文主義者，他們堅持由下而上的世界觀。他們堅持認為宇宙學的任務是找出宇宙審慎設計的真正因果解釋。在他們的哲學裡，偶然和歷史意外——更別說觀測行為——都必須退居二線。他們假設，宇宙無論如何都是基於穩固的永恆定理，形成現今的宇宙。由上而下的哲學挑戰這個假設的本體論本質，平等對待偶然與必然——留下來的事件和定理般的模式。真要說的話，我們預測未來的觀測結果，將顯露出更多曲折離奇的偶然。

然而，當我回顧由上而下宇宙學的漫漫長路時，我清楚意識到，我們的理論並非完全出於哲學考量（有史蒂芬在團隊中，我們怎麼可能這麼做）。我們反而在尋找更好的科學理解，其動力是希望能解決多重宇宙的悖論和破解設計之謎。事實上，當吉姆和史蒂芬在一九八三年提出無邊界假說後，他們就分道揚鑣。史蒂芬認為我們對量子力學的理解已經足夠，他看不出再深入探索其根基的必要。「當我聽到『薛丁格的貓』這個說法，我就想拿槍。」他曾說過，然後繼續嘗試檢驗他的無邊界提案。但吉姆不那麼確定我們是否夠瞭解量子力學，所以他轉而遠離量子宇宙學。吉姆與已故的博學多聞物理學家、在一九六四年假設夸克存在的蓋爾曼（Murray Gell-Mann）合作，並繼續著手發展艾弗雷特對粒子和物質場的量子想法。他們的基礎研究，加上許多物理學家的研究成果，[24]最終促成全新的量子理論構想的出現，稱作**去相干歷史量子力學**（decoherent histories quantum mechanics）。這個構想很大程度闡明了艾弗雷特方案中分支過程的物理本質，且很關鍵地，將觀測行為牢牢嵌入其概念框架中。[25]所以，當我在二〇〇六年意識到如果量子宇宙學要發揮其潛力，就需要把吉姆和史蒂芬的洞見合併時，我帶他們兩人重聚，而這個靈光之舉也預示我們由上而下方法第二階段發展的到來。

然而說實話，我相信由上而下的三角圖案，大約是勒梅特和狄拉克在他們發展量子宇宙學的詩意先鋒時期，就曾設想過的最終發展結果。一九五八年，在主題是「宇宙的結構和演化」的第十一屆索爾維會議中，勒梅特發表了太古原子假說的現況報告。[26]在指出「原子的分裂可以以許多不同的方式發生」（艾弗雷特的分支概念！）以及「知道它們的相對機率沒什麼意義」（典型不存在！）之後，他繼續說：「在分裂發展的程度足以達到實際的宏觀決定論之前，演繹宇宙學都無法開始發展」——換句話說，為了使由下而上的方法變得可行，我們的擴張分支必須去相干。勒梅特用以下隱晦的評論結束他的報告：「關於（原子剛分裂後）這一刻物質狀態的任何資訊，必須從這種條件中推斷出來：實際的宇宙已經能夠從中演化出來」——這可說是由上而下觀點在早年的初露面。

儘管如此，除了這些隱晦的評論之外，由上而下宇宙學在惠勒的預言性思想實驗和他的參與式宇宙遠見中，找到了最具體基礎。

在最近一次對惠勒的致敬中[27]，基普・索恩回想到在一九七一年，他與惠勒和費曼在加州理工學院附近的大陸漢堡吃晚餐的記憶，這也是史蒂芬在加州理工學院任職時，經常光顧的地方。

在享用亞美尼亞食物時，惠勒向我們描述他覺得物理定律可以變化的想法：「那些定律一定是後天形成的……而是什麼原則決定了哪些定律出現在我們的宇宙中？」他問。費曼（惠勒在一九四〇年代的學生）轉向索恩（惠勒在一九六〇年代的學生）說道：「這傢伙聽起來瘋了。你們這代學生所不知道的是，他一直都聽起來很瘋。但我在當他的學生時我發現到，如果你把他瘋狂想法的外層，像洋蔥般一層層剝開，你往往會在想法的中心，找到一個強大的真理核心。」

當史蒂芬和我開始研究我們由上而下的宇宙學方法時，我並不知道惠勒的這些想法，儘管我懷疑史蒂芬至少依稀知道。從後見之明來看，我們理解到我們正在剝開惠勒瘋狂想法的幾層外層，把他的偉大直覺轉換成一個合理的科學假設。

• • •

我們開車前往岡維爾凱斯學院，史蒂芬所屬的學院，和他在劍橋的另一個基地。那天是星期四，代表在學院晚餐後，院士們會在掛滿畫的公共休息室中，吃著起司、喝著波特酒進行古雅的儀式。隨著波特酒以順時鐘方向在長木桌上傳遞，火苗劈啪作響，我們聊起了絲路。史蒂芬回憶起，他在一九六二年夏天去伊朗旅行，造訪了古代波斯王國的首都伊斯法罕和波斯波利斯，並穿越沙漠到東部的馬什哈德。他說：**我在回家的路途上，從德黑蘭搭巴士前往大不里士時，遇到布因扎赫拉大地震**（這場芮氏7.1級的強烈地震，造成超過一萬兩千人死亡）。**但我還是想再去一次**，他補充，**科學合作不應有邊界**。

當其他的學院院士回到他們的房間，史蒂芬的護士也催促我們該離開了，他卻選擇留下來徹夜深談。對此我並不意外。他再次將注意力集中在他的「等化器」軟體程式上，開始講話。我繞過桌子，坐在他旁邊的位置。

我在《簡史》寫過……

我幫他把話說完：**我們只不過是在一個普通的星系中，一顆繞著普通恆星公轉的中型星球上的化學殘渣。**

他挑起眉毛表示贊同。

螢幕上出現的是過去抱持由下而上視角的霍金。從上帝的視角來看，我們只是顆微不足道的塵埃。

史蒂芬把目光轉向我，我想，他在反思從《時間簡史》以來他的思想又走了多遠。我認為，你所見到的是他在向他投入大量心血的世界觀告別。

改變世界觀的時候到了嗎？我大膽問道。學院教堂的鐘聲響徹庭院。史蒂芬再度有所猶豫。我決定不嘗試預測他會說什麼（如果他真的說了什麼的話）。

他的螢幕最終亮了起來，他重新開始敲擊，只是速度很慢。他說：**用由上而下（的方法），我們重新將人類放回（宇宙學理論的）中心。有趣的是，這方法也把控制權交給我們**。

我們在量子宇宙中把燈打開，我補充道。史蒂芬微笑著，顯然很滿意能在視界中察覺一個全新的宇宙學典範。

多麼奇妙的轉折，我沉思著。在時間起源的物理條件中，我們開始尋找宇宙為何如此適合生命的更深層解釋。但我們發展出的量子宇宙學指出，我們一直朝著錯誤的方向尋找。由上而下宇宙學認清了，物理學的定律樹就像生物學的生命之樹一樣，是一種達爾文主義演化的結果，只能藉由時間倒推來理解。晚年的霍金提出，在最基礎的層面，重要的不是「世界為什麼是如今面貌」——因為其基本性質是由先驗因素所決定，而是「我們如何走到今天這一步」。從這個觀點來看，宇宙恰好適合生命發展的觀測結果，是萬事萬物的起點。由上而下的三角圖案，不僅將引力和量子力學（大規模跟小規模的力學）連結起來，還將演化動態和邊界條件，以及人類對宇宙的蟲眼視角連結起來，因而提供一個非凡的綜合體，讓宇宙學終於擺脫阿基米德點。

我們真的應該走了，史蒂芬的護士堅決說道。當我們穿過庭院走向三一街的學院門口，史蒂芬想到他幫我們買了隔天晚上在皇家歌劇院上演華格納《諸神的黃昏》（*Götterdämmerung*）的票，

圖 50　於劍橋數學科學新校區裡頭的史蒂芬辦公室中，在他們的研究旅程中途的霍金和作者。我們背後的書架上放著史蒂芬門生的博士論文。在論文下面、微波爐隔壁，是由天空各個方位來到我們面前的點狀微波背景輻射，所組成的一個圍繞著我們的球體——我們的宇宙視界。

問我是否會開車一起去倫敦——**為我與上帝的戰爭告終**。

他再也沒回到他舊有的由下而上宇宙學哲學。當我從阿富汗回來，走進他辦公室的那天，他心中的某個東西完全崩解。多年後，在重述愛因斯坦對宇宙常數的看法時，他對我說：從由下而上的因果觀點來看他的無邊界創世說，是他的「最大錯誤」。事後看來，我們都會看到，愛因斯坦和史蒂芬都對自己的理論感到意外。一九一七年，愛因斯坦對古老的靜止宇宙概念的執著，使他未能理解其古典相對論對宇宙學帶來的深遠含義。同樣地，史蒂芬對時間起源根深蒂固的因果思考，使他看不見其半古典無邊界假說所揭開的新視野。

由上而下宇宙學的發展過程，也是我們合作經驗中成果最豐厚且關係最緊密的階段。在研究中或在酒吧裡、在機場或深夜的營火邊，由上而下哲學成為提供快樂和靈感的無窮來源。在《時間簡史》中，早期（由下而上）的霍金寫下一段著名的話：「即使我們找到萬有理論，它也只是規則和方程式的集合。但是什麼使這些方程式存在？晚期（由上而下）霍金的答案是：觀測行為。**我們創造了宇宙，一如宇宙創造了我們**。

第七章　沒有時間的時間

現在的與過去的時間
或許都存在於未來的時間裡。
而未來的時間包含在過去的時間裡。
如果所有的時間都永恆存在
那所有的時間也都無法挽回。

——T・S・艾略特（T. S. Eliot）
〈焚毀的諾頓〉（"Burnt Norton"）

在宇宙學中發起達爾文革命，是很典型霍金會做的事。這是個絕佳範例，顯示出他多數後期研究的特色：大膽、冒險、憑藉直覺著手物理研究。

我們是從二〇〇二年就開始發表有關由上而下宇宙學的著作，從事後看來，雖然我們當時走在正確的道路上，但實際上卻像是在流沙上行走。即便在發展後期，我們對於位在由上而下哲學核心的時空疊加態的掌握仍很少。它們的結合是否形成了巨大延伸版的艾弗雷特宇宙波函數？這種量子版本的多重宇宙，其觸角伸展到弦論景觀的各個角落。若是這樣的話，那麼這條宇宙的偉大波函數，是否就不是我們一直找尋的那條支持所有物理理論的終極定理，並再次將觀測行為降級為只是一種後選擇效應？

我們早期由上而下想法曾被哈妥稱為「想法的想法」——這個見解可能很深刻且重要，但需要在適當的物理理論中找到歸宿，才有辦法開花結果。於是我們開始尋找更穩固的基礎。

靈感來自一個意想不到的角落。約莫在那時候開始，物理學的第二次革命興起。這回革命是在弦論學家辦公室的桌子和黑板上醞釀出來的，他們從對於假想宇宙的實驗中，發現到這些宇宙具有奇異的**全像**（holographic）性質。

一九九八年一月，是我首次聽聞在理論物理界掀起一波風潮的全像革命。作為研究所的新生，我正在劍橋的應用數學與理論物理系修讀高等數學的課程——在劍橋的術語中被稱為「第三部分」（Part III）——當時四旬節學期（Lent term）剛開始，系上特別為我們安排一系列的研究研討會——我們被告知，鑑於最新的發展，這將「改變一切」。

這聽起來很讓人興奮，所以我決定溜進研討室聽第一場講座。那時還是在應用數學與理論物理系位於銀街的舊大樓，一間燈光昏暗、一如預期的起霧窗戶、以及大黑板佔滿前方牆面的教室。房間裡擠滿近百名的理論物理學家，氣氛喧鬧而隨興。有些人身陷激烈的討論中，其他人則瘋狂抄寫方程式，還有一些人似乎只是在喝著茶放鬆。

我正想找個地方好好欣賞這一切時，我的目光被當天的講者給吸引了。我之前見過他——在劍橋很常看到坐著輪椅的史蒂芬。但光是在他的科學總部看到他的身影，就會發現到他人格特質的全新面向。儘管史蒂芬近乎無法動彈，他卻充滿了生命力。顯然他深受同儕愛戴，而在他的引力團隊的中央，他正以各種我無法解讀的微妙方式與周圍的人互動。整個場面洋溢著親密感和純粹的歡樂。我感覺彷彿闖入了一個大家庭的聚會。而今日聚會的菜色是：我們所知的時空終結。

史蒂芬正在操控他的輪椅，他的左手包住輪椅扶手上的一個轉向器，顯然是想要讓自己只要眼睛稍微往右上看，就能看到觀眾，同時只要眼睛稍微往左上看，就能看到投影幕。當史蒂芬終於對自己的安排感到滿意時，吉伯森站起來告訴觀眾，史蒂芬將是特別系列講座的首位講者，一瞬間教室鴉雀無聲。右手拿著敲擊器的史蒂芬，開始進行一系列操作，讓他事先準備好的文字，能夠出現在固定於輪椅上的螢幕。接著他停了一下，抬頭看向我們，然後看回螢幕，再敲擊了一下。

我一直對「反德西特空間」（*anti–de Sitter space*）有種特殊情感，覺得它受到不公平的忽視。所以我很高興看到它重新造成轟動並蔚為流行。

史蒂芬的演講方式，是將事先寫好的句子逐句傳到輪椅上的電腦語音。前排坐著一名助手，腿上放著一份印出的講稿。他操作著投影機，並展示幾張幻燈片，是史蒂芬在講座中提到的反德西特空間和其他空間形狀的簡單圖示。史蒂芬有時會稍微停下來跟觀眾進行眼神交流，衡量我們對他自豪的笑話的反應，或者讓有爭議的發言被充分理解。

我先是著迷於史蒂芬的表現，同時也著迷於那個讓物理界為之興奮的奇特反德西特空間。我當時並不知道在短短一年後，史蒂芬將指導我和他的學生里爾（Harvey Reall），將我們看到的空間，思考為懸浮在五維反德西特空間裡的四維膜狀全像圖。我們共同撰寫了〈美麗新膜界〉（"Brane New World"）。[1]這篇短文的普及版最終收錄在我們當時正在編輯的《胡桃裡的宇宙》（*The Universe in a Nutshell*）。史蒂芬將自己的專業研究幾乎同時融入書中的方式令人印象深刻，這在精密科學界中幾乎聞所未聞。[2]

實際上，宇宙可能相似於全像圖的這想法存在已久。你或許記得柏拉圖的洞穴寓言：柏拉圖將我們對世界的感知比喻為被囚禁在洞穴中的囚犯，看著影子在牆上漫遊。柏拉圖想像我們的外在世界只是一道微弱光芒，源頭是外頭的一個與我們無關、更為優越的完美數學形式。現在在物理學界發生的全像革命，正在顛覆柏拉圖的想像。最新版本的全像原理設想我們在四維中所體驗的一切，實際上顯示出位於時空薄片上的隱藏現實。全像思維提出另一種對現實的描述、一種截然不同的看待世界方式，引力和扭曲的時空在之中以某種方式被投影出來。此外，這套思維還認為，這個由量子粒子和場形成的三維影子世界，可能正在講述一套完整的故事。二十一世紀的全像物理學用最具企圖心的形式聲稱，如果我們能解開隱藏的全像圖，我們將理解物理現實最深層的本質。

全像原理是二十世紀末物理學領域最重要、影響最深遠的發現之一。這項發現也立即影響到史蒂芬的思考，使他更深入研究弦論。儘管物理學家對全像圖的位置或其組成成分仍充滿分歧，但全像原理所展露的新視野，已經為理論物理學的領域帶來翻天覆地的變化。數十年來，理論物理學家一直努力想完成由弦論所啟動的廣義相對論和量子理論的統一。全像原理的發現就做到了這點。這套理論指出，引力和量子理論不必然是水和火的關係，而可以像陰與陽的關係一樣，是對同一個物理現實的兩種截然不同但又互補的描述。

儘管全像原理的發明並未考慮到現實宇宙，但宇宙學很可能會是全像原理最終造成最深遠影響的領域。全像原理為我和史蒂芬提供我們一直在尋找的途徑，使由上而下宇宙學擁有更穩固的基礎。正如我將在本章中所描述的那般，它很有效率地發展完整的由上而下方法，以解開大霹靂的必然性。

全像宇宙學的發展是我們旅程的第三階段。二〇一一年的秋天，某次史蒂芬造訪比利時的期間，我們展開了第三階段的旅程，並在他去世前不久終於發表了一篇論文。[3] 最重要的是，這不僅是一趟深入理論物理發展尖端的旅程，還把從量子資訊到黑洞和宇宙學，這些分布廣泛的領域互相連接形成一種誘人的綜合體，暗示著可以有「沒有時間的時間」存在。

全像原理的雛形最早可以追溯到一九七〇年代初黑洞研究的黃金年代，當時數學家和理論物理學家終於理解這些密度極高物體的基本特性。

這個黃金年代的巔峰落在霍金的驚人發現：黑洞並非完全漆黑一片，而是會發出微弱的輻射。就像許多人知道的那樣，史蒂芬一開始以為他的計算出錯。黑洞應該吞噬所有的物質和輻射，而不是將其噴射出去——畢竟，這被認為正是黑洞的本質。他之所以相信自己的計算是正確、輻射是真實的原因，是因為它具備所謂黑體輻射（blackbody radiation）的一切特性——「黑體輻射」一詞是物理學家用來描述在特定溫度下，一般非反射性物體所發出的輻射的術語。例如，2.7克耳文的宇宙微波背景輻射，就是一種黑體輻射。黑體輻射告訴我們，即使是整個可觀測宇宙，其行為也跟一般的輻射物體一樣。

一九〇〇年，普朗克從黑體輻射光譜得出的理論，成為量子革命的開端。現在，只要普朗克光譜出現在自然界時，物理學家就將之視為之中潛藏著量子過程的徵兆。而這正是霍金納入考量的那種過程。史蒂芬從半古典的角度觀察黑洞，研究物質在黑洞的古典扭曲幾何中的量子行為。令他驚訝的是，他發現在接近視界表面（相對論中的不歸點）的量子過程會產生微小的熱輻射流，並從黑洞往四面八方流出。他接著計算黑洞的溫度T，並得出圖51的紀念章上寫下的公式。

公式中的M代表黑洞的質量。其他的量都是自然界的常數：c是光速、G是牛頓引力常數、$\hbar$是普朗克量子常數、k是熱力學（研究能量、熱和功的學科）的波茲曼常數。霍金公式的精妙之處在於它將這些常數集合在單一的方程式裡頭。跟其他二十世紀著名的物理學方程式，例如愛因斯坦或薛丁格方程式的不同之處在於，它們所描述的是物理

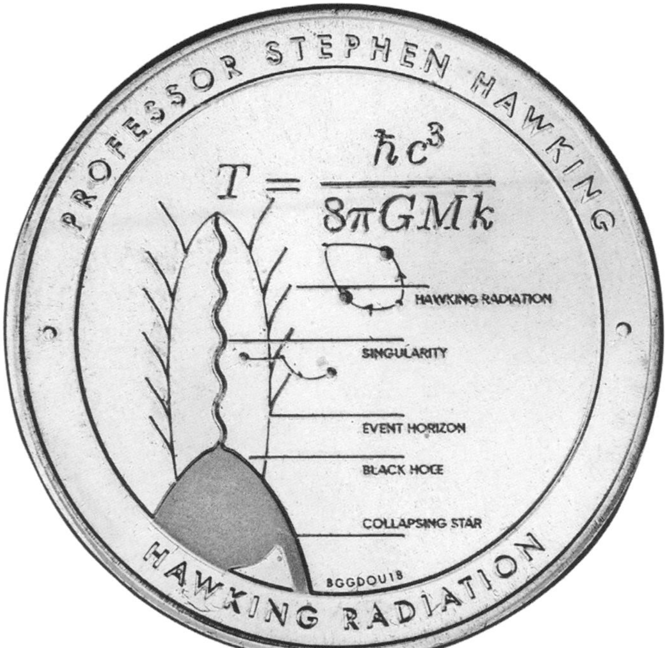

圖51　二〇一八年六月十五日，史蒂芬的骨灰被安葬在西敏寺時所鑄造的紀念徽章，上頭有著史蒂芬的黑洞溫度公式，以及霍金輻射產生過程的描繪。

學的個別領域，但霍金公式展示了不同領域間的互動。霍金冒著數學上的風險，將量子理論和廣義相對論的原理結合，但卻得到光靠相對論或量子理論將永遠無法得到的獎勵：對於黑洞輻射的洞見。惠勒曾說過，討論霍金的公式就像「在舌頭上滾動糖果」。黑洞溫度方程式現在被刻在史蒂芬於西敏寺的墓碑上，彷彿那是他通往不朽的門票。*

史蒂芬的發現對物理界來說是個晴天霹靂。一九七四年二月，他在牛津附近的拉塞福－阿普頓實驗室舉辦的量子引力研討會上發表令人震驚的演講，宣布他的這個結果。他主張：**黑洞非常熱**，這令觀眾目瞪口呆。當然，這是很典型的霍金誇飾法。畢竟黑洞只是恆星的餘燼，他的方程式所得出的溫度數值小於 0.0000001 克耳文，比極度寒冷的宇宙微波背景輻射的 2.7 克耳文還冷。因此我們不大可能觀測到黑洞輻射。但這不過是實作上的不便之處。光是從理論層面來看，霍金輻射就很具革命意義，因為它顛覆了人們對黑洞的傳統印象：黑洞是時空中空無一物的無底洞，沒有任何東西可以逃出黑洞。

之所以黑洞輻射可以打破這種印象，是因為熱輻射通常源自物體內部組成元素的運動。這就是為什麼溫度和熵會並存：熵是波茲曼用來測量系統中組成元素在微觀配置下的數量測量法，這些配置使其宏觀性質保持不變。換言之，熵與資訊息息相關，這代表宇宙中的每個物質粒子和每個載力粒子，都包含著是非問題的絕對答案。

大致而言，熵越高代表著在系統的微觀細節中可以儲存越多的資訊，卻不會改變其整體的宏觀特性。現在霍金可以根據他的黑洞溫度公式，立刻推導出黑洞所含熵量 S 的表達式如下：

$$S = \frac{kc^3A}{4G\hbar}$$

事實上，霍金不是第一個提出黑洞擁有熵的人。早在一九七二年，以色列裔美國物理學家貝肯斯坦（Jacob Bekenstein）就曾提出，黑洞的熵與其視界表面積 A 成正比的觀點。當時，幾乎科學界（以史蒂芬為首！）的所有人都對貝肯斯坦的觀點不屑一顧，因為黑洞不會輻射，所以不可能有熵。隨著霍金宇宙的發現，史蒂芬也意外證明貝肯斯坦的觀點是正確的。

貝肯斯坦和霍金的熵方程式預測，黑洞擁有非常龐大的資訊儲存能力。黑洞確實很可能是宇宙中空間效率最高的儲存空間。根據他們的方程式，射手座A*（Sagittarius A*）這個潛伏在銀河系中心，擁有等同四百萬顆太陽質量的巨大黑洞，可以儲存超過 10^{80} 吉位元組

* 這並非在西敏寺唯一能找到的方程式。在牛頓墓旁的西敏寺中殿中，有一塊狄拉克的紀念石碑。石碑上的碑文包含描述電子量子行為的「狄拉克方程式」：$i\gamma\cdot\partial\psi = m\psi$。有一次我跟史蒂芬一起參觀西敏寺時，他忍不住評論：「顯然，上帝是名純數學家。」

（gigabyte）的數據。（二〇二二年春天，科學家首次留下它的黑影）這條方程式告訴我們，整個谷歌儲存庫內的所有資料，都可以輕鬆裝進一個比質子還小的黑洞裡。（當然，一旦這些資訊被放入黑洞，就很難再被谷歌搜尋到了！）然而，儘管熵可能很大，但公式清楚告訴我們，黑洞內的位元數是有限的。對熵方程式最直接了當的解讀方式是，宇宙中存在著龐大但數量有限的黑洞，它們從外部看起來相同，但內部構造卻各有不同。

這點很耐人尋味。根據古典相對論的說法，黑洞是簡潔的象徵。相對論的黑洞會擺出最難以理解的撲克臉。愛因斯坦的理論認為，究竟黑洞是由恆星、鑽石還是反物質所組成都無關緊要。因為到頭來，它的特性只由兩個數字組成：總質量和角動量。惠勒曾用「黑洞沒有頭髮」這句名言來總結這種至高無上的簡潔，傳達出黑洞似乎對自己形成的歷史，沒有任何記憶的觀點。廣義相對論中的黑洞是個終極垃圾桶，其內部的奇異點擁有無窮的能力，可以吸收和摧毀落入其中的所有資訊。

但是貝肯斯坦和霍金的半古典熵公式，卻描繪出一幅截然不同的畫面。它將黑洞描繪成自然界中最複雜的物體，這跟其經典形象完全相反。熵公式指出，由於愛因斯坦的廣義相對論忽略量子力學和不確定性原理，因而完全沒看到黑洞內部的微觀結構中所編碼的大量吉位元組。

但是更讓人震驚的事實是，熵的增加與黑洞的表面積 A 成正比，但與黑洞的體積無關。所有我們熟悉的系統，他們的資訊儲存能力都與其內部體積有關聯，且與邊界的表面積無關。例如，如果要估算一間圖書館中的資訊量，最好是細數所有書架上有多少書，而不只是測量放在牆壁上的書。但黑洞似乎並非如此。為了計算黑洞的量子資訊含量，熵公式告訴我們要考慮黑洞的表面積A，並且覆蓋上網格狀的微小方塊，每個方塊的邊長為一個普朗克長度。

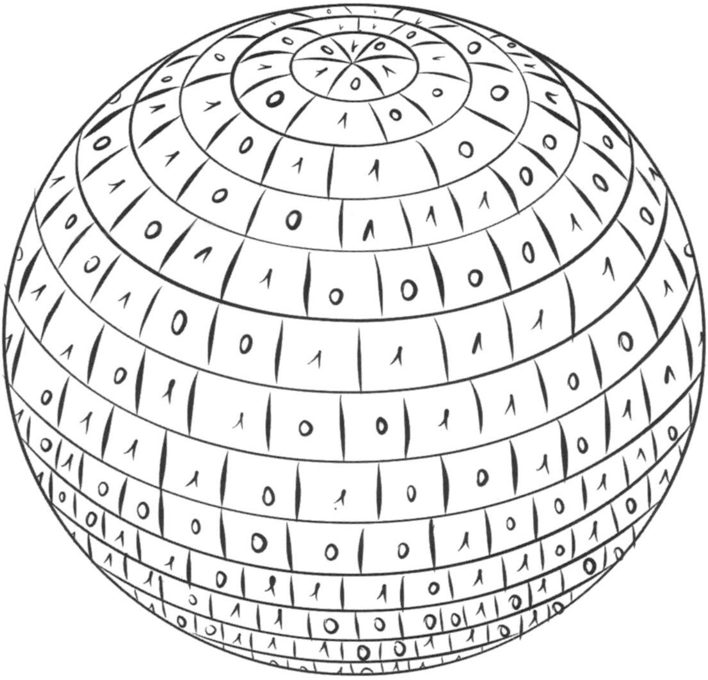

圖 52 黑洞的熵數量等同於覆蓋其視界表面所需的普朗克大小方塊的數量再除以四。這就彷彿在這樣微小的方塊都存進一個位元的資訊，而它們的總和就是黑洞的全部資訊。

（見圖52）。一個普朗克長度（*lp*）基本上就是一個量子的長度。這是讓距離概念能具備意義的最短長度。以自然常數表達這個術語的話，一個普朗克大小的細胞面積約為10^{-66}平方公分。若用普朗克大小的量子方塊來測量視界的表面積，熵公式預測黑洞的總資訊量就是覆蓋整個視界所需的量子方塊數再除以四。所以從熵公式所得出的重要見解是，黑洞視界上的每個普朗克方塊都攜帶了一個位元的資訊。這些位元都有潛力針對關於黑洞演化及其微觀結構的是非題提供答案，而所有位元的集合，就是關於黑洞的所有資訊。

這是全像原理在現代物理學中的第一道曙光：黑洞的儲存容量不是由其內部體積所決定，而是由其視界表面積所決定。這就彷彿黑洞沒有內部，而是張**全像圖**。

•••

我們該如何理解這一切？熵公式沒有告訴我們黑洞是如何儲存進皆位元組（zettabytes）的資訊，甚至沒有告訴我們它們的量子碎片是不是固定在深不可測的視界表面上。熵也沒有明確指出「是非題」的問題清單，而它所要計算的資訊位元應該為這些問題提供解答。它只有指出這些位元應該存在。

若我們想像一下當黑洞變老時，隱藏的資訊會發生什麼變化，那麼情況就會變得更加令人困惑。黑洞的質量M是溫度公式的分母。因此，如果黑洞緩慢輻射出能量和粒子而失去質量，那麼它的溫度就會上升，使黑洞發出更耀眼的光芒，並以更快的速度失去質量。因此，儘管一開始霍金輻射的輻射速度比人們想像的還要緩慢，但這是一個自我增強的過程，到最後會導致黑洞消失。但這沒有逃過霍金的法眼。[4]「黑洞並非永恆存在，」他寫道，「它們的蒸發速度會越來越快，直到在巨大的爆炸中消失。」

但是當黑洞持續輻射而最終蒸發時，黑洞內儲存的大量資訊的命運會如何呢？

似乎有兩種合理的情境。第一個是，資訊會永遠消失。黑洞就像是終極的橡皮擦。鑒於黑洞的吞噬能力，這似乎是個很自然的結果。但問題是，量子理論不允許這種情境出現。量子理論的基本定理規定，任何系統的波函數的演化態度，都是要保存資訊。總是如此。量子演化可以將資訊處理得面目全非，但永遠不會以無法逆轉的方式消滅資訊。這項特性與一個顯著的必要條件有關，也就是無論發生什麼事，量子理論的機率總和必須始終為一。例如，資訊的保存代表著，當你燒毀一部百科全書時，量子物理定律預料你在原則上可以從其灰燼中找回所有資訊。同樣地，如果在黑洞視界面的附近量子力學仍能成立（我們沒有明顯理由去懷疑它不成立），那麼當黑洞終於消失時，所有資訊的碎片最終都會重新出現。

我們來考慮第二個情境。也許所有的資訊都經加密後，從霍金輻射中洩漏出去了？由於蒸發的過程需要花上非常久的時間，這情境似乎也並非不可能發生。更重要的是，這情境與量子力學高度一致。可惜，史蒂芬的計算結果不這麼認為。霍金輻射不會帶走任何資訊。當黑洞以霍金輻射的形式散發出部分質量時，輻射的光譜極度平凡。輻射所含的資訊，無法揭露黑洞的微觀結構或其過去的歷史。霍金認為，一旦黑洞散發出最後一盎司的質量並就此消失，剩下的就是一團隨機的熱輻射，即便只在原理面討論，也不可能知道黑洞是否存在過——更不用說知道是哪一個了。霍金宣稱，蒸發的黑洞與燃燒的百科全書間有著本質上的不同。

這是個悖論。黑洞蒸發時，資訊會消失而且無法逆轉，但量子理論卻認為這是不可能的。物理學家漸漸意識到，當相對論和量子理論冒險涉入同個水域時，史蒂芬用他巧妙的思想實驗，點出從中形成的一個極其深刻而棘手的問題。基於由兩種理論所形成，在看似完美的半經典混合體的基礎上[5]，他展示出位在兩種理論之間的深淵，比他和其他人所預期要深得多，也寬得多。困在蒸發黑洞中資訊的命運這個悖論，成為讓二十世紀末理論物理學家最頭痛的謎題，困擾著不只一代，而是兩代的物理學家。它在某種程度上，類似於十九世紀的水星異常現象的現代版：水星在軌道上的擺動與牛頓理論不符。因此，黑洞資訊悖論成為找尋統一理論的燈塔。物理學家覺得，如果他們能夠解開霍金的難題，瞭解隱藏的資訊在黑洞消失後會發生什麼事情，他們就差不多能把相對論和量子理論的原理整合到一個統一框架中。

最初，史蒂芬把賭注壓在第一種情境上：資訊會消失；物理學陷入大麻煩；必須修改量子理論。〈引力塌縮中可預測性的崩毀〉（“Breakdown of Predictability in Gravitational Collapse”）是他首篇詳細闡述資訊消失後果的論文題目。

可以肯定的是，跟太陽質量相當的黑洞要到幾千億年後才會開始蒸發，到時微波背景輻射的溫度會降到比恆星黑洞的溫度還低。屆時，蒸發過程本身至少還需要10^{60}年的時間，這比宇宙目前的年齡還久得多。所以，除非炙熱的大霹靂已經產出迷你黑洞，或者有朝一日歐洲核子研究組織的大型強子對撞機能夠製造出迷你黑洞，否則在非常長的一段時間內，黑洞爆炸都可能只是理論上的思想實驗。

但史蒂芬的論點是就原則進行討論。如果黑洞會毀滅資訊，那麼當它們最終蒸發時，就可能會散發出任何種粒子組合。這也可能代表黑洞的生命週期，包含恆星的引力塌縮到成為霍金輻射雲，會在量子物理的常規機率外，賦予宇宙學全新的隨機性和不可預測性。這就好像是塌縮恆星的部分波函數在黑洞中消失，或者以某種形式外洩到另一個宇宙。顯然這情況將危及對物理學預測**我們宇宙**未來的能力，即使是從量子力學所熟知的機率意義縮減的角度來看。而如果決定論——根據科學定律對宇宙進行機率預測的方法——在面對黑洞時就會崩毀，那麼我們怎麼能確保它在其他情境下不會崩毀？我們又如何確保我們的歷史和記憶？史蒂芬尖銳地指出[6]：「過去告訴我們是誰，沒了過去，我們就失去了身分。」仔細考慮到資訊在黑洞中消失的深遠影響，史蒂芬得出結論：物理學確實遇到了大麻煩。

多年來，討論有來有往，但沒獲得什麼進展。那些從粒子物理學角度研究這問題的科學家認為，量子理論站得住腳，是史蒂芬的研究出錯。然而沒有一名粒子物理學家能在史蒂芬的計算結果中找到錯誤。另一方面，大多數相對論學者敏銳地意識到時空奇異點的巨大破壞力，它們站在史蒂芬這邊，卻沒能提出令人信服的策略來拯救物理學。結果後來出現一個激勵人心的科學環境，將兩個研究社群糾纏在一起。使用不同方法和工具的粒子學家和相對論學者開始互相學習，攜手研究，試圖從讓黑洞發光的微弱光子中，尋找隱藏於其中的更深層次的真理。

但一直要到二十一世紀初，物理學家終於對黑洞的全像本質有更好的掌握後，才出現一系列全新的思想和思想實驗打破了黑洞悖論的僵局。這些見解形成於所謂的第二次弦論革命，這套理論在一九九〇年代末推動了多重宇宙宇宙學的發展，並在物理學家努力制定出一套將引力和所有其他力統一的量子理論時發揮關鍵作用。（見第五章）。

普林斯頓高等研究院的傑出弦論學家維騰（Edward Witten）在一九九五年全球弦論學家年度聚會「弦'95」上，以他的演講為第二次弦論革命放了第一槍。

不得不說，當時弦論的狀況並不好。對於這套理論任何核心觀點的檢驗，物理學家的前景似乎（說得好聽一點）不太理想。世界上最大加速器的高能粒子碰撞沒有任何跡象（直到今天也沒有）指出，在碰撞所釋放出的某些能量裡，有捲起的額外維度存在於其中。超級細小的普朗克尺度——引力的量子性質在這裡肯定變得很重要——似乎完全遙不可及，因為你需要一個像太陽系那麼大的粒子加速器，才能探測到那麼小的尺度。此外，儘管多年來出現許多創新的數學伎倆，這套理論仍無法解釋清楚，在真正關鍵的情境下——黑洞內部和大霹靂——引力的量子本質。更糟糕的是，弦論學家意識到，世上不只存在一種弦論，而是有五種變化版，每個都聲稱自己是「唯一」的自然界統一理論。除此之外，還存在名為超引力（supergravity）的第六種異端理論，這是愛因斯坦相對論的延伸版本，牽涉到物質、超對稱並包含膜狀的物體，而不是弦。事實上，劍橋作為超引力的重鎮，在這個時間已經累積了些許反弦論的名聲。

維騰在「弦'95」會議上的講題是〈關於弦論力學的一些評論〉，但這不代表他想要打破僵局。但他剛好達成這結果。在這場將列入物理學史冊的傳奇演講中，維騰勾勒出一個全新的弦論視角。他詳細解釋說，五種弦論和持不同意見的超引力理論，並不是六種獨立的理論，而只是單一數學架構的不同面貌。維騰藉由結合廣泛的見解，發現到一個複雜的數學關係網路，能將各種弦論自由變換成彼此的面貌並融入超引力中，形成一個將所有理論連結起來的網狀物。他把這個網狀物稱為「**M理論**」（M-theory）。儘管M理論的內部或本身，都沒有明確的結構——有人說M代表魔法（magic）或神祕（mystery）——但它擁有驚人的變形能力，真的有點像是幻形怪（boggart）：它可以根據觀看者的觀點，獲得六種伙伴理論之一的形式。M理論所揭開的這種深層結合足以引發第二次弦論革命。M理論讓理論學家意識到，六種不同的統一理論並非相互衝突，而是能在量子引力的領域中互相掩護並強化彼此。[7]

物理學家把能將看似不同的理論轉化成彼

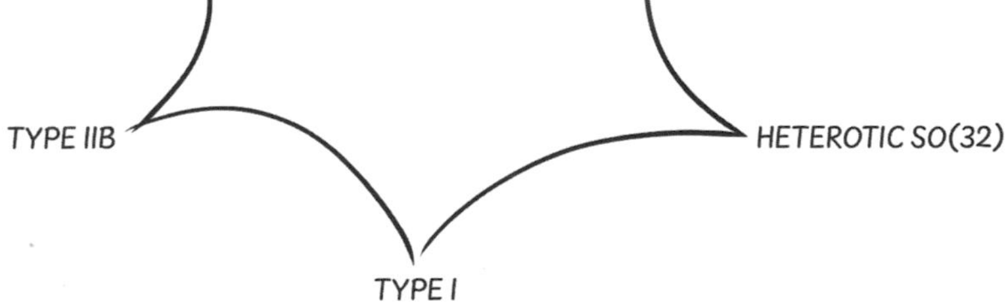

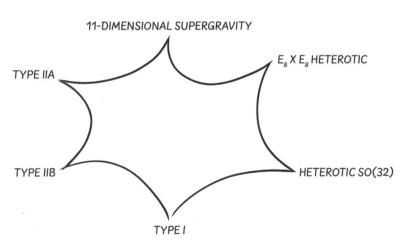

圖 53　一面數學關係網將五種弦論和超引力理論連結起來，暗示其中存在更深層的統一描述架構。

此的數學關係稱作**對偶性**。互成對偶的理論，在某個程度上是等價的；它們是用不同的數學語言表達同一個物理情境。量子力學中的波粒二象性就是其中的簡單例子，它曾在量子力學理論發展的前期造成很大的混亂。

對偶性是強大的計算資源，因為它們替特定物理系統提供互補觀點，因而開啟新的洞見。M理論的對偶性尤其強大，因為它們經常能將某一弦論中令人畏懼的分析，轉化為在其對偶伙伴理論中容易理解的問題。在第二次弦論革命之前，物理學家不得不仰賴近似法來個別分析每一種弦論。這種方法會將他們的研究範圍侷限在半古典的情境中，也就是一個彎曲幅度平緩的古典背景空間，只有相對較少的弦在振動。因此，他們的分析仍然無法觸及黑洞迷人的量子特性，更不用說是大霹靂的量子特性，而偉大統一計畫的發展也仍停滯不前。第二次弦論革命為此帶來天翻地覆的變化。從那時候起，當一種弦論遇到困難時，對偶性往往會伸出援手，將某個弦論中不可能完成的困難計算，重組成另個弦論中完全可行的計算。所以，維騰的M理論之網，比其組成理論的總和還大。M理論藉由將所有五種弦論和超引力的洞見縫入自身，因而在量子領域的引力和統一理論上，開拓出一個全然未知的領域。

而第二次弦論革命的巔峰，是科學家發現一種全新對偶性、一種不可思議到沒有人認為可能存在對偶性：**全像對偶性**（holographic duality）。

一九九七年，年輕的阿根廷籍哈佛大學助理教授馬爾達希納（Juan Maldacena），發現一種最引人入勝的對偶性，它既沒有將兩種弦論連結起來，也沒有將兩種粒子理論連結起來。它反倒將包含引力的弦論，與不包含引力的粒子理論連接起來。更關鍵的是，馬爾達希納對偶性的雙方存在於不同的維度中：粒子理論就像是引力理論的全像圖。馬爾達希納是在思考弦論和超引力在特定假想環境下的應用時，發現到這種奇特的對偶性。[8]馬爾達希納對偶性關於引力的這一面，涉及到廣義相對論和超引力在宇宙中的應用，其形狀類似於反德西特空間（簡稱為AdS空間）。顧名思義，AdS空間是相反版的德西特空間。後者是荷蘭天文學家德西特在一九一七年所找到，針對愛因斯坦方程式的解，描述一個充滿正宇宙函數（$\lambda>0$）的等比擴張宇宙。反德西特空間則有著負宇宙常數（$\lambda<0$），且不會擴張。正好相反的是，它有點像是雪花球的內部，一個由無法穿透表面所團團包圍的球形空間。

馬爾達希納對偶性的另一面，則涉及與標準模型相當類似的粒子量子理論。它們被稱作量子場論（或稱QFT），因為它們將粒子和力描述為擴散場的局部性激發。馬爾達希納對偶性的量子場論和量子色動力學（quantum chromodynamics）很相似，而後者在標準模型中負責描述強核力。

這種對偶性之所以具備令人意外的全像性，是因為粒子這側的量子場並沒有穿透到AdS雪花球的內部，並認為被侷限在環繞雪花球邊界的表面。因此，顯然量子場論在少了一維的時空中運作。如果AdS空間有四個時空維度，那麼量子場論就存在於三個維度中。量子場論缺乏AdS的內部深度，也就是與其邊界表面垂直的彎曲維度。同時量子場論是不受引力拘束的。在AdS空間的邊界之上，沒有引力波、黑洞，甚至不存在任何類似引力的力。引力不存在於粒子的量子場論中。

或者說，我們是這麼認為的。馬爾達希納這項大膽主張的重點是，無論這兩個理論看起來多麼不同，事實上都是對方扮裝後的版本。馬爾達希納認為，AdS中

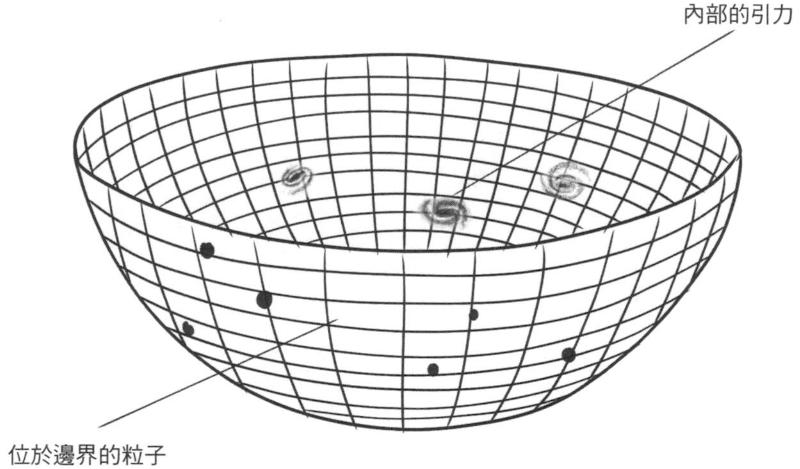

圖 54　全像關係會將彎曲時空內部的弦論和引力，等同於位於時空邊界的某些包含粒子和場的無引力量子理論。

的（超）引力理論，和邊界上的量子場論，從某種意義上來說是等價的。這就是全像原理在發揮作用！這代表著，在四維 AdS 宇宙中有關弦和引力的一切知識，都可以用完全只位於三維的邊界表面上，普通粒子和場的量子相互作用進行編碼。而表面世界就像是一種全像圖，是內部 AdS 世界的設計圖，它包含了所有資訊，但有著截然不同的外貌。這就好比你可以藉由仔細分析橘子皮，就能理解橘子內部的一切。

全像對偶性用最具野心的形式指出，量子場和粒子組成的邊界世界，完全制定出在 AdS 內部引力和物質的行為，而不只是古典或半古典的近似法。讓人備感振奮的是，馬爾達希納對偶性中出現的粒子理論，是目前被最徹底研究的量子場理論之一，自二十世紀中葉至今，粒子物理學家就一直深入研究它。因此全像原理——以其最具野心的形式——為引力和物質的量子理論，提供一個完整且**可行的範例**。

這真的是一套改變物理研究的理論。數十年來，物理學家一直努力想要撮合廣義相對論和量子理論。自從馬爾達希納得出這項頓悟以來，這兩種看似相互衝突的理論就能夠互利共生。全像對偶性揭露了相對論和量子論並非對立，而只是同一種物理現實的不同觀點。全像原理認為，物理系統可以同時具有引力和量子特質，只是分別在不同維度上作用。這就是馬爾達希納的對偶性所帶來的驚人觀點變化。

跟M理論中的其他對偶性一樣，全像對偶性兩側的關係本質如下：當一邊的計算非常簡單明瞭時，另一邊的情況往往會十分複雜。例如，當引力很弱且AdS宇宙的彎曲很平緩時，對邊界的描述就會涉及其組成元素間的如此強烈的量子相互作用，以至於量子場理論變得極度棘手，甚至單顆粒子的概念也可能不再有任何意義。

這種特性使得科學家很難證實全像對偶性，但也讓它異常強大。因為這代表物理學家可以利用愛因斯坦的引力理論及其延伸到超引力的擴充學說，來理解粒子世界的新現象，反之亦然。多年來，全像原理已經變成名副其實的數學實驗室，理論學家在之中進行最精妙的思想實驗，為了對自然界迷人的全像基礎有更好的理解（和直覺）。如今，全像物理學的發展，已經遠遠超越它的M理論起源，它擁有的豐富關係網絡將我們過去認為迥然不同的物理學分支——包含廣義物理學、凝聚體物理學（condensed matter physics）、核子物理，到量子資訊，甚至天體物理學——相連在一起。

但讓我們把主題拉回黑洞。若全像原理等同於量子引力的完整理論（就算是在AdS的環境下），那麼它肯定能解決史蒂芬惡名昭彰的棘手黑洞資訊悖論？

嗯，這有點微妙。原因在於，馬爾達希納的表面描述以一種高度混亂、完全無法辨識的方式，加密了內部的AdS世界。這沒什麼好意外的；即便是普通的光學全像圖，也跟它內含的三維景色毫無相似之處。普通二維全像圖的表面有著看似隨意的線條和塗鴉。

要將它們轉換為三維景色，需要進行複雜的操作，通常是用雷射照射表面。同樣地，要從全像表面描述中解開AdS空間內部發生什麼事，也須經過複雜的數學運算。遺憾的是，全像原理在發現同時並沒有提供我們一部數學字典，讓我們能從中查閱這兩邊是如何相互轉化的。理論學家不得不逐一編寫這本字典的詞條來解碼全像圖，進而開啟全像對偶性的純粹力量。

或許你想在AdS–QFT的字典中要找的第一個詞條，就是關於對偶性最怪的特性：消失的維度。侷限在表面的粒子和場，如何得知在AdS內部深處發生的一切？每一條關於AdS宇宙萬事萬物的資訊，都必須以某種方式編碼在量子場理論中，否則就不能稱之為對偶性。那麼，量子場理論是如何設法以某種方式「吸收」整個維度的呢？

AdS有個關鍵特性與這現象相關：與邊界表面垂直的內部維度非常彎曲。反德西特空間中的「反」的意思是AdS空間為負曲率，這代表三角形的內角和會小於180度。（在正曲率的地球表面或德西特空間裡，三角形的內角和會略大於180度。）負曲率代表AdS在平面上的投影會造成反麥卡托效應（anti-Mercator effect）：邊界附近的區域會看起來比實際小（而用麥卡托投影法得到的地表地圖，邊界附近的區域則會看起來比實際大。）把AdS的內部投影到平面再從中得出的二維空間切面，看起來很像艾雪（M. C. Escher）著名的木刻版畫〈圓極限IV〉（"Circle Limit IV"），天使與惡魔的圖像在圓面上出現重複無窮次（見圖55）。在真正的負曲率AdS空間裡，所有的天使和惡魔的大小都是一樣的。但在艾雪的扁平投影中，這些圖像變得越來越小，並在圓圈的邊緣堆疊起來，在邊緣逐漸消失成無限的碎形。

如果你現在想像把艾雪木刻版畫上的一個天使（或惡魔）投射到圓面的環狀邊界上，譬如利用線條區間的形式創造陰影，那麼對於位於邊緣的天使來說，這條線的長度會比對於內部深處的同一個天使要短得多。這正是全像原理的運作方式：馬爾達希納對偶性會將AdS中的「內部深度」轉化為邊界上的「大小」。因此，AdS-QFT字典的第一則詞條寫道：邊界世界的縮小和放大，對應於在彎曲的AdS宇宙中沿著垂直於邊界的方向，朝著邊緣或遠離邊緣移動。

圖55 艾雪的〈圓極限IV〉

事實上，在量子場論中將事物放大或縮小就像是在額外維度移動一樣的觀點，已經歷史悠久。在粒子物理學中，大小與能量高度相關。粒子物理學家之所以會要求更大台的加速器，是因為提高粒子碰撞的能量，就可以在更小的尺度下探索自然。這就好比買了更好的顯微鏡。現在很關鍵的是，特定的量子場理論所描述的粒子激發和力相互作用的集合，取決於人們心中的距離解析度。在低能量或長距離尺度下的量子場理論起作用的粒子具體內容，可能與高能量下同一理論出現的粒子和力截然不同。因此在量子場理論中，尺寸或者（等價的）能量的基本性質中包含了額外的資訊。二十世紀中葉，物理學家發展出數學形式主義，明確規定特定量子場理論的性質，會如何隨著使用能量的規模變化而改變。馬爾達希納的對偶性巧妙利用了這個特性。AdS-QFT 字典將量子場理論中抽象的「能量維度」轉換為引力面的「空間彎曲維度」。

但是 AdS-QFT 字典中肯定讓人著迷的「黑洞」詞條又是怎麼回事呢？

在馬爾達希納發表論文的幾個月內，維騰在 AdS 的內部放了一個黑洞，接著跳到邊界理論上去觀察黑洞的全像圖。既然邊界世界中沒有引力（至少不是我們熟悉的那種引力），我們就不該期待黑洞的全像圖會與愛因斯坦相對論中的無底時空會有任何相似之處。事實上也並非如此。當維騰研究黑洞的對偶描述時，他發現黑洞不過是一群炙熱的粒子。全像原理顯然把宇宙最神祕的物體變成相當普通的東西。黑洞生命周期（這個用引力的角度難以理解的週期）的全像原理版本，讀起來會像是熱夸克和膠子的電漿先經加熱而後冷卻，這個過程不會比實驗物理學家每天在實驗室中把重核相撞的過程要來得特別。此外，在邊界表面加溫的熱夸克的熱力學熵，等同於AdS內部黑洞的熵，這顯然是對全像對偶性的關鍵檢驗。事實上，熵在黑洞中的增加會與黑洞視界表面積的增加相關，這個數學觀測結果在全像原理中早不是個驚喜，因為視界表面和加熱的夸克，存在於相同的維度中。

維騰幾乎到了事後才想到這點，彷彿是對黑洞詞條的一個註腳，他說，黑洞形成和蒸發的表面描述，似乎跟量子理論一致。全像對偶性似乎確實解決了霍金悖論。這是因為，構成黑洞對偶性描述的那些相當普通的粒子簇具有波函數，而這些波函數根據慣常**沒有**引力的量子規則，以平穩且保存資訊的方式演化。雖然熱夸克的量子動力學可能會擾亂和轉變資訊，但我們可以肯定它不會破壞資訊，因為在量子場理論中不存在這個行為選項。那麼根據對偶性的邏輯，在AdS宇宙中，位於蒸發黑洞內的所有資訊最後必定會洩漏出來，並陷入發散的霍金輻射當中。

現在你可能會認為馬爾達希納和維騰的發現，讓史蒂芬迅速改變他對黑洞內資訊命運的看法。但事實並非如此。

為什麼？因為維騰的論點並沒有把 AdS-QFT 字典中「資訊悖論」的詞條完全寫完。維騰基於對偶性所得出「塌縮恆星內部的所有基本位元最終都能存活下來」的這項推論非常的流於形式。它並沒有解釋資訊是**如何**進到霍金輻射中。對偶性只是說：在某種程度上，它確實如此。如果在一九九八年底，一名勇敢的太空人打電話給普林斯頓大學，想再確認一下他是否能從黑洞逃出來，那邊的理論學家會說：「是的，當然你可以，只是你會變得非常混亂。」但如果他追問他們要如何做到，維騰和他的同事就不得不承認他們毫無頭緒。在全像物理學發展的頭幾年，對於從蒸發老黑洞逃脫的過程的引力描述仍迷霧重重。馬爾達希納精彩的對偶性，成功消除在量子理論與黑洞之間所存在的任何形式上的矛盾，但卻很難說明清楚史蒂芬在他最早的引力計算中犯了什麼錯誤。因此可以理解，史蒂芬為什麼堅持用自己的方式來解決悖論：用引力和幾何的語言來描述逃脫路徑，而不是盲目相信對偶性的魔法。

得過了六年，史蒂芬才終於回心轉意，公開宣布在黑洞的面前，量子力學仍站得住腳。而且他用很戲劇性的方式宣布。他選擇的場合是二〇〇四年七月，在都柏林舉辦的第十七屆廣義相對論和引力國際研討會，也就是一九六五年他首次提出大霹靂奇異點定理的同系列研討會。當史蒂芬以「他已解決黑洞資訊悖論」為由，發郵件請會議召集人把他排入講者名單時，他們不僅給了他一個演講時段，還把他安排在都柏林皇家學會的主音樂廳。不久之後，他們就得面對明明本該是場科學講座，卻發生媒體通行證不夠的問題。

和平常一樣，這場會議也是霍金的學生和老學生敘舊的場合。在史蒂芬演講的前天晚上，我們去都柏林的坦普爾酒吧區喝酒。在享受難得的休閒時光時，史蒂芬調大了語音合成器的音量。**我要公諸於世了**。他帶著大大的微笑宣布。果然，霍金隔天在擠滿物理學家和記者的大廳裡告訴大家，黑洞並不是他曾經以為的無底洞，而是會在它們輻射和消失時，把所有關於黑洞過去的資訊釋放出來。在演講結束後的記者會上，史蒂芬也還清他與能言善道的加州理工學院物理學家普萊史基爾（John Preskill）的賭注——普萊史基爾在一九九七年曾和史蒂芬跟索恩打賭說，所有的資訊都會從蒸發黑洞中洩漏出來。他們的賭注約定是：「輸家將提供贏家一本由贏家選擇的百科全書作為獎勵，因為可以隨意從中找回資訊。」史蒂芬送給約翰一本《棒球大全：終極棒球百科全書》（*Total Baseball: The Ultimate Baseball Encyclopedia*），不過史蒂芬也提到，也許應該把灰燼送給他。約翰興奮地把這本百科全書舉到頭頂，彷彿他剛剛贏得美國職棒大聯盟的世界大賽。閃光燈此起彼落，而其中一張照片登上了《時代雜誌》（*Time*）。

然而，史蒂芬在都柏林的表現有點尷尬。當然，我們早就習慣這個事實：他關於黑洞的每個想法，都會從輿論中獲得自己的生命。史蒂芬擅長和全世界的觀眾溝通——而且他從小浸淫在大眾文化中——他已經成為我們這時代最偉大的科普人物之一，激勵了全世界的無數人。但是在都柏林的表現中，史蒂芬的公開形象和適當的科學實踐之間的界線，極罕見地變得模糊。儘管媒體大肆炒作史蒂芬在黑洞問題上的徹底轉變，但他在都柏林的演講和後來發表的論文，對這個問題都沒有任何推動——更別說解決了。大多數與會的弦論學家，早在六年前就得出黑洞不會破壞資訊的結論，他們認為史蒂芬早就該召開這場敗仗演說。另一方面，相對論者並沒有因史蒂芬深奧的演講而動搖，他們覺得史蒂芬太早改變自己的想法。基普．索恩就是其中之一，他拒絕在都柏林承認賭輸了——而且我認為他不曾賭輸過。

史蒂芬一直和英勇的法國人蓋勒法（Christophe Galfard）共同進行新的嘗試以釐清黑洞資訊悖論，蓋勒法是史蒂芬當時的學生，有幸（或不幸）在「黑洞年」走進史蒂芬的辦公室。克里斯多福也意識到，他們的計算結果不如預期的完美，而是指出了埋在更深層的問題。那麼為什麼史蒂芬要在都柏林的講台上，宣布資訊不會在黑洞中消失呢？是什麼讓他覺得儘管沒有確切的證據，但大量的證據仍然會往資訊會被保留的方向發展？我認為他看上了全像原理中一個不起眼且未被充分重視的元素，而他認為這會是解決悖論的關鍵，也就是黑洞不止有一個內部。

要知道，表面全像圖所加密的不只是一個內部彎曲的幾何，而是混合了不同形狀的時空。[9]也就是說，全像對偶性顯然包含我在前面的章節所討論過，有關引力的激進量子思維——費曼的思維，它被證實是解開宇宙學資訊悖論的關鍵。全像原理加深了這些概念，並預測在某種程度上，引力涉及的不是一個時空幾何，而是一個時空幾何的疊加態。它鼓勵我們將AdS的內部看作一個波函數，而非單一的時空。

當我們說黑洞是由史瓦西幾何描述而成的時候，我們就遇到一個資訊消失的問題，史蒂芬在都柏林對觀眾說。[10]他接著說：**然而，在不同的幾何中，關於精準狀態的資訊卻得以保留。之所以困擾和悖論會形成，是因為我們的思維是古典的，是以單一客觀的時空作為基礎。但費曼對幾何的求和允許黑洞同時是兩種幾何。**

這是由上而下的新霍金在說話。

在他對霍金輻射的原始推導中，由下而上的霍金（非常合理地）假設，任何逃離的輻射都是在黑洞的時空中移動，也就是史瓦西在一九一六年發現的扭曲幾何。當然這種假設排除掉一種可能性，就是從長遠來看，一種全新的空間形狀將會開始起作用。三十年之後，史蒂芬發現這種推論方式有點太過古典。他現在宣告，當黑洞變老時，關於黑洞及其歷史的許多資訊，會很驚人地不再儲存在原本的黑洞幾何裡，而是儲存在完全不同的時空中。於是，由上而下的新史蒂芬承認（也許很不情願，誰知道呢）他年輕時的另一個自我，在開始計算前就已經犯錯了：當時他假設時空是既成事實。

事後看來，由上而下的史蒂芬的直覺是對的，他認為這其中還涉及到另一種幾何。從內部幾何的總和而非單一幾何的角度進行適當的量子思考，這方法最終被證明是開始解開黑洞悖論的關鍵。史蒂芬在都柏林的演講之所以引起爭議，是因為他並沒有指出一個老黑洞的過去，可能以哪種曲線形狀儲存。他實際上是在（錯誤地）暗示，一開始黑洞就不存在的可能性，就足以解決悖論。

理論家需要花更多的時間在馬爾達希納的全像實驗室中進行更多研究、探索了更多的死巷，才能最終辨識出資訊從古老黑洞逃逸的路線。事實上，在史蒂芬逝世後的這些年裡，新一代的黑洞物理學家在全像原理的薰陶下，已經意識到這可能與蟲洞有關。蟲洞是一種奇特的空間形狀，有點像是把手，可以作為幾何橋樑連結時空中距離遙遠的地方或時刻。圖56所呈現的是惠勒在一九五五年所繪製的一幅蟲洞圖，當時他稱之為「多重連通空間」（multiply connected space）。二〇一九年，在史丹佛大學獨立研究的彭寧頓（Geoff Penington）和由阿姆黑利（Ahmed Almheiri）、恩格哈特（Netta Engelhardt）、馬若夫（Donald Marolf）和馬克斯菲爾德（Henry Maxfield）所組成的普林斯頓－聖巴巴拉的弦論四重奏團隊發現到驚人的證據：黑洞在蒸發過程中，可能會經歷令人困惑的重新排列。[11]他們的計算結果指出，輻射粒子緩慢而逐步的累積，最終會啟動潛藏在費曼疊加中蟲洞幾何，並在未來的視界區域形成某種幾何隧道，為內部資訊提供逃逸的通道。[12]

遠離中的輻射被認為是利用一種稱作「量子糾纏」的微妙量子現象來達成這項創舉。請記住，霍金輻射起源於黑洞視界附近的量子振動。這些振動會產生一對粒子和反粒子。每當反粒子掉入黑洞，它的伙伴粒子就會逃逸到遙遠的宇宙中，在那裡以從黑洞散發出的霍金輻射的形式出現。然而，儘管距離遙遠，同一對的粒子和反粒子之間仍保持著量子力學的連結。物理學家稱之為「糾纏」（entangled）。這種糾纏代表，如果你單獨測量散發出輻射，它看起來就像是隨機的熱輻射。但是如果我們能夠將這些「粒子—反粒子對」的成員一起納入考量，就會發現它們之中確實含有資訊，這些資訊被編碼在細微的相關性中，將它們個別的特性連結起來。這就好像用密碼對你的資料進行加密。資料沒有解碼就就沒有價值。密碼（假如你挑了一個好密碼）本身也沒有意義。但兩者結合起來就可以解鎖資訊。彭寧頓和弦論四重奏團體的發現——許多理論學家後來也就此進行闡述——就是在蒸發黑洞的內部和外部之間，經歷亙古時光的積累，

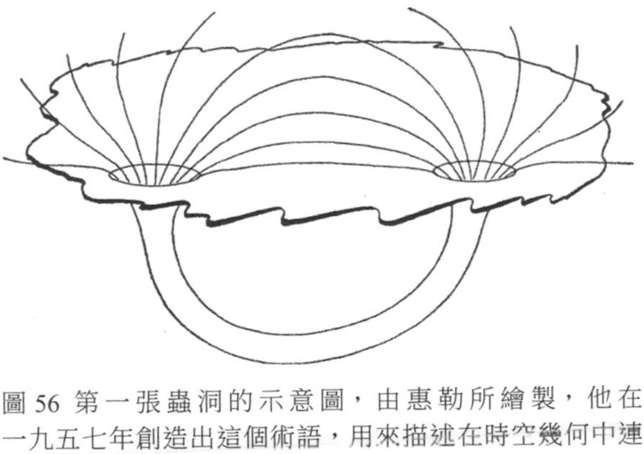

圖 56 第一張蟲洞的示意圖，由惠勒所繪製，他在一九五七年創造出這個術語，用來描述在時空幾何中連接兩個遙遠點的隧道。近年來，有理論家提出蟲洞可能是資訊從蒸發老黑洞逃逸的通道。

量子糾纏變得越來越多，這過程可以視為產生出一個橫跨視界的蟲洞。這就彷彿霍金輻射粒子與它們在視界後方的反粒子伙伴，共同縫補出自己的時空橋樑，把古老黑洞從一個隱士王國變成某種得來速。

更重要的是，量子糾纏似乎是馬爾達希納全像圖在一般運作時的關鍵部分。這就提及可能是AdS-QFT字典中，最明顯同時也最深邃的條目：引力和彎曲時空是種湧現現象。多年的研究顯示出，要使表面全像圖編碼出彎曲的內部幾何，光靠一個帶有大量粒子般成分的邊界表面是遠遠不足的。反倒只有當量子糾纏連接起眾多邊界成分時，才會出現彎曲的內部。令人震驚的是，量子糾纏似乎是全像物理學中，負責製造引力和彎曲時空的主要引擎。對於馬爾達希納來說，它就像是雷射光與普通光學全像圖一樣。

這是一個驚人的見解。愛因斯坦表示，引力是扭曲時空的一種表現形式。全像原理更進一步假設，扭曲時空是由量子糾纏所編織而成的。就像熱力學第二定律源自於無數經典粒子的統計行為，或聲波源自於物質分子的同步振盪一樣，全像對偶性散發出下列觀點：愛因斯坦的廣義相對論源自於在低維邊界表面運動的無數量子粒子的集體糾纏。AdS內部的相鄰區域會對應到在邊界表面上高度糾纏的部分。較遙遠的內部空間，則對應到在邊界上糾纏程度較低的部分。如果表面的配置具備有序的糾纏型態，就會出現一個近乎空洞的內部空間。如果表面系統處於混沌狀態，所有的部分都相互糾纏，則內部就包含一個黑洞。而如果我們對糾纏的量子位元進行異常複雜的量子操作，希望藉此讀取黑洞的歷史，我們會非常困惑地發現到內部的蟲洞幾何。

上述種種都有個顯著的由上而下的要素。用上一章的語言來說的話，我們可以說糾纏邊界的位元扮演著觀測行為的角色。在由上而下宇宙學中，觀測表面的資料會從汪洋大海般的眾多過去中，選出一種過去。全像原理預測，球形邊界表面上的糾纏型態以類似的方式決定出內部維度的形狀。因此，全像原理和由上而下宇宙學，都針對物理學中事物的慣常順序發表驚人的翻轉言論：扭曲時空是發生在某次邊界表面上的「提問」之後。

近年來在「實驗室中的量子引力」為題的諸多研討會上，引力理論家和量子實驗學家討論出如何創造出由囚禁原子或離子組成的強糾纏量子系統——這些系統模仿黑洞的某些特性。藉由對這些系統進行實驗，人們希望能對支撐扭曲時空的糾纏型態有更多的理解，以及當維持時空的量子糾纏解體時，幾何會發生什麼變化。這些的確都是非常令人興奮的進展。誰能想得到，在一九九〇年代中期，全像革命剛初出茅廬時，量子實驗學家會在二〇二〇年代的弦論研討會上，發表關於黑洞簡化模型的主題演講？

遺憾的是，史蒂芬沒能活著享受這些驚人的新見解。看到蟲洞以從蒸發黑洞的一條難以捉摸逃亡通道的形式出現，他肯定會非常激動。我們不禁好奇，他會想出什麼精闢的金句。我相信，他同樣會為看到我們對黑洞和早期宇宙——這兩個始終推動他研究的主題——之間又有一層聯繫而興奮不已。在他的整個研究生涯裡，來自黑洞的洞察經常為他後來的宇宙學研究帶來啟發，包含彭羅斯的黑洞奇異點定理，到他自己發現的霍金輻射。全像原理的出現使這兩股研究有了更緊密的相互關係，再加上我們在二〇〇二年開始發展的由上而下方法等宇宙學洞見，也啟發他在二〇〇四年開始研究黑洞。

儘管如此，部分弦論學家還是對黑洞量子理論的最新進展感到困惑。他們一直希望，黑洞資訊悖論的解方能用完全不同的理論取代霍金古怪的半古典幾何混合體。而現在看起來，我們應該認真看待霍金的幾何疊加，而且只要夠認真看待，這種量子引力的思維方式就會超出所有人的預期（當然霍金的預期除外，因為他一向都有超高的預期）。儘管在我們能藉由閱讀黑洞的灰燼——霍金輻射——來重述黑洞的歷史之前，我們還有很多東西要學習，但許多理論學家現在都認為，這已經不再是個完全的悖論了。除此之外，我還認為這是個截然不同的發展。從單一時空轉移到多個湧現時空的舉動，具有真正的奠基意涵。

首先，這個轉變可標誌為基礎物理學中古老化約論夢想的破滅。化約論是非常成功的概念，它認為科學裡的解釋箭頭總是往下指向複雜性較低的層級。它認為，從物理學到化學再到生物學，這些科學的多層塔樓之中，高層級的現象原則上可以用低層級的現象來解釋。化約論並不代表低層級的解釋總會是有必要或有用，或者在實務上可行。在更高複雜層級出現新現象和「定律」時，它也不會有所衝突。化約論想表達的是，這些更高層級的定律，與其低層級的根源沒有分離；我們用化學術語來定性理解生物現象，用物理術語來理解化學現象。而如果我們有足夠強大的計算機，能夠在分子化學的微觀層面上模擬出複雜的生物系統，我們就確實有望看到它們出現生物的行為。

但是，位於最底層的基本物理定律又是什麼呢？這個堅若磐石的基礎——純粹的結構——難道就能支撐住科學塔樓的所有更高層級嗎？全像原理描繪出一幅截然不同的圖像。如果糾纏，這個惡名昭彰對愛因斯坦造成困擾的幽靈現象——也是二〇二二年諾貝爾物理學獎的獲獎原因——是建構時空的核心，那麼化約論和湧現間的對抗，似乎是一種充滿侷限的看待世界方式。全像原理將湧現的基本要素植入物理學的最根源——時空結構本身。全像對偶性體現出這個觀點：物理現實及其所遵循的「基礎」定理，是由基本構成要素**及**其糾纏方式所匯聚而成的。它創造出一種相互依賴的封閉圓圈，會從還原來到湧現，再從湧現回到還原。全像原理認為即便是最基礎、定律一般的規律性，最終也是以我們周圍宇宙的複雜性為基礎。這讓我們不禁想問：這個結論的宇宙學意義是什麼？

在馬爾達希納發現反德西特空間的全像性質之後，理論學家很快就推測我們擴張中的宇宙，可能也是一幅全像圖。在我記錄我跟史蒂芬部分談話的筆記本中，我發現早在一九九九年二月，我們就在思考有關擴張中的德西特空間的可能表面描述。但一直要到十多年後，我們由上而下研究方法步入軌道，我們才開始認真研究全像圖宇宙學的想法。

不幸的是，那時史蒂芬正在逐漸失去他對肌肉的最後一絲控制力，但他能夠在確診肌萎縮性脊髓側索硬化症（ALS，俗稱漸凍症）多年後，還能勉強維持住就已是個奇蹟。因為幾乎不明的原因，從大腦到脊柱，再從脊柱到肌肉之間傳導電子化學訊號的長神經細胞，會在漸凍者患者的體內枯萎死亡，導致他們的肌肉無法收到指令而萎縮。現在漸凍症已經奪走史蒂芬對幾乎所有肌肉的控制能力。顯然這嚴重降低了他的行動自由度。在我們合作的前期，史蒂芬可以輕鬆地駕駛輪椅四處尋找同儕，並用右手小心翼翼拿起敲擊器與人交談。此時，史蒂芬已無法獨立地四處遊蕩，這代表實際上他的科學互動範圍已經大大縮小到僅限關係親密的同事。除此之外，隨著病情逐漸惡化，史蒂芬已很難用敲擊器操作「等化器」。多年來，這台老機器一直是將他的心智與外界連結的臍帶，從交談、發電子郵件到打電話或Google搜尋，而現在則被裝在眼鏡上的感測器給取代，他只需要輕微抽動臉頰就能啟動它。這裝置雖然確保了關鍵的溝通管道，但並沒有恢復他的駕駛能力，甚至沒有恢復他在午餐或晚餐時進行討論的能力。（在敲擊器的年代，史蒂芬喜歡開玩笑說，他可以一邊吃飯一邊聊天。）因此，史蒂芬一直要面對遭受孤立的危機。甚至可以說，他在晚年無法流利溝通，才是他科學生涯的最大限制。這代表他再也無法全力參與對所有議題的激烈的討論，從方程式中的減號到哲學的優劣，而我們都需要透過辯論來完善並檢驗我們的想法。雖然他的所有認知能力都仍完好，但在他生命的最後十幾年裡，他有時幾乎被完全禁錮住了。

更糟糕的是，他逐漸呼吸困難，我們都擔心很快地他就會無法移動了。後來他的照顧團隊在輪椅上安裝了一台呼吸器，讓它成為某種移動的加護病房和資通設備的混合體。很快地他又上路了。除此之外，他的富裕朋友還讓他能夠搭乘他們的噴射機飛往世界各地，這讓他的旅途變得比以往舒適。他經常造訪休士頓，因為他和德州石油大亨米契爾（George Mitchell）有深交，米契爾主動邀請史蒂芬和他合作密切的一群同事，在他的牧場上舉辦年度的物理度假會議，「為史蒂芬創造一個方便工作的環境」。史蒂芬也確實這麼做。遠離劍橋辦公室的塵囂，我每一年都見證到霍金的探尋精神在德州的林地中蓬勃發展。也就是在米契爾的牧場上，在那裡黑板會議能無縫連接到晚餐和營火討論，誕生出史蒂芬的宇宙全像理論。

把全像原理應用到宇宙學的第一個障礙是，我們並非生活在一個反德西特的雪花球世界裡。我們生活在一個更像德西特空間的擴張宇宙中。從古典角度來看，AdS和與它相反的德西特空間有著截然不同的特性。AdS空間的負曲率會產生引力場，將物體拉往空間的中心。相較之下，擴張的德西特宇宙的正曲率，會導致萬物排斥彼此。這般差異可以追溯到宇宙常數λ，也就是愛因斯坦方程式中的暗能量項。像我們這樣的宇宙擁有正λ，會造成宇宙延伸，而AdS空間擁有負λ，會造成額外的拉力。更重要的是，擴張宇宙與AdS空間不同，它可能甚至沒有可以容納全像圖的邊界表面。有些擴張宇宙是超球體，也就是三維版本的球體。因為超球體沒有邊界，所以我們無法把內部發生的事情編碼至其中。因此，我們幾乎不可能設計出像是馬爾達希納的全像對偶性。

但是如果我們放棄古典思維，改採用半古典觀點呢？如果我們在虛數時間中設想AdS和其對蹠呢？畢竟，發展全像宇宙學的主要動機，是為了對宇宙的量子行為有更好的掌握，而史蒂芬一直以來都認為，四維空間的幾何結構囊括了宇宙的量子特性。這是他歐幾里德量子引力研究法的關鍵所在（見第三章）。還記得他要我在醫院畫的那個圓嗎（見圖25）？當你把圖23(b)所展示的圓形暴脹宇宙的量子演化投影到平面上，那個圓形就代表圓面的邊緣。圖57用更詳細的方式呈現這種投影結果。宇宙的無邊界起源自圓面的中心，在這裡時間已經演變成了空間。現在的宇宙對應於圓形的邊界。如果我能將四個大型維度都畫出來，那麼圖57的單維邊界圓形就是一個超球體（也就是四維時空的三維表面），而我們對宇宙的所有觀測結果，幾乎都侷限在這個表面上。現在我們可以看到在這個平面投影裡，擴張代表著構成我們過去的大部分時空體積都被擠向圓面的邊緣。因此，絕大部分的恆星和星系都堆積在邊界表面附近。你對這有印象嗎？是的！把恆星和星系換成天使和惡魔，圖57的圓面就會無縫轉變成圖55所描繪的艾雪式的AdS投影結果。

這正是史蒂芬在追求的關聯。古典的AdS空間與擴張宇宙完全不同。但從半古典的角度來看，只要進到虛數時間，我們就會發現這兩種形狀的空間，實際上是密切相關的。在半古典領域，AdS與其德西特對蹠都可以被看作是艾雪式的圓面，它們的大部分內部體積都堆積在球狀邊界表面附近。史蒂芬聲稱，有關引力和時間的半古典思想，在某種意義上統一了AdS與其對蹠。就好像λ的符號在量子引力的領域中，不具

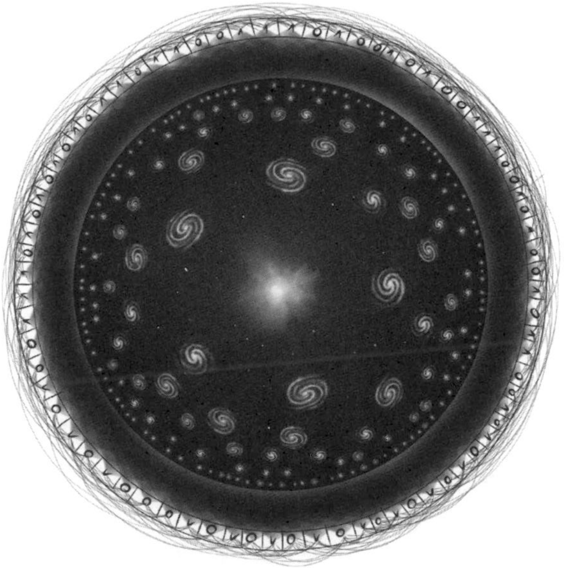

圖57　為了掌握宇宙的量子起源，早期的史蒂芬在一九八〇年代，用虛數時間來構想宇宙。用虛數時間的角度思考，所有的維度表現得像是空間的方向，在這邊展示了其中兩種。宇宙的起源位於圓面的中心，它沿著半徑（虛數時間）的方向向外擴張。今日的宇宙對應於圓形邊界。然而，後期的史蒂芬走得非常遠，把我們從虛數時間帶到無時間。利用引力的全像特性，我們把圓面的邊界想像成由糾纏量子位元組成的全像圖，而從這個全像圖投射出來的，就是內部時空——我們過去的歷史。全像宇宙學納入了「認為過去在某種意義上取決於現在」的由上而下觀點。

實際意義一樣。

這項見解為全像dS-QFT**對偶性**創造條件。與AdS一樣，圖57中的圓形邊界表面，為擴張宇宙的全像描述提供一個天然的家園。鑒於兩者的相似程度，生活在這個表面的對偶場和粒子，實際上可能跟AdS全像圖有許多共同特性。[13]物理學家正在嘗試理解，如何藉由調整全像表面世界的主要組成部分，產生一個沒有生命的AdS空間或者一個擴張並形成星系和生命的宇宙。**畢竟宇宙可能是有邊界的**，史蒂芬開玩笑說。

「鏡像投影出AdS內部的全像圖」和「擴張宇宙的全像圖」之間的主要差異在於突然出現的額外維度的性質。在前者的情境中，湧現的方向是空間的彎曲維度。這是AdS的內部深度。而在擴張宇宙的情境裡，湧現的是時間維度。也就是說，**歷史本身是經全像加密的**。這或許會被視為全像字典中最令人費解的詞條！

嗯，這可能聽起來很離譜。然而，「時間與宇宙的擴張是種宇宙的湧現特質」這個概念，是我們從研究旅途中遇到的一連串見解中自然而然得出的。當勒梅特首次提出量子起源的概念時，他就已經想到時間可能是湧現的：「只有當原始量子被分割成夠多的量子時，時間才開始有真正的意義。」[14]五十年後，吉姆和史蒂芬的無邊界描述證實了勒梅特的直覺，他們認為當我們接近起點時，時間會轉變成空間。圖57所描繪其理論的全像圖像，把我們帶入更深層的永恆。全像原理將引力和宇宙演化刻畫成侷限於三維表面的數十種量子間的交互作用，從而完全拋棄過去的時間概念。在全像宇宙中，時間在某種意義上是虛幻的。這說法導致最初的無邊界提案看起來相當保守。

從牛頓的絕對時間，到沒有時間的時間，這是趟無比非凡的旅程。即使對理論物理學家來說，將時間的流逝視為全像投影，也是一種很陌生的想法。我預估物理學家還需要更多年的時間才能破解全像圖，而像我們這樣猶豫不決的宇宙的不穩定膨脹歷史就編碼在其中。無數錯綜複雜的數學微妙之處本身就極度有趣，也將在未來很長的一段時間內吸引著物理學家。我們不該期待在短時間內，全像原理就會要求我們重寫標準宇宙學的教科書。尤其是因為愛因斯坦的幾何語言，完全可以用來描述很大部分的大尺度宇宙。另一方面，我們可以期待在愛因斯坦理論失效的地方——黑洞的內部，尤其是，大霹靂——全像原理將會變得極其重要。畢竟這就是全像對偶性的本質（和力量）。有個特別讓人興奮的可能性是，擴張的全像基礎可能在擴張過程中起了至關重要的作用，未來對引力波的觀測，可能會探測到微波背景波動中的微妙印記。時間會證明一切！

全像原理在概念層面認可由上而下的宇宙學方法。全像宇宙學的核心原理——過去的投影是來自糾纏不清的量子粒子網所形成的低維度全像圖——**暗示**一個由上而下宇宙觀點。如果，一如全像宇宙學預測那般，我們觀測到的表面在某種意義上就是一切，那麼這也就納入了倒推時間的方法——由上而下宇宙學的特徵。全像原理告訴我們，存在著比時間更基本的實體——全像圖——我們可以從中看到過去。在全像宇宙中，不斷演化和擴張的宇宙是種輸出，而非輸入。

在史蒂芬對量子宇宙學的半古典思考中，由上而下三角圖案的三大支柱——歷史、起源和觀測行為——只不過零散地交織在一起。雖然這三個要素之間存在密切的相互作用，但它們在概念上仍是不同的個體。因此人們一直懷疑，這三個元素是否能夠——甚至必須——真正融合在一起，以及由上而下的方法是否真的是史蒂芬所宣稱在基礎層面的改變。但全像宇宙學的架構證明霍金是正確的。全像原理將由上而下三角圖案的連結變成更牢固的統一結，構成真正新穎的預測框架。首先，透過把時間從我們基本原則的列表中剔除，就能將演化動態與邊界條件融合起來。其次，藉由將全像糾纏置放在時空之間，就合併了觀測行為。此外，全像宇宙學背後的數學邏輯，將這個綜合理論囊括在單一的統一方程式中——你可以在彩頁圖11中史蒂芬背後的黑板上看到其初步版本。這讓由上而下的思維有了更穩固的基礎。

把糾纏視為重點的全像原理，將系統儲存和處理資訊的能力，置於這個牢固三角圖案的核心位置。全像原理認為，物理現實的組成不只有物質和輻射粒子，甚至是時空場等現實物質，它還包含更為抽象的實體：量子資訊。這個概念為惠勒另一個看似牽強的大膽想法注入了新生命。惠勒也喜歡將物理現實看作某種資訊理論的實體，他稱這概念為「萬物源自位元」（it from bit）。他的觀點是，物理世界的存在最終源自於「構成現實中心的不可再縮減」的資訊位元。「每個物理物體，每一個『萬物』，」他寫道，「都從『位元』——二進位制的『是／非』資訊單位——中獲得其意義。」[15]三十年後，全像原理用量子資訊的基本單位——量子位元——實現了惠勒的遠見（但有好幾層的瘋狂還沒有被解開）。根據dS－QFT對偶性，刻在由糾纏量子位元組成的抽象永恆全像圖中的量子資訊，構成了編織現實的線。如果你拿走邊界上的糾纏，你的內部世界也會分崩離析。

普通資訊的二進制位由0或1組成，但量子位則是由量子粒子組成，可以同時處在0和1的疊加態。當個別的量子位元相互作用時，它們可能的狀態就會糾纏在一起，每個量子位元的0和1的可能性，都會取決於另一個量子位元的0和1的可能性。這種糾纏代表如果你測量某些量子位元，你也可以對它們糾纏對象有些許理解，即便它們相距甚遠。顯然，越來越多的量子位元發生糾纏，就會讓同時發生可能性的次數遽增，這就是量子電腦在理論如此強大的原因。量子糾纏以分布的方式儲存資訊，有助於彌補單一量子位元容易出錯的缺陷，而這正是打造量子電腦所面臨的主要挑戰。再微弱的磁場或電磁脈衝都可能導致量子位元反轉，導致計算結果出錯。因此量子工程師喜歡使用在空間中分布、糾纏的量子位元，並開發專門的系統作為備援，以便在單一量子位元損毀時，也能保護量子資訊。事實上，努力設計出能夠應付物理量子位元令人害怕的高錯誤率的「錯誤更正碼」（error-correcting codes），是量子電腦爭霸戰的主要目標之一。

與此同時出現了一個重大轉折，就是當全像革命席捲理論物理學之後，弦論學家也開始開發自己的量子錯誤更正碼——用來建構時空！事實上，內部時空在全像對偶性的投影方式，有點像是高效率的量子錯誤更正碼。這或許可以解釋，儘管時空是由如此脆弱的量子素材所編織而成，它又是如何獲得天生的強健狀態。有些理論家甚至認為，時空**就是**量子的密碼。他們認為低維的全像圖是某種原始碼，會在量子粒子相互連結的巨大網路上運行、處理資訊，並以這種方式產生引力和所有我們所熟悉的物理現象。就他們看來，宇宙就是一種量子資訊處理器，而這種觀點和「我們生活在模擬世界」的觀點相差無幾。

全像原理描繪出一個不斷被創造的宇宙。就好像有一段程式碼，靠著無數糾纏的量子位元來運作並帶來物理現實，這就是我們所感知到的時間流。從這個意義上來說，全像原理將宇宙的真正起源擺放在遙遠的未來，因為只有遙遠的未來才能展現全像圖的全貌。

那麼遙遠的過去呢？不受時間影響的宇宙學如何看待時間的起源？假設明天理論家就識別出那幅與我們不斷擴張的宇宙相對應的全像圖，我們便出發逆著時間旅行，手中拿著AdS-QFT字典，想要讀懂那張全像圖。到底在時空的底部我們會發現什麼呢？

全像宇宙學探索過去的一種方式，是以某種類似模糊觀點來看全像圖。就像是把畫面放大。還記得在馬爾達希納的對偶性中，人們靠著考量表面全像圖中的較大尺度來深入AdS的內部。位於AdS最中心的物體經過全像原理編碼後，成為整個全像圖的長程相關性。同樣地，不斷擴張的宇宙全像圖，會將遙遠的過去銘刻在表面世界橫跨很大片距離的量子位元中。只要一層層剝開全像圖中的資訊，我們就可以進到更深層的過去——朝著圖57的圓面中心前進——直到我們只剩下幾個遙遠糾纏的量子位元。從全像的角度來看，宇宙的最初時刻絕對是詭異的情節。事實上，人們最終會耗盡糾纏的位元。那麼，這就是時間的起源。[16]

早期（由上而下）的霍金，將無邊界提案視為對宇宙從無到有的描述。當時，霍金試圖利用基礎的因果關係，來解釋宇宙起源：為什麼，而不是如何。但是全像原理對他的理論提出更激進的解釋。全像宇宙學顯示出，史蒂芬的「時空轉換成空間」轉變實際上想表達的意思是：當我們回到大霹靂的當下，物理學本身就消失了。與其說從全像原理誕生的無邊界假說是種起點的定律，不如說是一種定律的起點。那麼，「大霹靂的終極成因」這個古老問題還剩下什麼呢？它似乎已煙消雲散。最終可以拍板定論的不是定律本身，而是它們的改變和變形的能力。

全像宇宙學所提出「宇宙創生是真正的邊境限制」這概念，對多重宇宙宇宙學有著深遠的影響。在物理學家曾設計的全像圖中，找不到任何能證明島宇宙馬賽克圖存在的證據。相反地，全像原理編碼的內部波函數似乎只包含弦景觀的一小部分：**全像宇宙學就像是奧坎剃刀**（*Ockham's razor*）**般剔除掉多重宇宙**，史蒂芬得出這個結論。*在他生命的最後幾年，他很堅定認為對於多重宇宙的狂熱，是「古典、由下而上思維打結」的產物。

多重宇宙在很多方面，都像是宇宙學版的（半）經典黑洞理論。後者無法識別出黑洞的資訊儲存量存在上限。同樣地，多重宇宙假設我們的宇宙學理論可以包含任意且大量的資訊，且不會影響它們所描述的宇宙。但全像宇宙學描述出一幅截然不同的圖像。那條由島宇宙組成、會延伸到弦論景觀各個角落的宇宙拼布，似乎消失在全像宇宙學的不確定中。與其把這景觀視為一種實際的物理上層結構，不如把它當作是一種能為物理學提供資訊，但不一定存在的數學領域，有點像是門得列夫週期表對生物學的意義。史蒂芬說：**追問我們的宇宙之外有什麼，就像是追問電子在雙狹縫實驗中通過哪個狹縫一樣**。我們生活在一方時空中，被不確定性的海洋環繞，而對此，我們必須保持沉默。

當我們的旅程即將邁入尾聲時，我在一場研討會上巧遇林德，我問他在過了二十年後，他對多重宇宙的看法。讓我驚訝的是，安德烈說他認為想要掌握多重宇宙，就得從宇宙學採納有關觀測者角色的合適量子觀點。他一直都是這麼想的嗎？當然不是。但科學家的本分就是做好科學研究。我們的進步來自於奠基在現有的證據和抽象概念，並透過論證和推理交換意見。多重宇宙的深層悖論讓我們重新注意到（最早可追溯到牛頓的）物理學傳統典範的限制。安德烈的研究啟發我們找出能讓量子進去的裂縫。如果沒有多重宇宙理論為我們帶來極度沮喪和困難的難題，我們很可能還在外面尋找「來自虛空的視野」，在超越時空的虛無中感到迷失和困惑。

二〇一六年十一月，在宗座科學院所在地所舉行的紀念勒梅特的宇宙學會議上，史蒂芬把我們對多重宇宙的挑戰公諸於世。當史蒂芬告訴我他很想參加這場會議時，我並不覺得驚訝。畢竟，他就是在一九八一年於梵諦岡，首度提出宇宙無邊界的觀點。在把宇宙的歷史弄得天翻地覆之後，他一定覺得自己有欠於科學院，希望與他們分享他多年來一直很在乎的主題的最新進展。

這將是史蒂芬最後一次出國旅行，而這趟旅行也成了一趟艱難的遠征。霍金的醫生不再允許他搭朋友的噴射機。而是得乘坐空中救護車，且不是隨便一架空中救護車，而是指

* 史蒂芬在這裡提及一種哲學原則，一般被認為是十三世紀英國哲學家奧坎（William of Ockham）所提出：「如無必要勿增實體。」

定瑞士公司的空中救護車。這筆費用非常昂貴，但由於宗座科學院的經費短缺，我們不得不想辦法從我們的原本只涵蓋經濟艙機票的研究補助中擠出這筆費用。當他的醫生仍然拒絕簽字同意放行時，史蒂芬告訴他們，他預計會跟教宗方濟各碰面。到最後，因為預計會見到神聖的觀眾，醫生便不再持反對意見（儘管出自史蒂芬口中，他們可能會對這一說法有所懷疑），史蒂芬得以飛往羅馬。

就這樣，在他首次在梵諦岡演講的三十五年後，史蒂芬再次坐在聖伯多祿大殿後方宗座科學院的教堂裡，他在那邊解釋說，世間存在著宇宙的對偶描述，這是一種完全不同且極度反直覺的看待現實方式，而這種描述中的空間擴張——當然還有時間本身——顯然是一種由無數量子線所縫合而成的湧現現象，並形成位於低維表面的永恆世界。**宇宙終究還是存在邊界**。[17]

史蒂芬過世的前幾周，我去他家探望他。當時他幾乎是被困在家裡，但得到無微不至的照料。他自知不久於人世。在他位於華茲華斯林的書房中，我們最後一次重逢。**我從來都不是多重宇宙的擁護者**，他奮力打著，彷彿我尚未意識到這點。**是時候寫本新書了**……**包含全像原理在內**，是他對我說的最後一句話——也是最後的回家作業問題。我深信史蒂芬覺得，從全像觀點檢視宇宙的新觀點，會讓我們由上而下的宇宙學方法變得再明顯不過，以至於有一天我們會好奇，自己怎麼會錯過這方法那麼久。

雪下得很大，彷彿大自然為史蒂芬的最後一次航程提供一條毯子。走在回去學院的路上，穿過麥芽廠巷、越過柯耶沼澤區，跨過康河再經過磨坊酒吧，然後繞著老應用數學與理論物理系館走一圈，我回想著我們的旅程。在探尋現實終極基礎的過程中，我們透過某種奇妙的相互連結的循環，又回到自己的觀測結果。薩根（Carl Sagan）有句名言：「我們人類是宇宙認識自我的一種方式。」但就我來看，在量子宇宙——我們的宇宙——中，我們正在認識自己。由上而下宇宙學，無論是不是全像的形式，都是建立在我們和宇宙的關係之上。

圖 58　我們和吉姆一起在德州的「庫克支流」研究我們的最終理論。

其中存在微妙的人性面向。我在許多場合都強烈感受到，從上帝視角到蟲眼視角的這個宇宙觀點的轉換，對霍金來說，就像是回家一樣。

第八章　在宇宙中的家

存在的結構本體會把自身編織完成。

——查爾斯・艾維斯（Charles Ives）

一九六三年，鄂蘭參加由《今日偉大思想》（*Great Ideas Today*）編輯團隊所主辦「太空評論集」的徵文比賽。那是在人類首次進行太空冒險後不久，也是美國航空總署計畫啟動阿波羅十一號登月計畫之時。鄂蘭被問到「人類征服了太空，是提供還是降低了人類的地位」。看似顯而易見的答案會是，當然，是的，這提高了人類的地位。然而鄂蘭不同意這種觀點。

在她的文章〈太空征服和人類的地位〉（"The Conquest of Space and the Stature of Man"）中，她反思科學和技術如何改變人類的意義。[1]她的人本主義理念的核心是自由。她認為行動的自由和變得有意義的自由，使我們成為人類。[2]鄂蘭進一步思考，當我們掌握到越來越多重新設計和控制世界——從我們的物理環境和生物世界，到智慧的本質——

的技術時，人類的自由是否會受到威脅。

鄂蘭於一九〇六年出生於漢諾威的一個德國猶太家庭，曾在馬爾堡大學師從海德格（Martin Heidegger），但跟愛因斯坦一樣，她在一九三三年被迫逃離德國。這是人類的自由和尊嚴如何被剝奪的第一手教訓。接下來的八年她一直住在巴黎，並在一九四一年移民美國，成為紐約的活躍知識分子圈的一員。後來，在她為《紐約客》（*The New Yorker*）撰寫的一篇關於艾希曼（Adolf Eichmann）在耶路撒冷接受戰爭罪審判的報導中，她提出一個著名的論點（或者從其他人的角度來看，惡名昭彰的論點），認為普通人在極權制度下會成為自滿的參與者，因為他們不再自由地思考（或者根本不思考），與世界脫節。她將在社會政治領域發生的這種過分行為，歸咎到她所謂的**世界異化**（world alienation）所造成的社會腐蝕。所謂的世界異化指的是失去對世界的歸屬感，和我們都是互相緊密聯繫的認知，以及對於人類一體性和這種聯繫所帶來的公民參與感。

鄂蘭強烈認為，現代科學和科技是人類與世界疏遠的根源。事實上，她指出引發現代科學革命的核心觀點——世界是客觀的想法——是罪魁禍首。自從現代科學誕生以來，就一直在尋找一種由理性和普世規律所支配的最高真理。在追求這些真理的過程中，科學家屈服於鄂蘭所謂的**地球異化**（earth alienation，不要與世界異化搞混了），也就是尋求一種阿基米德式的立場，並期許這些客觀理解可以從那裡發揮重大功效。

她的核心論點是，這種立場是人本主義的對立面。當然，科學方法無論是在理論上還是在實務上都取得巨大的成功，也不可否認它為人類帶來不少好處。但是「逃離塵世」作為現代科學的最大特色，也在人類目標和據稱客觀的自然界運作定理之間造成鴻溝。這道鴻溝在將近五世紀的時間裡不斷擴大，日益挑戰人類的本質、改變社會的結構，並緩慢但穩定地把地球異化（將「從虛空中的視野」納入大多數科學中）轉變為世界異化（許多人都與世界脫節）。

鄂蘭在她的文章中指出位於現代科學核心的難題，並認為這最終將會被證明是一種自我折騰的典範。有趣的是，她引了量子先驅海森堡的話來支持他的論點：「人類在追求客觀現實的過程中突然發現，他總是獨自面對自己。」[3] 海森堡在這裡提到的是觀測者在量子理論中的關鍵角色：人們所提出的問題，會影響到現實的表現形式。他和波耳提出對量子理論的工具主義詮釋，是早期量子時代的典型說法，也造成一個很深層的認識論謎題。物理學家被要求「無須多言，專心計算」不要擔心量子理論的本體論。但鄂蘭正是對這點進行思考，並尖銳指出，隨著量子理論的出現，科學彷彿在進行人文學科一直知道，但卻永遠無法證明的事情，也就是說，人文學者對人類在新科學世界中的地位的擔憂很正確。

在鄂蘭看來，人造衛星「史普尼克」的發射是「其重要性不亞於任何事物」的事件，是朝著全然人工世界——一個受人類控制的「群落科境」（technotope）——演化的縮影。

她在文章中寫道：「太空人被發射至外太空，囚禁在布滿儀器的太空艙中，他只要和周圍環境有任何實際接觸就會立即招致死亡，他完全可以被視為海森堡那種人類的象徵性化身——他越是熱切地想要消除掉與周遭非人世界的接觸過程中，所包含的所有人類中心的考量，他就越不可能遇到除了他自己和人造物之外的任何事物。」

對鄂蘭而言，這種剝奪掉人性要素和人文關懷的科學及科技追求，有著基本的缺陷。無論是為了希望把另一顆星球變得宜居而征服太空，還是在生物科技中尋找賢者之石——抑或是在理論物理領域尋求終極理論——這些行為就她看來，都是對我們身為地球居民這人類條件的反叛：

人類必然會失去自己的優勢。他所能找到的只有相對於地球的阿基米德點，但一旦到了那裡並獲得對地球棲地的絕對權力後，他就需要一個新的阿基米德點，如此永無止境。人類只會在浩瀚的宇宙中迷失，因為唯一真正的阿基米德點，是宇宙背後的絕對虛空。

鄂蘭認為如果我們開始俯瞰世界和人類的活動，彷彿我們置身事外、彷彿我們開始舉起自己，那麼我們的行為最終會失去其深層意義。這是因為我們將開始把地球只視為一個普通的物體，不再是我們的家園。我們的活動，從線上購物到科學實作，都將淪為單純的資料點，可以用研究粒子碰撞或老鼠在實驗室中的行為的方式進行分析。我們對自己能力的信心，將逐漸轉化為某種人類的變種，把我們從地球的主體變成單純的客體。鄂蘭在她的文章中總結說，如果我們真的走到這一步，「人類的地位就不只是在我們所有的已知標準中變低，而是被摧毀」。也就是說，我們將失去自由。我們將不再是人類。

這是個悖論。當我們嘗試尋找終極真理和對身為人在地球上存在的絕對控制時，我們冒著最終會變得更渺小，而非更偉大的風險。

鄂蘭論點的核心思想是，只有當我們渴望在宇宙中安居樂業時，科學和技術才能真正提高人類的地位。「地球是人類條件的最高精髓。」她認為。無論我們在世界發現到什麼，或無論我們對世界做了什麼，都是人類的發現和努力。無論我們的思想有多麼抽象或具想像力、也無論其影響多麼深遠，我們的理論和我們的行動，仍然與我們的人類條件、地球條件密不可分。正因為如此，鄂蘭懇求我們以人性作為基礎，進行科學實作和群落科境的想像：

可以想像得到，從現代科學發展出的新世界觀很可能會更加地球中心和具有人性。這並不是過去那種地球是宇宙中心、人類是萬物頂點的世界觀。而是一種以地球中心的觀點，認為地球，而非某個宇宙之外的位置，才是人性的核心和家園。那也是一種有人性的

觀點，因為人會將自己的有限程度視為一種基本條件，並判斷自己到底有機會達成哪種科學成果。

這就是漢娜和史蒂芬交會的所在。那是後期由上到下的史蒂芬。霍金的最終理論使宇宙學擺脫其柏拉圖式的束縛。它在某種意義上把物理定律帶回家。這套理論採用由內而外的宇宙觀，根源於鄂蘭所謂「我們的地球條件」。這不單純只是深奧的學術問題，因為物理宇宙學意識到我們以蟲眼視角觀察宇宙時帶著與生俱來的侷限，但遲早，它將重新制定科學議程的方向。的確，如果過去可以作為嚮導，我們也許會希望霍金的最終理論能夠成為新科學和人類世界觀的核心，在這世界觀下，人類的知識和創造力將再次繞著它們共同的中心旋轉。

宇宙學很可能是能佐證鄂蘭的擔憂有憑有據的科學領域之一。當然，我們身處宇宙之中！然而，自牛頓以降，宇宙學家持續努力不懈想從宇宙外的一個點進行推論，而到了二十世紀末，多重宇宙的臆測已將地球異化變成**宇宙異化**。宇宙學家困惑於據稱客觀的定理中那利於生命的性質，而迷失在多重宇宙中，結果正如鄂蘭所預見的那樣，他們的宇宙最終沒有變大，而是變小。

但我相信，鄂蘭沒有預料到的是，海森堡的新量子理論（在其中「人類獨自面對自己」），也包含著宇宙重塑自身的契機。在本書中，我認為真正的量子宇宙觀可以對抗現代科學無情的異化力量，讓人類從內部視角重新建構宇宙學——這也正是霍金最終理論的精髓。

在量子宇宙中，經由持續進行提問和觀測，實相的過去和未來會從朦朧的可能性中浮現出來。這種觀測行為——量子理論最核心的交互過程——將可能發生的事情，轉變為實際發生的事情，持續使宇宙的現實變得更根深蒂固。（在量子意義上的）觀測者在宇宙事務中取得某種創造性的角色，為宇宙學注入微妙的主觀色彩。觀測行為也將微妙的時間倒推元素帶入宇宙學理論中，因為今天的觀測結果，彷彿回到過去確定了「當時」大霹靂的結果。這就是為什麼史蒂芬把他的最終理論稱為「由上而下宇宙學」；我們解讀宇宙歷史的基本原理——但從由上而下的角度。

由上而下宇宙學將觀測行為整合到其架構中，但又沒有賦予生命特殊角色，從而避免鄂蘭所說「迷失在數學中」的危險，也避免人擇原理的陷阱。通俗地說，史蒂芬的最終理論既沒有把人類視為盤旋在宇宙之上的神一般的形象，也沒有把人類視為在現實邊緣，無助的演化犧牲者，而是把人類僅僅視為人類本身。史蒂芬終其一生都在與人擇原理搏鬥，他顯然對這結果非常滿意。由上而下宇宙學，在某種意義上顛覆了「宇宙看似明顯有設計」的謎題。這體現在量子層面上，宇宙是如何設計出自己的利於生命特性。根據這個理論，生命和宇宙在某種程度上是相契合的，因為從更深層次的概念來說，它們是共同存在的。

事實上，我敢說這種觀點捕捉到了到哥白尼革命的真正精神。當哥白尼將太陽放到中心時，他清楚意識到，從那一刻起人類需要把地球繞著太陽的運轉納入考量，才能正確解讀天文觀測結果。哥白尼革命並沒有假說我們在宇宙中的位置是無關緊要的，我們只是沒享有特權。經過了五個世紀，由上而下宇宙學又回到了這根源，我想鄂蘭一定會很高興。

儘管如此，霍金的最終理論並不是因為突然贊同某種哲學立場而產生的。如果要說的話，史蒂芬試圖避免採納任何的哲學立場。他認為，愛因斯坦會提出靜態宇宙以及他之所以不願意接受量子力學，是因為他受到太多自身哲學偏見所引導，因此史蒂芬盡力避免重蹈覆轍。我們發展由上而下方法，主要是為了解開多重宇宙的悖論，找到更好的宇宙學理論。但現在回顧來看，這份努力結果是在哲學上頗有收穫。

一九二〇年代末，科學家發現到宇宙是有歷史的，這是有史以來最驚人的發現之一。近一個世紀以來，科學家是在永恆不變自然定理的穩定背景下研究這段背景。但是史蒂芬和我所提出理論的本質認為，這種方法無法傳達出勒梅特所發現到宇宙的深度和廣度。我們提出的量子宇宙學，是從內部解讀宇宙的歷史，認為在宇宙的早期階段就包含物理定律的系譜。我們認為最根本的不是定律本身，而是它們變化的能力。如此一來，由上而下宇宙學完成了勒梅特在人類對宇宙的思索中所發起的理念革命。[4]

想要揭開在最早量子階段所隱藏的本質，我們必須剝開我們和宇宙誕生之間隔著的許多複雜層次。我們可以利用回溯宇宙的時間實現這目的。當我們最終回溯到大霹靂時，就會看到更深層次的演化階段，物理定律本身在這個階段也會發生變化。我們會發現一種演化的演化，在這個階段中，物理演化的規則和原則，與它們所宰制的宇宙共同演化。

這種演化的演化帶有達爾文主義的色彩：在早期宇宙的原始環境裡，變異和選擇會相互影響。變異的出現是因為隨機量子躍遷導致確定性行為經常會出現微小偏離，偶爾也會出現較大的偏離。選擇的出現則是因為部分偏離，尤其是較大的偏離，會被放大並以新規則的形式被凍結起來，從而影響、形塑後續的演化。在熱大霹靂的熔爐中，這兩種力量相互競爭也相互影響，也造成分支過程——有點類似於數十億年後生物物種湧現的過程——在這過程中，維度、力和粒子種類首先變得多元，然後當宇宙擴張並冷卻到一百億度的時候獲得有效形式。這些轉變所包含的隨機性質代表，就像達爾文的演化論一樣，這種真正古老的宇宙演化結果，只有到事後才能理解。

當然，如何將這些點連接起來並拼湊出物理定律之樹，是我們在可預見的未來內要面對的挑戰。由於只有很少的化石記錄下宇宙的最早時刻，而且大部分宇宙的內容都是黑暗且神祕的，也證實宇宙創生是極難破解的。但是望遠鏡技術的進步持續擴展著我們的感官。從對微波背景輻射的精細觀測，到對暗物質粒子和重力波爆發的巧妙探索，為了解開潛藏在我們根源最深處的遙遠時代，全世界的物理學家都作足準備。

現在，如果有效的物理定律是遠古演化的化石遺跡，那麼從本體論上來說，我們也許應該將它們和其他演化階段中類似定律的特徵同等看待。若再更誇張一點，有人可能會說，在量子宇宙學的大框架之下，當現代科學剛出現時，基督教在西歐佔主要地位的事實，與粒子物理學標準模型中電子異常磁矩（anomalous magnetic moment）的值之間，似乎沒有任何本體論上的不同。它們都是凍結的意外，只是複雜程度大相逕庭而已。

史蒂芬的無邊界起源模型（由上而下構想出來的！）是實現我所倡導的物理學及宇宙學基礎史觀的關鍵，這種物理學觀點包含了定律的創生。無邊界假說預測，如果我們儘可能朝著太古宇宙的最深處往回追溯，太古宇宙的結構性質會繼續蒸發和變化，最終它延伸到時間本身。在最一開始，時間會跟空間融為一體，形成某種高維球體，將宇宙封閉為虛無。這套假說讓早期（仍然以因果關係進行推論）的霍金，宣稱宇宙是從無到有誕生的。但霍金的最終理論對大霹靂時的時空閉合，做出截然不同的解釋。後期的霍金認為，宇宙誕生之初的虛無，不像是真空的虛無——從那之中宇宙可能，也可能不會誕生——而是一個更加深邃、認識論的視界，當中沒有空間、沒有時間，最關鍵的是，沒有物理定律。在史蒂芬的最終理論中，「時間起源」是我們對過去所能描述範圍的限制，而不只是一切的開端。這套理論的全像形式特別能夠證明這個觀點，在那之中，時間維度、因此還有演化的概念、化約論概念的縮影，都被視為宇宙的湧現特質。從全像觀點看來，時間的倒推就像是用越來越模糊的視線來看全像圖。全像圖真的會如字面上地，「散發」（shed）越來越多編碼在其中的資訊，直到它用完所有的位元為止。那個當下，就是起點。

由上而下宇宙學有個引人注目的特點是，它內建一套機制限制著我們對世界的描述。就彷彿只能從宇宙取走適量的量子，就可以防止我們想要知道太多。但這點很重要，因為正是霍金最終理論將我們的過去關閉，以及這種關閉迫使我們對某種有限性具備基本認知，才避免我們陷入多重宇宙的悖論當中。一遇到量子宇宙學，多重宇宙就像是雪遇到太陽般蒸發。由上而下宇宙學除掉了色彩繽紛宇宙拼布的大部分顏色，但奇怪的是，這般削減卻增強了理論的預測能力。因此，正如鄂蘭在她精闢分析中所預期的那樣，拋棄掉阿基米德立場的宇宙學理論，會變得更大而非更小。引述維根斯坦在他的名作《邏輯哲學論》（*Tractatus Logico-philosophicus*）結尾的一段話：「凡是不可說的，都必須保持沉默。」量子宇宙觀的本領就是它確實為我們提供保持沉默的數學工具。

結果就是，對於宇宙學最終能夠對世界有多深的探索，我們大幅修改了原先的理解。早期的霍金（以及早期的作者）試圖對宇宙在時間起源之際，物理條件存在明顯設計這一點有深入的理解。他（我們）假設在由數學所宰制的大霹靂深處，隱藏著一個基本的因果解釋可以決定「為什麼宇宙會是現在這樣」，就像史蒂芬經常說的那樣。也就是說，我們假設有一種最終理論，可以取代物理宇宙（或者多重宇宙）。把宇宙學變成由上到下、由內到外的後期霍金，主張早期的另一個自我犯了錯誤。我們由上而下的視角，顛覆了物理學中定律與現實之間的階層關係。這導致一套新物理哲學的出現，它摒棄「宇宙是台受先驗存在的絕對定律所操控的機器」觀點，取而代之的是「宇宙是種自組織（self-organizing）的實體」觀點，在實體中會出現各種湧現模式，而其中最普遍的就是我們所說的物理定律。可以說，在由上而下宇宙學中，定律為宇宙服務，而非宇宙為定律服務。這套理論認為，若「存在」這個重大難題有答案的話，那麼答案會在這個世界中，而不是在世界之外的絕對結構中。

我在圖43所繪製的那幅相互連結的三角圖案，總結了由上而下方法背後的概括原則。這個方法將傳統的物理學典範概括入其中，其中的三大支柱——歷史、起源和觀測行為——並非相互纏繞，而是被視為獨立、分離的實體，各自都有著自己的地位。這個三角圖案相當於一個新奇的預測框架，並在之中描述宇宙定律構成的歸納過程，因此，我們的物理理論被視為是眾多可能選項之一。這種由上而下觀點用最誠實的方式表達出，物理定律是我們從集體資料中所歸納出的宇宙特性，經簡化後成為運算演算法[5]，並非某種外部真理的表現形式。物理理論的陸續出現被理解為是科學家辨識出越來越多的普遍模式，且涵蓋了越來越多相互連結的實證現象。當然這種進展大幅強化了物理理論的預測能力和功用，但這絕非代表我們能因此走上通往最終理論的道路——一個獨一無二、自外於其結構、也自外於我們的資料的最終理論。當然一個基本的觀察結果是，總有許多能套用在有限資料集的理論，就像是在數量有限的點之間，可以有許多曲線插值（interpolate）一樣。同樣地，由上而下宇宙學方法也會使我們懷疑，我們沿途會陸續找到理論，但卻沒有個終點。在某種程度上，史蒂芬的終極理論說明了終極理論並不存在。

擺脫了對絕對真理的各種要求，由上而下宇宙學為從藝術到科學等許多思想領域提供了空間，為每個領域提供不同目的，並激發出互補的見解。如果說我們的由上而下思維確實包含著新世界觀的種子，那麼那會是個徹底多元的世界觀。我們可以看到，時間概念和定律般模式的出現方式，是有賴於我們提出的問題，並以我們周圍宇宙的複雜性作為基礎。二〇一六年十一月，當晚期霍金在梵諦岡闡述我們的後柏拉圖宇宙學時，不再有必要繼續跟上帝和教宗對抗。剛好相反的是，史蒂芬對教宗方濟各有著很強烈且動人的共鳴，因為他們的共同目標都是保衛我們的共同宇宙家園，以造福當下和未來的人性。

我們從量子宇宙學中理解到，從基本來看，生物演化和宇宙演化並非兩種不同的現象，而是一顆巨大演化樹上的兩個截然不同層次。生物演化所關注的是高複雜領域的分支，而宇宙學處理的是低複雜層面的分支，而天體物理學、地質學和化學層面填補了兩者之間的空白。儘管每個層面都有自己的特性、自己的語言，但宇宙波函數會將它們交織在一起。[6]物理定律之樹在早期宇宙中以「亂七八糟」的方式出現，也呈現出達爾文主義的概略原則（典型的生物方案）是如何一路擴展到我們所能想像到的演化的最深層面。量子宇宙學在某種意義上連結起在生物學和物理學之間，那道折磨人的概念鴻溝。它告訴我們，達爾文的生命之樹草圖和勒梅特的猶豫宇宙草圖（分別請見彩頁圖4和圖3）有很深的連結，代表著一個包羅萬象歷史過程中的兩個階段。

這般非凡的包羅萬象也顯露出自然界存在深刻且強大的統一性。層次極為不同的演化，融合成一個（經由相關性）互相連結的整體。有效物理定律和生命之間驚人的契合程度，是我們研究旅程的主導動機（leitmotif），而這可以說是絕佳的範例，說明什麼是跨越多層次的相關性。我們現在可以開始理解在更深層次中，我們作為生命之樹上的一根小樹枝，如何跟著地球上的所有物種，和我們周圍的物理世界互相連結，並拼湊出宇宙中的生命源頭。事實上，擁有先見之明的達爾文，可能已經預見到這個發展。一八八二年，在達爾文給瓦利希（George Wallich）的信中寫道：「連續性原則使我們有理由相信，生命的原則在將來會被證明，它是某種涵蓋整個自然界的普遍定律的一部分，或是它的結果。」我們可能總有一天會很接近能夠實現達爾文遠見的境界。

儘管如此，許多物理學家，尤其是理論家（他們往往對於自然定律的深層根源有很強烈的看法）仍寧願相信世間存在徘徊於物理現實之外與之上的最終理論——一個位於存在核心的科學塔樓中堅若磐石的基礎。這種心態沒有逃過史蒂芬的法眼。[7]「如果最終不存在終極理論，有些人會非常失望。」他說。但他接著說：「我曾經是那陣營的人。但我現在很慶幸我們對理解的探索永遠不會有終點，我們總是會面臨新發現的挑戰。少了挑戰，我們會停滯不前。」以非常典型的霍金方式，史蒂芬已經準備好繼續前行，急於展開後柏拉圖時代的一場令人興奮的旅程。

史蒂芬跟達爾文一樣，覺得這之中一定有壯觀的景色。這的確是個讓人非常興奮的前景！如果包含物理學的「基本」定律在內的所有科學定律都是湧現而成的定律，那麼我們很快就會發現到更為廣闊的自然觀。事實上，這些見解與許多科學學科的最新發展相符。摒棄了我們在尋找一套獨特規則的想法，科學在許多領域當中開始從研究「是什麼」轉向研究「可能是什麼」。

在資訊科學領域，人工智慧和機器學習的技術，正在創造新形態的運算和智慧，其中有些具有演化的能力，甚至可以獲得一部分的直覺（無論是人類或其他生物的）。生物工程學奠基於不同的遺傳密碼甚至蛋白質，解開新穎的演化途徑。例如，CRISPR*等基因編輯技術就允許遺傳學家用準確、有明確目標的方式修改細胞的DNA，設計出有著「自然界」不存在的外型或能力的生命形式。其成果包含天才老鼠到長壽蟲，或許有一天，會出現天才長壽的人類，或者說後人類（post-human）。與此同時，量子工程師製造出新的物質形式，在日常生活的宏觀尺度上展示出微觀量子糾纏的詭異性質。其中有些材料甚至可以用全像原理加密新的引力和黑洞理論，或者是不斷擴張的簡化宇宙——其演化方式是用演算法操作大量相互連結的量子位元。

這些都是意義深遠的進展。科學家不再光是通過研究現有現象來找出自然定律，而是開始設想假設的定律，然後設計出能使這些定律湧現的系統。尋找**智慧本質**或**萬有理論**的舊目標，可能很快就會被視為是過時和過度侷限的世界觀的遺跡。普林斯頓高等研究所前所長戴克赫拉夫（Robbert Dijkgraaf）在他最近刊登於《量子雜誌》（*Quanta Magazine*）的一篇文章中寫道：「我們過去稱為『自然』的東西，只是一個超巨大景觀中的最微小部分，那個超巨大景觀仍等著我們去解開。」[8]

此外，這些進展會強化彼此，因此我們很可能會在它們的交會處發現到最影響廣泛的結果。二〇二〇年，由谷歌人工智慧部門DeepMind所開發、名為AlphaFold的深度學習程式在經過自我訓練後，能夠根據胺基酸序列判斷蛋白質的三維折疊形狀，從而解決分子生物學領域的一大未決難題。未來幾年內，機器學習演算法將從CERN的大型強子對撞機所產出千兆位元組的資料中尋找新粒子，並從LIGO所接收到充滿雜訊的振動中，找到重力波的模式。我們應該期待這種深度學習程式，到後來會和我們一起潛心研究支撐著我們物理理論的數學結構，以及，天曉得，一起重新詮釋物理的基本語言。

因此，只要欣然接受「可能是什麼」的領域，我們就已站在現代科學時代全新篇章的關口上。在二十世紀，科學家辨識出自然界的基本構成要素：粒子、原子和分子是所有物質的組成要素；基因、蛋白和細胞是生命的組成成分；位元、程式碼和網路系統是智慧和資訊的基礎。在這個世紀，我們將開始用新奇的方式把這些成分連結起來，從而建造出具備特有定律的新現實。當然，在超過一百三十億年的宇宙擴張，和近四十億年的地球生物演化的過程，自然界的其他層面都進行著這種運作。但正如戴克赫拉夫強而有力的描述那般，那只探索了所有可能設計中最微小的一部分。從數學上可以構想出的基因數量是很驚人的，甚至遠遠超過典型黑洞的微觀態數量，但其中只有一小部分實現為地球上的生命。

* 常間回文重複序列叢集（Clustered regularly interspaced short palindromic repeats）

同樣地，弦論可以製造出的物理力和粒子的幅度也很巨大。但早期宇宙的擴張只產生出這組特定的粒子。因此，從基礎物理學到智慧體，在整個複雜性的範圍內，與迄今自然演化所實現的現實數量相比，形形色色可能的現實數量絕對會大上非常多。二十一世紀是我們開始揭開這個龐大領域的關鍵歷史時期。

這個轉變代表一個新時代的到來，這是地球史上、甚至可能是宇宙史上第一次有物種嘗試重構和超越其演化的生物圈。這呼應到鄂蘭所說，我們已經不再只是經歷演化，而是正朝著改造演化，進而照我們人性的方向轉變。

一方面，這是個充滿偉大希望的時代。與我們過去所經歷的任何事情相比，前方道路之開闊確實相當令人震驚。在未來的某些分支中，我們今日的選擇將成為難以想像的創新和後人類繁榮發展的跳板。在這些未來之中，「人類時代」將代表一個值得留意的階段，它介於頭四十億年那令人痛苦地緩慢、達爾文主義式的演化階段，以及接下來未知的年分裡由技術和智慧設計所創造的演化（且在地球和遙遠的地方同時發生）之間。但這也是個危險、不穩定的時代。人造的生存危機——從核子戰爭到全球暖化的擴散，從生物技術到人工智慧的進步——所帶來的風險，現在已經遠遠超過自然。英國皇家天文學家里斯男爵預估，若把所有危機種類納入考量，我們只有50％機率能在二一〇〇年之前，不會遭遇到任何災難性的挫折。牛津大學人類未來研究所認為，人類在本世紀面臨生存危機的機率約為六分之一。因此，我們有著無數條通往未來的道路，而非東一條西一條不可能發生的分支，在這些道路上，我們可能會陷入混亂，甚至消失，只在宇宙史上留下小小的註腳。

關於我們的前景，我們只擁有一個明確的資料點：似乎沒有外星文明曾在我們宇宙鄰近區域內大規模探索恆星系統。因此，在我們局部過去光錐裡的數十億顆恆星中，似乎沒有一顆恆星演化成擁有我們可能很快就能追上技術水準的大規模生態系統。雖然物理定律非常適合生命存在，但卻沒有證據顯示出存在其他生命。我們一直沒能收聽到外星人業餘電台傳來的外星詩歌，也沒有看到神祕的天文工程建設劃過天際。恰恰相反的是，我們根據一組自然物理定律，成功解釋恆星系統、銀河系和整個可觀測宇宙的行為。一九五〇年夏天，義大利物理學家費米（Enrico Fermi）在思考這悖論時，提出了著名的問題：「大家都去哪了？」費米的意思是，在這種利於生命的條件下，卻缺乏外星文明的證據出現，就代表從一般無生命物質的世界朝著我們可能很快能成為的「群落科境」的演化道路上，一定在某處存在著重大的障礙。主要的瓶頸是位於我們的過去還是在我們的未來，或者兩者皆是？如果我們過去一步步的演化是如此不可思議地難發生，導致複雜的生命形式在宇宙中非常罕見，那麼幾乎就可以肯定主要的瓶頸在我們身後。但有種感受纏繞在費米心中，那就是可能路障是位在我們目前的文明有機會在宇宙中開枝散葉的那個過渡階段；我們可能無法在我們創造的世界中生存下去。如果能對這一點有更多的理解，就有助於當我們在開創未來之時，能擁有集體的先見之明。[9]事實上，史蒂芬理解費米的感受，他曾說過：「我們只要看看自己，就會知道智慧生命能如何發展成我們不想要面對的事物。」

這就帶出了一個問題：我們為地球和人類設想了怎樣的未來？後人類會蓬勃發展，並擴展到宇宙中嗎？從量子的角度來看，通往未來的無數條道路某種意義上已經存在，就像是充滿可能性的景色。有些未來甚至看起來非常可行。不過，我們應該從過去的歷史中汲取教訓，偶然會不斷介入歷史，導致歷史出現意想不到的轉折。在二〇一九年的某個時刻，一隻蝙蝠在武漢的意外行為只是一個範例。然而，我們能藉由對我們所嚮往的未來擁有清晰的全球願景，雖然充滿不確定性，但透過某種量化的基礎來模擬未來的可能運作方式，並制定避免陷入危急處境的手段。有個重大責任會落在科學家和學者群的身上：他們要扮演社會智囊團的角色，確保他們的研究能夠相互整合，並為共同利益服務——從生物工程到機器學習和量子技術。

因為我們不能光是等待和盼望發生最好的結果。如果人類連對於自己嚮往哪種未來都無法有志一同，我們就很難指望自己能達到類似這樣的境界。沒有任何說明書可供我們參考，也沒有任何基礎，甚至我認為，就連在物理定律的底層，也不存在能在基礎上緩和失敗的衝擊。如果人類不寫自己的劇本，也沒有人會替我們寫。我們要不就任由演化盲目進行，把人類的地位降到跟大規模蟻群一般，被集體化和監控，剝奪一切自由；要不就認識我們的命運掌握在自己的手中，一步步將命運塑造成共同一致的未來願景，證明費米的悲觀主意是錯誤的。

在這個關鍵的歷史時刻，當我們從自然的位置邁出第一步時，將會比以往任何時刻更需要記住鄂蘭說過的話：「我們是地球上的騎士，而非天上的神。」我們是持續變化的宇宙中的行動者。我們就是演化本身。我們需要找到一條通往地球意識的道路，以緩和鄂蘭所說的異化過程，並以一種珍視未來的方式重新描繪人類之間、以及與生物圈萬事萬物之間的關係。只有珍惜我們身為地球管家的身分，以及這個身分的有限性，我們才能避免人類讓自己陷入與多種力量對立的窘境。

史蒂芬的最終理論廢除掉「來自虛空的視野」，提供一個強而有力的希望核心。我們探索大霹靂的旅途，是關於「我們」的起源，而不只是始於大霹靂的宇宙起源。這是其中的關鍵部分。史蒂芬跟愛因斯坦一樣，他認為人類的長遠未來最終仍取決於我們對自己最深層根源的理解程度。這就是他研究大霹靂的動力所在。他的最終宇宙理論不只是科學上的宇宙學，而是帶著人文觀點的宇宙學，在這種宇宙學中，宇宙被視為我們的家（儘管是個很大的家），而其物理學根植在我們與它的關係之中。霍金的宇宙學終章，結合了牛頓的數學嚴謹性和達爾文的深刻洞察力，認為在更深層的意義上，我們是一體的。現在史蒂芬的骨灰埋在倫敦西敏寺中殿裡，牛頓和達爾文的墓穴之間，這安排確實非常恰當。在我與史蒂芬共度的時光中，我逐漸瞭解到他是那種渴望我們所有人都能多從宇宙的角度來看待我們的存在，並用深層時間角度進行思考的人。他的最終理論就是顆萌芽中的種子，有可能長出一種以科學為基礎，同時奠基在我們人性之上的全新的世界觀。顯然，橫跨量子宇宙學和道德宇宙的弧線是極其漫長且脆弱的。但鄂蘭描繪的那道從伽利略觀測月球到當今高科技社會的弧線也是如此。

史蒂芬深信，勇於提問和得出深奧的解答將使我們能夠安全、英明地領航地球邁向未來。他在被診斷出患有肌萎縮性脊髓側索硬化症這個可怕疾病之後，仍然願意去愛、去生兒育女、去體驗世界的各個面向、去掌握宇宙，他的人生故事激勵了數百萬人，並將會一直是「人類能夠實現很多事」的強大象徵。二〇一八年六月十五日，在西敏寺舉行的悼念儀式上，他的遺言被傳送到太空中，也概括了上述一切：「當我們從太空看向地球時，我們看到的是一個整體；我們看到的是團結，而非分裂。這個畫面很簡單，但傳達的意義卻很深遠：一顆星球，一個人類物種。我們唯一的界限，就是我們看待自己的方式。我們必須成為世界公民。讓我們同心協力，讓未來成為我們會想造訪的地方。」

從霍金身上，我們可以學到對世界的熱愛，並讓我們渴望著重新想像這個世界，並且永不放棄。成為真正的人類。雖然他幾乎無法動彈，但史蒂芬是我所認識最自由的人。

致謝

我與霍金的旅程，若非有許多同事和朋友的幫助，將不可能發生。

感謝來自愛爾蘭都柏林的奧特維爾（Adrian Ottewill）和霍根（Peter Hogan），他們在一九九六年把我送上了前往英國劍橋的列車。誠摯感謝圖羅克，他在理論宇宙學的聖地所開授的迷人課程鼓勵我敲開了史蒂芬的門。還要感謝同在霍金和圖羅克行星軌道上博士生，包括蓋勒法、里爾、史巴克斯（James Sparks）和威斯曼（Toby Wiseman），感謝他們的夥伴情誼。

「你該儘可能遠走高飛。」我畢業時，史蒂芬對我說，我也這麼做了。非常感謝吉丁斯（Steve Giddings）、格羅斯（David Gross）、哈妥、霍羅維茨（Gary Horowitz）、馬羅夫（Don Marolf）、馬斯雷德尼基（Mark Srednicki）和已故的波爾欽斯基（Joe Polchinski），在令人興奮的弦論宇宙學早期階段，在加州大學聖巴巴拉分校創造出如此非凡而激發人心的研究環境。

大約在這時期，史蒂芬和米契爾建立交情。誠摯感謝米契爾家族在他們的庫克支流保育區創造出美妙的避風港，讓史蒂芬可以在那邊研究。也要特別感謝位於布魯塞爾的國際索爾維研究所，感謝他們的主席索爾維（Jean-Marie Solvay）和長期以來的總監亨諾（Marc Henneaux），以及研究所的女主人索爾維女士（Madame Marie-Claude Solvay）。她對歐本海默、費曼或勒梅特等人的清楚回憶，讓二十世紀物理學史變得鮮活。索爾維家族的溫暖與慷慨代表這所研究所在我們的旅程中的角色，已經遠不只是科學庇護所。

多年來與許多同事的深入討論，深刻影響我對時間起源的思考。對此特別感謝安尼諾斯（Dio Anninos）、波貝夫（Nikolay Bobev）、德奈夫（Frederik Denef）、吉伯森（Gary Gibbons）、哈利維爾（Jonathan Halliwell）、雅各布森（Ted Jacobson）、詹森（Oliver Janssen）、克萊班（Matt Kleban）、雷納斯（Jean-Luc Lehners）、林德、馬爾達希納、佩奇（Don Page）、斯塔羅賓斯基（Alexei Starobinsky）、范里特（Thomas Van Riet）、維倫金，以及再次感謝霍羅維茨、波爾欽斯基、斯雷德尼基和圖羅克。也感謝歐洲研究委員會和佛蘭德斯研究基金會對本書中所闡述更廣泛宇宙學理論基礎的技術研究的支持。

當然，如果沒有史蒂芬的支援團隊，我是不可能跟史蒂芬完成研究的，包括他一系列的研究生助理和個人秘書，特別是伍德（Jon Wood）和克羅斯代爾（Judith Croasdell），以及許多具備專業和創造力，進行照顧、修護和安排史蒂芬行程的護理人員，使霍金號太空船即便已超過任務期限仍能順利運行。

要深深感謝哈妥，我們在這趟振奮旅程中的同伴，他對宇宙似乎與生俱來的量子觀點，總像是地平線上的一道閃亮的燈塔，以及德杜爾瓦德（Tom Dedeurwaerdere），我極為珍貴的測試對象和靈感來源。

我要感激劍橋理論宇宙學中心及其資助者、以及三一學院，它們在關鍵的岔路口提供我訪問學者的身分。也要向里斯和宗座科學院表示感謝，他們促成了史蒂芬早期版本的最終宇宙學理論的傳播。

衷心且特別感謝露西・霍金（Lucy Hawking）的溫柔和勇敢指導，特別是在接近史蒂芬臨終、和述說我們旅程的概念萌生的那個最艱難的後期階段。本書的前幾行是在華茲華斯林住處的廚房桌邊寫成的。

我的目標是將我們的合作努力結果，放到相對論和量子宇宙學更為廣泛的歷史發展背景框架裡。有關這段歷史的啟發性討論，我要感謝已故的巴羅（John Barrow）、吉伯森、蘭伯特（Dominique Lambert）、朗艾爾（Malcolm Longair）和皮布爾斯（Jim Peebles）。也特別感謝高齡九十五歲的塞魯盧斯（Frans Cerulus），仍然生動地分享他對勒梅特的個人回憶。感謝莫恩斯（Liliane Moens）和菲利厄（Véronique Fillieux）在我探索魯汶天主教大學中豐富的勒梅特檔案時提供的寶貴協助；以及法梅洛（Graham Farmelo）就霍金早期的科學和個人生活所分享的啟發性討論。

我也感謝我在魯汶天主教大學關係密切的同事波貝夫（Nikolay Bobev）、普羅伊恩（Toine Van Proeyen）、范里特信守承諾，在理論物理研究所內打造充滿活力的研究小組，即使在COVID-19封城的挑戰下，也創造出一個激勵人心的寫作環境。也感謝我在魯汶和低地諸國更廣大的同事圈，從培育珍貴學術環境的願景家，讓科學寫作能夠觸及更一般的讀者群，到努力試驗最先進宇宙學理論的英雄們。特別感謝戴克赫拉夫，也許只是無意中，為我提供許多靈感和鼓勵。

感謝哈薩比斯（Demis Hassabis）針對在AI時代，宇宙學可能有怎樣的（多種）未來——以及這代表什麼——與我進行一次令人大開眼界的對談。感謝劇作家萊克維爾特（Thomas Ryckewaert），勇敢地將這一系列的想法（和作者）帶上舞台。感謝比利時的瑪蒂爾達王后前來參觀辦在魯汶的「前往時間邊緣」展覽，過程非常愉快。也感謝我的共同策展人霍斯（Hannah Hawes）滿腔熱血冒險投入科學與藝術之間的廣闊空間，並在過程中為這部作品增添些許藝術格調。

我還要感謝並恭喜佛拉蒙廣播電視公司（VRT）的檔案管理員。在書稿剛完成沒多久，他們就找到一份遺失已久的一九六四年勒梅特的訪談錄音，為我在本書中所建立出，起於勒梅特終於霍金的智慧弧線提供驚人的支持。

感謝格勞韋（Aïsha De Grauwe）精彩地將我的草圖變成插圖，以及埃利斯（Georges

Ellis）、彭羅斯和惠勒就較老的圖片上提供親切的協助。我也要對位於倫敦科學博物館的霍金辦公室，以及佛羅里達州立大學「迪拉克檔案文件」的管理者致上謝意。

要非常感謝我的出版經紀人布羅克曼（Max Brockman）和溫伯格（Russell Weinberger），對本書提出很好的建議和指導。以及我在蘭登書屋出色的編輯雷德蒙（Hilary Redmon）所給我的精闢編輯見解和持續的鼓勵，還有哈努卡耶夫（Miriam Khanukaev）在寫作過程中的引導。

最後，衷心感謝娜塔莉（Nathalie）和我們的孩子們，薩洛梅（Salomé）、艾拉（Ayla）、諾亞（Noah）和拉斐爾（Raphael），在我的旅程中創造出如此美好和充滿愛的家庭。

圖片出處

圖 1：© Science Museum Group (UK)/Science & Society Picture Library

圖 2：© ESA—European Space Agency/Planck Observatory

圖 3，5，9，19－21，23－25，27－31，33－38，41－43，45－46，48－49，52－54，57：© author/Aïsha De Grauwe

圖 4：授權自 Ministry of Culture—Museo Nazionale Romano, Terme di Diocleziano, photo n. 573616: Servizio Fotografico SAR

圖 6：public domain/providing institution ETH-Bibliothek Zürich, Rar 1367: 1

圖 7 (a)：© photo by Anna N. Zytkow

圖 7 (b)：14, 17, 50, 51: © 作者

圖 8：public domain/Posner Library, Carnegie Mellon

圖 10：© Event Horizon Telescope collaboration

圖 11：重製自 Roger Penrose, "Gravitational Collapse and Space-time Singularities," *Physical Review Letters* 14, no. 3 (1965): 57–59. © 2022 by the American Physical Society.

圖 12：首次出版於 Vesto M. Slipher, "Nebulae," *Proceedings of the American Philosophical Society* 56 (1917): 403

圖 13：© Georges Lemaître Archives, Université catholique de Louvain, Louvain-la-Neuve, BE 4006 FG LEM 609

圖 15a／15b：Paul A.M. Dirac Papers, Florida State University Libraries

圖 16：photo by Eric Long, Smithsonian National Air and Space Museum (NASM 2022-04542)

圖 18：重製自 George Ellis, "Relativistic Cosmology," in *Proceedings of the International School of Physics "Enrico Fermi,"* ed. R. K. Sachs (New York and London: Academic Press, 1971)

圖22：photograph collection, Caltech Archives/CMG Worldwide
圖26：© photo by Anna N. Zytkow
圖32：Professor Andrei Linde 個人收藏
圖39：© Maximilien Brice/CERN
圖40：© photograph by Paul Ehrenfest, courtesy of AIP Emilio Segrè Visual Archives
圖44：© *The New York Times*/Belga image
圖47：重製自John A. Wheeler, "Frontiers of Time," in *Problems in the Foundations of Physics, Proceedings of the International School of Physics "Enrico Fermi,"* ed. G. Toraldo di Francia (Amsterdam; New York: North-Holland Pub. Co., 1979/KB-National Library)
圖55：© M.C. Escher's Circle Limit IV © 2022 The M.C. Escher Company, The Netherlands. All rights reserved. www.mcescher.com
圖56：重製自 John A. Wheeler, "Geons," *Physical Review* 97 (1955): 511–36
圖58：© photo by Anna N. Zytkow

彩圖1：© Georges Lemaître Archives, Université catholique de Louvain, Louvain-la-Neuve, BE 4006 FG LEM 836
彩圖2：首次出版於 Algemeen Handelsblad, July 9, 1930, "AFA FC WdS 248," Leiden Observatory Papers
彩圖3：© Georges Lemaître Archives, Université catholique de Louvain, Louvain-la-Neuve, BE 4006 FG LEM 704
彩圖4：public domain
彩圖5：© *The New York Times Magazine*. First published on Feb. 19, 1933.
彩圖6：© Succession Brâncuși—all rights reserved (Adagp)/Centre Pompidou, MNAM-CCI /Dist. RMN-GP
彩圖7：首次出版於 Thomas Wright, *An Original Theory of the Universe* (1750)
彩圖8：M.C. Escher's "Oog" © The M.C. Escher Company—Baarn, The Netherlands. All rights reserved. www.mcescher.com
彩圖9：© ESA—European Space Agency/Planck Observatory
彩圖10：© Science Museum Group (UK)/Science & Society Picture Library
彩圖11：© Sarah M. Lee

參考書目

Arendt, Hannah. *The Human Condition*. Chicago: University of Chicago Press, 1958.

Barrow, John, and Frank Tipler. *The Anthropic Cosmological Principle*. Oxford: Oxford University Press, 1986.

Carr, Bernard J., George F. R. Ellis, Gary W. Gibbons, James B. Hartle, Thomas Hertog, Roger Penrose, Malcolm J. Perry, and Kip S. Thorne. *Biographical Memoirs of Fellows of the Royal Society: Stephen William Hawking CH CBE, 8 January 1942–14 March 2018*. London: Royal Society, 2019.

Carroll, Sean. *The Big Picture: On the Origins of Life, Meaning, and the Universe Itself*. London: Oneworld, 2017.

Davies, Paul. The Goldilocks Enigma: *Why Is the Universe Just Right for Life?* London: Allen Lane, 2006.

Farmelo, Graham. *The Strangest Man: The Hidden Life of Paul Dirac, Mystic of the Atom*. New York: Basic Books, 2009.

Gell-Mann, Murray. *The Quark and the Jaguar*. New York: Freeman, 1997.

Greene, Brian. *The Fabric of the Cosmos*. New York: Alfred A. Knopf, 2004.

Greene, Brian. *The Hidden Reality: Parallel Universes and the Deep Laws of the Cosmos*. New York: Alfred A. Knopf, 2011.

Halpern, Paul. *The Quantum Labyrinth*. New York: Basic Books, 2018.

Hawking, Stephen. *A Brief History of Time: From the Big Bang to Black Holes*. New York: Bantam Books, 1988.

Hawking, Stephen, and Leonard Mlodinow. *The Grand Design*. New York: Bantam Books, 2010.

Lambert, Dominique. *The Atom of the Universe: The Life and Work of Georges Lemaître*. Kraków: Copernicus Center Press, 2011.

Nussbaumer, Harry, and Lydia Bieri. *Discovering the Expanding Universe*. Cambridge: Cambridge University Press, 2009.

Pais, Abraham. *"Subtle Is the Lord— ": The Science and the Life of Albert Einstein*. Oxford: Oxford University Press, 1982.

Peebles, James. *Cosmology's Century: An Inside History of Our Modern Understanding of the Universe*. Princeton: Princeton University Press, 2020.

Pross, Addy. *What Is Life?* Oxford: Oxford University Press, 2012.

Rees, Martin. *If Science Is to Save Us*. Cambridge: Polity Press, 2022.

Rees, Martin, *Our Cosmic Habitat*. Princeton: Princeton University Press, 2001.

Rovelli, Carlo. *The First Scientist: Anaximander and His Legacy*. Translated by Marion Lignana Rosenberg. Yardley, Pa: Westholme, 2011.

Smolin, Lee. *The Trouble with Physics: The Rise of String Theory, the Fall of Science and What Comes Next*. Boston: Mariner Books, 2007.

Susskind, Leonard. *The Cosmic Landscape: String Theory and the Illusion of Intelligent Design*. New York: Little, Brown, 2006.

Susskind, Leonard. *The Black Hole War*. New York: Little, Brown, 2008.

Turok, Neil. *The Universe Within: From Quantum to Cosmos*. Toronto: House of Anansi Press, 2012.

Weinberg, Steven. *To Explain the World: The Discovery of Modern Science*. New York: Harper, 2015.

Wheeler, John Archibald, and Kenneth Ford. Geons, *Black Holes, and Quantum Foam: A Life in Physics*. London: Norton, 1998.

備註

前言

1. 在史蒂芬逝世後，這塊黑板連同霍金劍橋辦公室等值得留存紀念的物品，被倫敦科學博物館集團收購為國有。後來發現，這些塗鴉不是史蒂芬所繪的，而是為期數個月研討會參與者的共同作品，包括當時霍金的共同研討會組織人和博士後研究生羅切克（Martin Roček），你可以在黑板中間偏右稍微看到他的臉繪。
2. Christopher B. Collins and Stephen W. Hawking, "Why Is the Universe Isotropic?" *Astrophysical Journal* 180 (1973): 317–34.
3. 史蒂芬偶爾會把他的聲音借出去，其過程是先有人起草一篇聲明，然後經由他的語音軟體執行之後再傳播到外界。然而，熟稔他的人可以輕易區分霍金發言的真假——真的霍金會以簡潔、清晰和帶有他特色的幽默感脫穎而出。雖然出於幾種原因而必須這麼做，但這也令人感到遺憾，因為這代表霍金的公眾形象逐漸與真實的他分離。

第一章・悖論

1. Fred Hoyle, "The Universe: Past and Present Reflections," *Annual Review of Astronomy and Astrophysics* 20 (1982): 1–36.
2. Steven Weinberg, "Anthropic Bound on the Cosmological Constant," *Physical Review Letters* 59 (1987): 2607.
3. Paul Davies, *The Goldilocks Enigma: Why Is the Universe Just Right for Life?* (London: Allen Lane, 2006), 3.

4. 這段文字是通過西里西亞的辛普利修斯（Simplicius of Cilicia）傳下來的，他在對亞里士多德《物理學》的評論中引用了這段文字。
5. Galileo Galilei, *Il Saggiatore* (Rome: Appresso Giacomo Mascardi, 1623).
6. 阿拉戈（François Arago）的名言。
7. Paul Dirac, 節錄自 Graham Farmelo, *The Strangest Man: The Hidden Life of Paul Dirac, Mystic of the Atom* (New York: Basic Books, 2009), 435.
8. William Paley, *Natural Theology; or, Evidences of the Existence and Attributes of the Deity, Collected from the Appearances of Nature* (London: Printed for R. Faulder, 1802).
9. Charles Darwin, *On the Origin of Species*, manuscript, 1859.
10. Stephen Jay Gould, *Wonderful Life: The Burgess Shale and the Nature of History* (New York: Norton, 1989).
11. Charles Darwin, 節錄自 Charles Henshaw Ward, *Charles Darwin: The Man and His Warfare* (Indianapolis: Bobbs-Merrill, 1927), 297.
12. Leonard Susskind, *The Cosmic Landscape: String Theory and the Illusion of Intelligent Design* (New York: Little, Brown, 2006).
13. 儘管一如書名所示，卡特或其他人都不認為人擇原理特別關注人類，而是關注更廣泛生命的條件。巴羅和提普勒（Frank Tipler）在《人擇宇宙學原理》（*The Anthropic Cosmological Principle*, Oxford: Oxford University Press, 1986）中對這個想法進行了詳細回顧。
14. Andrei Linde, "Universe, Life, Consciousness" (lecture, Physics and Cosmology Group of the "Science and Spiritual Quest" program of the Center for Theology and the Natural Sciences [CTNS], Berkeley, Calif., 1998).
15. Steven Weinberg, Living in the Multiverse, delivered at the Symposium "Expectations of a Final Theory" at Trinity College, Cambridge, September 2005, and published in *Universe or Multiverse?*, ed. B. Carr (Cambridge: Cambridge University Press, 2007).
16. Nima Arkani-Hamed, "Prospects for Contact of String Theory with Experiments" (lecture, Strings 2019, Flagey, Brussels,

July 9–13, 2019).

17. 霍金在他的演講「由上而下宇宙學」（"Cosmology from the Top Down"）重複這一點（lecture, Davis Meeting on Cosmic Inflation, University of California, Davis, March 22-25, 2003）。

18. 在《科學革命的結構》（*The Structure of Scientific Revolutions*）一書中，美國科學哲學家孔恩解釋說，當支配科學運作的現行典範與新現象不相容時，就會產生典範轉移。人們可能會好奇，到底是哪種「新現象」在二十一世紀之交出現，造成人們呼籲變革宇宙學。我認為，其中主要的原因是一九九〇年代末，天文觀測到的宇宙加速膨脹。這些觀測結果與弦論的新理論見解相結合後，便體現出利於生命定律的偶然性質。

19. 一九七〇年代中，霍金與他的學生卡爾（Bernard Carr）合作，推測在熱大霹靂之後形成了小型黑洞。這些原初黑洞會更熱並且輻射得更快。事實上，那些大約10^{15}克重的黑洞——跟山一樣重，但跟質子一樣小——可能會在這時期於宇宙中爆炸。令史蒂芬非常失望的是，沒有人觀測到這樣的爆炸。

第二章：沒有昨天的日子

1. Georges Lemaître, "Rencontres avec Einstein," in *Revue des Questions scientifiques* (Bruxelles: Société scientifique de Bruxelles, January 20, 1958), 129.

2. 一九六三年，勒梅特在向前魯汶大學學生所做的最後一次公開演講「宇宙與原子」（"Univers et Atome"）。這種措辭方式比他平常描述他的立場時要強烈得多，無疑反映出他對反對者態度的某種挫折感。蘭伯特（Dominique Lambert）在《喬治・勒梅特的精神歷程》（*L'itinéraire spirituel de Georges Lemaître,* Bruxelles: Lessius, 2007）一書中，深入描述了勒梅特對科學與宗教關係的（有所演變的）觀點，其中包括對這次演講的分析。

3. 湯姆遜在一八九二年被封為第一代拉格斯的克耳文（Kelvin of Largs）男爵。這個頭銜是指流經他在格拉斯哥大學實驗室附近的克耳文河。我們今天會知道他，主要是因為他的名字被賦予絕對溫度單位。克耳文制定出絕對零度的溫度大約是攝氏 -273.15 度。在一項史詩般的工程中，他還鋪設了第一條橫跨大西洋的電報纜線，連接愛爾蘭和紐芬蘭島。在此引用克耳文勳爵在《哲學雜誌》（*Philosophical Magazine* 6, no. 2 (1901): 140）的文章「覆蓋熱量和光線的動力學理論的十九世紀的烏雲」（"Nineteenth Century Clouds over the Dynamical Theory of Heat and Light"）中的話。

4. Hermann Minkowski, "Raum und Zeit" (lecture, 80th General Meeting of the Society of Natural Scientists and Physicians, Cologne, September 1908).
5. Quoted in Abraham Pais, "*Subtle Is the Lord—* ": *The Science and the Life of Albert Einstein* (Oxford: Oxford University Press, 1982).
6. 愛因斯坦所使用的扭曲幾何表達方式是由十九世紀的數學家，如高斯（Carl Gauss）和黎曼（Bernhard Riemann）所發展出的。他們意識到，我們許多人在學校學到的常規幾何規則，比如以畢達哥拉斯命名的畢氏定理，或三角形的內角和為一百八十度的定理，在彎曲的表面上並不適用。例如，在橘子（或地球表面）上，三角形的內角和會超過一百八十度。在高斯和黎曼之前，彎曲表面總被認為嵌入在一般的三維歐幾里德空間中。但高斯指出，像直線和角度這樣的二維彎曲表面的幾何特性，可以從內在定義，而不需要參考外部的任何東西。這想法為黎曼開闢了道路：以同樣的方式想像的話，三維空間就可以是彎曲的，並與歐幾里德空間有所不同。愛因斯坦正是這麼思考的，而且他更進一步，用四維扭曲的時空幾何來描述物理世界。彎曲的時空在四維空間遵循非歐幾里德幾何的定律，而不需要援引任何外部或超越它的東西。這代表的意思之一是，宇宙的存在或擴張，不需要在某種更大的箱子裡。
7. John Archibald Wheeler and Kenneth Ford, Geons, *Black Holes, and Quantum Foam: A Life in Physics* (London: Norton, 1998), 235.
8. Pais, "*Subtle Is the Lord.*"
9. Special cable to *The New York Times*, November 10, 1919.
10. 這個半徑並非首次在物理學中出現。早在一七〇〇年代，米歇爾（John Michell）和拉普拉斯利用牛頓力學發現，若一個質量為 *M* 的球體壓縮在這個半徑內，將會擁有等同於光速的逃逸速度。這樣的假想物體將無法輻射光粒子，可以被看作是黑洞的前身。
11. See, e.g., Georges Lemaître, "L'univers en expansion," *Annales de la Société Scientifique de Bruxelles* A53 (1933): 51–85. Available in English translation as "The Expanding Universe," *General Relativity and Gravitation* 29, no. 55 (1997): 641–80.

12. 在一顆正常恆星大部分的生命期間內，它會通過核融合產生的熱壓力支援自身去抵抗其自身的引力，並在核融合過程中將氫轉化為氦。然而，恆星最終將耗盡其核燃料並開始收縮。如果恆星原本質量不是太大，電子之間（或中子和質子之間）的排斥力最終將阻止其塌縮，恆星將安定下來形成白矮星（或中子星）。然而，印度裔美國天體物理學家錢德拉塞卡（Subrahmanyan Chandrasekhar）因為在一九三〇年指出白矮星擁有質量上限而獲得諾貝爾獎。接著在一九三九年，歐本海默和沃爾科夫（George Volkoff）展示了中子星也有質量上限。結論是，沒有已知的物質狀態能夠阻止一定程度質量恆星的引力塌縮，這些恆星被認為會繼續收縮，最終形成黑洞。

13. Roger Penrose, "Gravitational Collapse: The Role of General Relativity," *La Rivista Del Nuovo Cimento* 1 (1969): 252–76.

14. Roger Penrose, "Gravitational Collapse and Space-time Singularities," *Physical Review Letters* 14, no. 3 (1965): 57–59.

15. 在第82頁的愛因斯坦方程式中，包含了一個量，即 $8\pi G/c^4$，它會與右側物質的質量與質量相乘。這個量的數值非常小，代表需要大量的質量或能量才能稍微變形方程式左邊的時空場。為了讓你有些概念，整個地球的質量對位於鄰近的空間形狀的變形，相對於正常的歐幾里德空間的10^{-9}數量級。

16. Einstein, letter to Willem de Sitter, March 12, 1917, in *Collected Papers*, vol. 8, eds. Albert Einstein, Martin J. Klein, and John J. Stachel (Princeton University Press, 1998): Doc. 311.

17. 想對擴張發現的歷史有更詳細的認識，我推薦 Harry Nussbaumer and Lydia Bieri's *Discovering the Expanding Universe* (Cambridge: Cambridge University Press, 2009)。

18. 我強烈推薦勒梅特的這本傳記：*The Atom of the Universe*, by Dominique Lambert (Kraków: Copernicus Center Press, 2015)。

19. 勒梅特在這裡引用聖多瑪斯·阿奎那（Saint Thomas Aquinas）的話，他說：「凡是在理智中的，無不先在感官之中。」

20. Georges Lemaître, "L'Etrangeté de l'Univers," a lecture he gave to the Circolo di Roma in 1960, reprinted in *Pontificiae Academiae Scientiarum Scripta Varia* 36 (1972): 239.

21. 造父變星是一種脈動變星，其亮度會在幾個月到僅僅一天的時間內上升和下降。現代早期的首批女性天文學家之一利維特（Henrietta Leavitt），在過去曾注意到造父變星的脈動周期與其亮度之間存在奇特的關係：亮度較暗的造父變星有較短的週期。這代表人們可以利用觀察造父變星亮度的週期性變化來測量宇宙中的距離。於是，造父變星成為天文學家測量宇宙中遠距離物體的第一個可靠的量尺，哈伯也用很精巧的方式藉此來估算我們與星雲的距離。

22. 羅威爾天文台於一八九四年由羅威爾（Percival Lowell）為了研究火星上的神祕「運河」而興建。一九三〇年，天文學家在這裡首次發現冥王星。

23. 光譜是指光分布成不同顏色的方式。藉由比較在天文物體光譜中可辨識特徵的波長，與在地球實驗室中測量出有著相同可辨識特徵的波長，就可以確認該物體光譜的位移。

24. Vesto M. Slipher, "Nebulae," *Proceedings of the American Philosophical Society* 56 (1917): 403–9.

25. 他的論文是用法文寫成的，發表在相對晦澀的《布魯塞爾科學學會年鑑》（*Annales de la Société Scientifique de Bruxelles*, Série A. 47 [1927]: 49–59）。論文的標題是〈一個質量恆定且半徑增長的均質宇宙，可以解釋外星系星雲的徑向速度〉（"Un univers homogène de masse constante et de rayon croissant, rendant compte de la vitesse radiale des nébuleuses extragalactiques"），毫無疑問地傳達出勒梅特的意圖。事實上，勒梅特在最後編輯手稿時稍作修改，將變化（variant）改為增長（croissant），可能是為了加強他的模型與天文觀測結果之間的聯繫，暗示星系正在遠離我們。

26. Lambert, *Atom of the Universe*.

27. 由於距離存在巨大的不確定性，勒梅特把哈伯所發表的星系實例的速度平均值除以距離平均值。取平均值有助於消除個別距離量測時的巨大不確定性。

28. 勒梅特試圖延續與愛因斯坦的對話，便搭上了一輛計程車，這輛車正準備將愛因斯坦帶往他在柏林的前學生皮卡爾（Auguste Piccard）的實驗室。在計程車行駛途中，勒梅特提出了觀測到星雲退行的議題，認為這為宇宙膨脹提供一些證據。然而，根據他的回憶，他感覺愛因斯坦對最新的天文觀測結果既不瞭解也不感興趣。

29. 傅里德曼的專業知識範圍包含從純粹的相對論數學研究，到進行高海拔氣球飛行以研究高度對人體的影響。一九二五年，他曾一度擁有著世界氣球飛行的最高紀錄，航行至 7,400 米（24,278 英尺）的高度，比俄羅斯最高的山還要高。幾個月後，他便去世了，據說是因為斑疹傷寒，享年三十七歲。

30. 跟愛因斯坦一樣，勒梅特對於空間有限的宇宙有著強烈的哲學偏好。

31. 二〇一八年，國際天文學聯合會通過了一項決議，決定將這項關係稱為哈伯—勒梅特定律。

32. 根據經改善後對二十四個星系的觀測結果，哈伯在第99頁得出速度－距離關係中比例常數H的值，為513公里／秒對三百萬光年的距離——與勒梅特前段時間發現的值並沒有太大差異。哈伯和胡馬森將他們的觀測解釋為普通的都卜勒位移。
33. Einstein, letter to Tolman, 1931, in Albert Einstein Archives, Archivnummer 23-030.
34. Arthur Stanley Eddington, *The Expanding Universe* (Cambridge: Cambridge University Press, 1933), 24.
35. Georges Lemaître, Evolution of the expanding universe, *Proceedings of the National Academy of Sciences*, 20, 12–17.
36. Einstein, letter to Lemaître, 1947, in Archives Georges Lemaître, Université catholique de Louvain, Louvain-la-Neuve, A4006.
37. 哈伯和胡馬森的紅移觀測只能追溯到幾百萬光年前，因此，他們的測量結果確定出相對近期宇宙時代的膨脹速率，但對於這個速率在宇宙歷史中的演變沒有提供任何資訊。在一九九〇年代的黃金時期中，對亮度極高的超新星爆炸光譜觀測使得人們能夠重建宇宙數十億年前的膨脹過程。這也顯露出我們的宇宙在大約五十億年前從放緩膨脹轉向加速膨脹。
38. Georges Lemaître, *Discussion sur l'évolution de l'univers*, (Paris: Gauthier-Villars, 1933), p 15–22.
39. 勒梅特屬於一種新形態的數學天文學家，他們相信天文學的未來將包含純粹的分析以及電腦程式。他的計算研究方式可說緊緊跟隨著電腦技術的進步。早在一九二〇年代，他在麻省理工學院協助布希（Vannevar Bush）測試微分分析器應用到施特默問題。後來，他將宇宙射線軌道的計算從對數表轉移到手搖加法器，然後再轉到電動桌面機器和機械自動化會計機器，最終在一九五〇年代，哈特里（Douglas Hartree）允許他使用劍橋大學開發中的真空管計算機時，他實現了自己的夢想。
40. Arthur S. Eddington, "The End of the World: from the Standpoint of Mathematical Physics," *Nature* 127, no. 2130 (March 21, 1931): 447–53.
41. Lemaître, *Revue des Questions scientifiques*.
42. Lemaître, "L'univers en expansion."
43. Georges Lemaître, "The Beginning of the World from the Point of View of Quantum Theory," *Nature* 127, no. 2130 (May 9,

1931): 706.

44. P .A.M. Dirac, in "The Relation Between Mathematics and Physics," a lecture he delivered on February 6, 1939, on presentation of the James Scott Prize. Published in the *Proceedings of the Royal Society of Edinburgh* 59 (1938–39, Part II): 122–29.

45. Fred Hoyle, "The Universe: Past and Present Reflections," *Annual Review of Astronomy and Astrophysics* 20 (1982): 1–36.

46. Fred Hoyle, *The Origin of the Universe and the Origin of Religion* (Wakefield, R.I.: Moyer Bell, 1993).

47. 關於他多姿多彩的生活的更多趣聞軼事，可以在伽莫夫的自傳《我的世界線：非正規自傳》（*My World Line: An Informal Autobiography*, New York: Viking Press, 1970）中找到。

48. 較重的化學元素，如碳，是在恆星內通過核融合於更晚的時期形成的。比鐵重的元素，則是在超新星的瞬間高熱中或在中子星的劇烈合併中形成的。這些過程和其他過程鑄造出當今宇宙豐富的化學環境。實際上，最異常的元素正在今天地球上（也許還有其他地方）物理學家的實驗室中融合。

49. Lambert, *Atom of the Universe*.

50. Quoted in Duncan Aikman, "Lemaitre Follows Two Paths to Truth," *The New York Times Magazine,* February 19, 1933（見彩頁，圖 5）

51. Georges Lemaître, "The Primaeval Atom Hypothesis and the Problem of the Clusters of Galaxies," in *La structure et l'evolution de l'univers: onzieme conseil de physique tenu a l'Universite de Bruxelles du 9 au 13 juin 1958*, ed. R. Stoops (Bruxelles: Institut International de Physique Solvay, 1958): 1–30. 以賽亞的隱藏上帝（*Deus Absconditus*）概念是勒梅特思想背景中持續出現的一個主題。例如，他在一九三一年於《自然》雜誌上發表的大霹靂宣言的手稿尾端包含了一個短段落——在出版前被劃掉——其中他寫道：「我認為，每個相信存在著一名支撐著每個存在和行動的至高無上存在的人，也相信上帝本質上是隱藏的，並且可能會高興地看到當代物理學如何提供了一層面紗，隱藏了創造。」

52. Lemaître, "The Primaeval Atom Hypothesis and the Problem of the Clusters of Galaxies."

第三章：宇宙創生

1. Stephen Hawking, *My Brief History* (New York: Bantam Books, 2013), 29.
2. 例如在調查無線電波源頭——這些源頭後來被稱為類星體（quasars）——遭遇的壓力，顯示這些源頭在天空中分布相當均勻。這代表它們可能位在我們的銀河系外部。但有太多微弱的源頭，指出它們在遙遠過去時的密度更高，這並非在一個不變的穩態宇宙中所期望看到的。
3. 像彭羅斯一樣，史蒂芬辨識出一個不歸點，也就是反陷阱表面的形成，從那裡向各個方向發射的光線會分歧。史蒂芬展示出，如果某處曾經存在反陷阱表面，那麼在更早的時間一定存在一個奇異點。
4. George F.R. Ellis, "Relativistic Cosmology," in *Proceedings of the International School of Physics "Enrico Fermi," Course 47: General Relativity and Cosmology*, ed. R. K. Sachs (New York and London: Academic Press, 1971), 104–82.
5. As quoted in *General Relativity and Gravitation: A Centennial Perspective*, A. Ashtekar, B. Berger, J. Isenberg, M. Maccallum, eds. (Cambridge: Cambridge University Press, 2015), 19.
6. Hendrik A. Lorentz, "La théorie du rayonnement et les quanta,": in *Proceedings of the First Solvay Council*, Oct 30–Nov 3, 1911, eds. P. Langevin and M. de Broglie (Paris: Gauthier-Villars, 1912), 6–9.
7. 海森堡的不確定性原理與普朗克的量子假設密切相關。想像一下，你想測量一個粒子的位置。為此，你必須觀察該粒子，例如，通過照射光來觀察它。如要更精確地測量位置，你可以使用更短波長的光。然而，根據普朗克的量子假設，至少要使用一個量子的光。這個量子會輕微地擾動粒子，以無法預測的方式改變其速度。波長越短，一個量子的光的能量越高，粒子速度的不確定性就越大。海森堡的不確定性原理對此進行了量化，規定粒子位置的不確定性與其動量的不確定性的乘積，永遠不會小於一個稱為普朗克常數的特定數量，用 h 表示。普朗克常數的值可以通過實驗測定。它是自然界的基本常數之一，與光速 c 和牛頓的引力常數 G 一樣，但這兩者都出現在第82頁的愛因斯坦方程式中。相較之下，普朗克的量子常數顯然不在這個經典的（與量子相對的）方程式中！
8. 薛丁格用機率波描述粒子的方式也解釋了早期關於原子的量子實驗。舉個例子，一個電子繞著原子核運轉。如果我們將電子視為波動的實體，那麼只有某些軌道的長度才會對應於電子波長的整數倍。這些軌道每次繞行時波峰都會處於相同位置，所以波會相互疊加和加強。這些正是波耳量子化軌道。

9. Erwin Schrödinger, *Science and Humanism: Physics in Our Time* (Cambridge: Cambridge University Press, 1951), 25.
10. 關於費曼和惠勒之間在科學及個人層面互動的生動描述，我強烈推薦哈爾珀恩（Paul Halpern）的《量子迷宮》（*The Quantum Labyrinth*, New York: Basic Books, 2018).
11. Freeman J. Dyson, referencing Feynman in a statement in 1980, as quoted in Nick Herbert, *Quantum Reality: Beyond the New Physics* (Garden City, N.Y.: Anchor Press, 1987).
12. 想像一下，如果有人在其中一個狹縫附近設置一個儀器來驗證電子究竟走的是哪條路徑。有了這個額外的探測器，你確實會看到每個電子穿過其中一道狹縫。然而，你也會發現屏幕上的干涉圖案消失了。這是因為有了新的儀器，我們便提出了一個不同的問題，從而選擇了一組不同的歷史。藉由添加新儀器，我們問：「電子走的是哪條路徑？」而為了回答這個問題，費曼的歷史求和方案指示我們要將穿過特定狹縫的所有電子路徑加起來。顯然，這將產生通過該狹縫的總機率，即50%。但是，為了迫使電子揭露這些資訊，我們也消除了所有穿過另一道狹縫的歷史，從而消除了兩組軌跡在到達屏幕的途中相互干涉的可能性。只有當實驗者不試圖確定任何特定電子穿過哪道狹縫時，干涉圖案才會出現。
13. James B. Hartle and S. W. Hawking, "Path-Integral Derivation of Black-Hole Radiance," *Physical Review* D 13 (1976): 2188–203.
14. 可以預見，在未來的某個時候，我們將能夠對無邊界假說的創生有更多的理解：加州大學聖巴巴拉分校的檔案館收藏一個大型的藍色活頁夾，上面標有「81–82 波函數」，哈妥在裡頭細心地保存他在那兩個關鍵年分與史蒂芬的通信。
15. 哈妥，私人談話。
16. 黑洞的雪茄形狀直徑指的是遠處觀測者測量到的黑洞溫度。雪茄形狀的直徑越大，黑洞的溫度越低。對於給定的質量，歐幾里德框架中的直徑是藉由要求在其尖端的幾何形狀變得平滑，像球體而不是像錐體所得來的。這就是黑洞的歐幾里德幾何如何加密其量子行為的方式。
17. Gary W. Gibbons and S. W. Hawking, eds., *Euclidean Quantum Gravity* (Singapore; River Edge, N.J.: World Scientific,

1993), 74.

18. Sidney Coleman, "Why There Is Nothing Rather Than Something: A Theory of the Cosmological Constant," *Nuclear Physics* B 310, nos. 3– 4 (1988):643.

19. 這種主題討論會議是由勒梅特神父於一九六〇年代創立的，當時他是宗座科學院的院長。

20. Allocution of His Holiness John Paul II, published in *Astrophysical Cosmology: Proceedings of the Study Week on Cosmology and Fundamental Physics*, eds. H. A. Brück, G. V. Coyne, and M. S. Longair (Città del Vaticano: Pontificia Academia Scientiarum: Distributed by Specola Vaticana, 1982).

第四章・塵與煙

1. 熱大霹靂理論還預測了宇宙中存在中微子背景（ＣＮＢ），甚至是引力子背景。如果能夠觀測到的話，ＣＮＢ將提供一個宇宙僅僅幾秒大時的快照。

2. Georges Lemaître, *L'hypothèse de l'atome primitif: Essai de cosmogonie* (Neuchâtel: Editions du Griffon, 1946).

3. Bernard J. Carr et al., *Biographical Memoirs of Fellows of the Royal Society: Stephen William Hawking CH CBE, 8 January 1942–14 March 2018* (London: Royal Society, 2019).

4. 在牛頓的理論中，引力完全來自於物體的質量和能量，但在廣義相對論中，壓力也對物體的重力、對它扭曲時空的方式有所貢獻。更重要的是，與始終為正的質量不同，壓力還可以是負值。一個熟悉的負壓力例子是當你拉伸橡皮筋時感受到的內部拉力。在愛因斯坦的理論中，正壓力，就像正質量一樣，對引力有正向貢獻，但負壓力導致相斥的引力或反引力。

5. 這些理論預測的主要參與者包括在俄羅斯工作的奇比索夫（Gennady Chibisov）、穆哈諾夫（Viatcheslav Mukhanov）和斯塔羅賓斯基（Alexei Starobinsky），以及在西方的巴爾丁（James Bardeen）、古斯（Alan Guth）、皮瑞英（So-Young Pi）、斯坦哈特（Paul Steinhardt）和透納（Michael Turner）。

6. G. W . Gibbons, S. W. Hawking, and S.T.C. Siklos, eds., *The Very Early Universe: Proceedings of the Nuffield Workshop,*

Cambridge, 21 June to 9 July, 1982 (Cambridge; New York: Cambridge University Press, 1983).

7. 一對虛粒子中，一個具有正能量，另一個具有負能量。負能量粒子無法在普通時空中持續存在，而必須尋找其正能量伙伴並與之湮滅。然而，黑洞包含負能量態，所以如果一對虛粒子中的負能量掉入黑洞，它可以繼續存在而不必與其伙伴湮滅，從而使伙伴能夠自由逃脫。掉入黑洞的粒子的負能量會略微降低黑洞的質量，這解釋了為什麼霍金輻射會使黑洞縮小，並最終消失。

8. 關於宇宙中存在比眼睛所見更多的物質的最早跡象可以追溯到一九三〇年代，由瑞士天文學家茲威基（Fritz Zwicky）對星系團的觀測。茲威基觀察到一些星系以驚人的高速圍繞著其他星系運行。這代表必須有比可見恆星更多的物質來維持這樣星系團的凝聚。在一九七〇年代，美國天文學家盧賓（Vera Rubin）觀察到出現在個別星系外圍的類似效應。她的觀測指出螺旋星系的臂也必須嵌入在一團暗物質中，才能保持其結構完整。

9. 兩支天文學家團隊，由里斯（Adam Riess）和施密特（Brian Schmidt）所共同領導的高Z超新星計畫，以及由珀爾默特（Saul Perlmutter）領導的超新星宇宙學計畫，都測量了從遙遠星系中爆炸恆星（即超新星）的光的亮度和紅移。由於這些超新星的固有亮度是已知的，研究者能夠使用這些恆星作為基準，來測量宇宙的深處。再結合他們的紅移觀測，就使得兩個團隊能夠確立哈伯—勒梅特定律，並將數十億光年的距離和退行速度相聯起來，從而重建數十億年前的膨脹歷程。令他們驚訝的是，他們的測量結果顯示，宇宙的膨脹約在五十億年前開始加速，這一發現使珀爾默特、里斯和施密特共同獲得了二〇一一年的諾貝爾獎。

10. 科學家對於當前宇宙膨脹的加速是否由一個真正恆定的宇宙常數驅動、或是否涉及一個變化極慢的標量場（一種殘餘的暴脹場）仍有所懷疑。在前一種情況下，壓力和能量密度的比率恰好等於-1，而在後一種情況下，它將大於-1。這種差異可能看起來不是非常重要，但它會影響（非常）長期的加速率，因此可能會改變宇宙的最終命運。科學家目前正在努力儘可能精確地確定這個比率的值。

11. 自那時起出現了一個小問題。相對於局部的天文觀測，如超新星光譜的觀測，指出膨脹速度是73公里／秒—每百萬秒。相比之下，從對宇宙微波背景的觀測中，再借助廣義相對論所推斷出的膨脹速度約為67公里／秒—每百萬秒。這種差異被稱為「哈伯緊張」，儘管它真的應該被稱為「哈伯—勒梅特緊張」。宇宙學家正在熱烈地尋找解釋。這是否意味著廣義相對論需要以某種方式進行調整？敬請期待！

12. 普通量子力學中的波函數（不包括引力）遵循薛丁格方程式，該方程式規定了它們隨時間的演變方式。時間是普通量子力學中唯一不會與任何其他事物相互作用的實體。物理學家毫無問題地在精確的給定時間點計算量子力學中的觀測機率。然而，所有這些只有在普通量子力學所假設有著固定且確定的時空背景才能成立，其中粒子的波函數會演化。相比之下，在量子宇宙學中，時空本身就是有量子力學和波動性質。因此，我們不再有任何可作為普遍時鐘的東西。因此，時間在整個宇宙的量子描述中消失並不奇怪。的確，宇宙的波函數遵循惠勒和德維特首次提出的薛丁格方程式的抽象版本，但這不是一個動態法則。它更像是對波函數整體的一種永恆約束。
13. S. W. Hawking and N. Turok, "Open Inflation without False Vacua," *Physics Letters* B 425 (1998): 25–32.
14. 就我知識所及，永恆暴脹的想法最早是在林德投稿的文章〈新暴脹宇宙情節〉（"The New Inflationary Universe Scenario"）中提出，本文被收錄在 *The Very Early Universe: Proceedings of the Nuffield Workshop, Cambridge, 21 June to 9 July, 1982*, eds. G. W. Gibbons, S. W. Hawking, and S. T. C. Siklos (Cambridge; New York: Cambridge University Press, 1983), 205 49.
15. Linde, "Universe, Life, Consciousness."
16. 你可能會好奇，永恆暴脹和多重宇宙是如何避開霍金的定理，也就是過去一定存在過奇異點。實際上它並沒有完全做到這一點，正如古斯、維倫金和博爾德（Arvind Borde）所展示的那樣。永恆暴脹理論僅將奇點推到更遙遠的過去，但對於它是否真的可以永恆，仍存在質疑。

第五章：迷失在多重宇宙中

1. 反質子是質子的反粒子。它的電荷為-1，與質子的+1電荷相反。狄拉克於他一九三三年的諾貝爾獎演講中，基於以名字為名的方程式預測到反質子的存在。一九五五年，反質子首次在柏克萊大學的貝伐特朗加速器中經實驗被發現。如今，在宇宙射線中經常可以檢測到反質子。
2. 其原因在於希格斯玻色子也應該與更重、尚未發現的粒子發生混合。這種混合應該會增加它的質量，以及其他所有東西的質量。然而，實際情況並非如此，這是粒子物理學中所謂的階層問題：質量和能量相對較低、位於標準模型中的基本粒子、和自然界中遠高於此的能量尺度，以及最高到物理學家認為微觀量子引力效應會變得重要的普朗克尺度之間，存在著清晰的層次結構。理論家推測，一種稱為超對稱性的外來對稱性可能是希格斯玻色子保持輕質量的原因。超對稱性表示，每個物質粒子都有一個交換粒子伙伴，所以它實際上將基本粒子的種類增加一倍。現在，這種超對稱性的加倍使得對希格斯質量的各種貢獻將完美抵消，從而保持它的輕質量。然而，大型強子對撞機在尋找超對稱性預測的伙伴粒子上卻一無所獲，這使某些人懷疑它們的存在。

3. 引用自他在斯科特獎的演講。實際上，狄拉克有一個具體的提案。他注意到自然界中的三個不同的常數組合都合成出大約相同的極大數字，10^{39}。他認為這不可能是巧合，並推測存在一個更深層的法則讓這些數量有所關聯。狄拉克提案的激進之處在於，他將宇宙目前的年齡作為他所考慮的某些組合中的「常數」之一。當然，宇宙的年齡隨時間而變化，因此將基本意義賦予這些數字巧合的同時，他也迫使自然界的一個傳統常數會隨著時間的推移而變化。狄拉克犧牲了最古老的「常數」，牛頓的引力常數 G，它必須與宇宙的年齡成反比，才能使他的算術成立。後來這提案被證明是錯誤的：在一個引力隨著時間減弱的宇宙中，在不太遙遠的過去，太陽的能量輸出會更大，使地球上的海洋在前寒武紀時期就沸騰，以至於我們所知的生命不會演化出來。

4. 「多出的空間維度可能與力的統一有關」這想法可以追溯到一九二〇年代德國數學家卡魯查（Theodor Kaluza）和瑞典物理學家克萊因（Oscar Klein）的研究。卡魯查發現，應用在一個時間維度和四個空間維度宇宙的愛因斯坦方程式，不僅描述了熟悉的四維時空中的引力，還描述了馬克斯威的電磁學方程式。在卡魯查的研究安排中，電磁力會從穿過第四個空間維度的波紋中浮現出來。克萊因隨後建議，如果這個額外的維度非常小，那麼它可能完全隱藏於我們的感官之外。綜合來看，卡魯查和克萊因的方案是額外維度的統一力量的早期例子。

5. Leonard Susskind, "The Anthropic Landscape of String Theory," in *Universe or Multiverse?*, ed. B. Carr (Cambridge: Cambridge University Press, 2007), 247–66.

6. 此外，宇宙常數的負值也不能過大，因為這會導致額外的引力使（島）宇宙在銀河形成前再次塌縮成大擠壓。

7. 其原因是，如果在暴脹後（島）宇宙以更大的原始密度變化出現，那麼大尺度結構的成長過程可以更好抵抗宇宙常數的向外推力。這擴大能讓銀河存在的 λ 值的範圍，可以涵蓋到數個量級。

8. 例如，考慮在宇宙景觀中兩種同樣宜居但由不同粒子構成暗物質的島宇宙（其暗物質的總量相同）。想像在一個宇宙中，弦論中的額外捲曲維度產生非常重的暗物質粒子，這些粒子無法在地球上的粒子加速器中產生，而另一個宇宙有一種輕的暗物質粒子，應該可以用大型強子對撞機的後繼機型檢測到。當我們啟動下一座粒子對撞機時，我們應該期望會發現一個暗物質粒子嗎？這個完全是實驗粒子物理學家（更不用說支持物理研究的政府和大眾）想要找出答案的那種問題。顯然，人擇原理無法提供幫助；從人擇觀點來看，這兩種類型的島宇宙都同樣宜居。相反地，需要有一種先驗理論，不依賴於人類隨機選擇的行為，並就這兩種類型的島宇宙的相對可能性進行權衡。我們將在下一章回到這個問題，我將提出理由說明，適當的宇宙學量子觀點所提供的正是這種理論。

9. 關於對宇宙學隨機選擇具說服力的批評，請參閱哈妥和馬斯雷德尼基的文章 "Are We Typical?," *Physical Review* D 75 (2007): 123523.

10. 某些創造出宇宙學的科學家也意識到，當在考慮一個獨特的系統時，先驗機率或典型性的概念幫助不大。勒梅特在思考宇宙的量子起源時說：「原子的分裂可以有很多種方式。但真正發生的那種卻不太可能發生。」狄拉克在寫給伽莫夫的一封信中提出了類似的觀點，伽莫夫曾批評過狄拉克用來解釋太陽系形成的時間變化引力理論，理由是它提出一種不太可能發生的太陽歷史。狄拉克反駁說，他同意在他的理論中，太陽的發展軌跡是不可能的，但這種不可能性並不重要。「如果我們考慮所有擁有行星的恆星，只有很小一部分恆星會經過合適密度的雲層……然而，只要有一個存在就足以符合事實。所以假設我們的太陽有一個非常不尋常且不可能的歷史並無不妥。」

11. 私人談話。

第六章：沒有問題？沒有歷史！

1. 本章第一部分的討論重點已經以印刷形式出現在 S. W. Hawking and Thomas Hertog, "Populating the Landscape: A Top-Down Approach," *Physical Review* D 73 (2006): 123527, 和 S. W. Hawking, "Cosmology from the Top Down," *Universe or Multiverse?*, ed. Bernard Carr (Cambridge: Cambridge University Press, 2007), 91–99. S 也可參閱 Amanda Gefter's report "Mr. Hawking's Flexiverse," *New Scientist* 189, no. 2548 (April 22, 2006): 28.

2. 哥白尼提出的日心模型，是基於數學簡潔性，而不是要更符合天文觀測結果。哥白尼太陽系模型的最初版本假設行星軌道為圓形，並且對太陽和行星的視運動做出了幾乎與托勒密地心模型相同的預測。一六〇九年，克卜勒在他的《新天文學》（*Astronomia Nova*）中提出，行星不是沿圓形運行而是沿橢圓運行的觀點，這大幅偏離了數千年以來的思維，試圖將新的哥白尼理論與布拉赫（Tycho Brahe）的改進後的天文數據達成一致，布拉赫是克卜勒在布拉格的前輩。但即使是克卜勒對日心模型的改進，也可以通過在托勒密系統中增加更多的本輪來模仿。第一個認為日心說比古老托勒密系統正確的觀測結果，來自於伽利略的望遠鏡觀測。伽利略看到金星像月亮一樣具有相位，這是任何托勒密理論都無法解釋的。

3. 至於哥白尼本人，若要說他是一名革命者，那他是一名很不情願的革命者。他的《天體運行論》於一五四三年、也就是他去世前不久才交付給印刷商，且一開始造成衝擊非常小。此外，為了安慰讀者，哥白尼指出，在他的日心模型中，地球「幾乎」在中心，他寫道：「儘管地球不在世界的中心，但與固定恆星相比，其與中心的距離可說微不足道。」

4. 本書使用這個詞彙的脈絡，非常不同於 Thomas Nagel, *The View from Nowhere* (Oxford: Clarendon Press, 1986).

5. Sheldon Glashow, "The Death of Science!?" in *The End of Science? Attack and Defense*, Richard J. Elvee, ed., (Lanham, Md.: University Press of America, 1992).

6. Hannah Arendt, *The Human Condition* (Chicago: University of Chicago Press, 1958).

7. 大約同一時期，史蒂芬在公開場合發表類似的聲明，那是在英國劍橋二〇〇二年的弦論研討會上，發表名為〈哥德爾與物理學的終結〉（"Gödel and the End of Physics"）的演講。

8. 事實上，索爾維會議至今仍然存在，並繼續獲得索爾維家族的慷慨支持。

9. Otto Stern, 節錄自 Abraham Pais, "*Subtle Is the Lord—*": *The Science and the Life of Albert Einstein* (Oxford: Oxford University Press, 1982).

10. Albert Einstein, "Autobiographical Notes," in *Albert Einstein, Philosopher-Scientist*, ed. Paul Arthur Schilpp (Evanston, Ill.: Library of Living Philosophers, 1949).

11. Einstein, letter to Max Born, December 4, 1926, in *The Born-Einstein Letters*, A. Einstein, M. Born, and H. Born, (New York: Macmillan, 1971), 90.

12. 節錄自 J.W.N. Sullivan, *The Limitations of Science* (New York: New American Library, 1949), 141.
13. Hugh Everett III, "The Many-Worlds Interpretation of Quantum Mechanics" (PhD diss., Princeton University, 1957).
14. Bruno de Finetti, *Theory of Probability*, vol. 1 (New York: John Wiley and Sons, 1974).
15. John A. Wheeler, "Assessment of Everett's 'Relative State' Formulation of Quantum Theory," *Reviews of Modern Physics* 29, no. 3 (1957): 463–65.
16. John A. Wheeler, "Genesis and Observership," in *Foundational Problems in the Special Sciences*, eds. Robert E. Butts and Jaakkob Hintikka (Dordrecht; Boston: D. Reidel, 1977).
17. John A. Wheeler, "Frontiers of Time," in *Problems in the Foundations of Physics, Proceedings of the International School of Physics "Enrico Fermi*," ed. G. Toraldo di Francia (Amsterdam; New York: North-Holland Pub. Co., 1979), 1–222.
18. Wheeler, "Frontiers of Time."
19. 我將我們的論文——S. W . Hawking and Thomas Hertog, "Populating the Landscape: A Top-Down Approach" in *Physical Review* D 73 (2006): 123527——視為由上而下宇宙學發展第一階段的結束。我們首次在出版物中使用「由上而下宇宙學」這個術語是在 S. W. Hawking and Thomas Hertog, "Why Does Inflation Start at the Top of the Hill?" *Physical Review* D 66 (2002): 123509，但這離我們對這觀點有任何一種連貫的執行方式還很久。
20. 由上而下宇宙學在這一點上與狄拉克的觀點相呼應。請參見第五章的備註10，我們很快會看到，這也與勒梅特的觀點相關。
21. James B. Hartle, S. W. Hawking, and Thomas Hertog, "The No-Boundary Measure of the Universe," *Physical Review Letters* 100, no. 20 (2008): 201301.
22. 奇怪的是，達爾文似乎不願討論生命的起源。一八六三年，他在給朋友胡克（Joseph Hooker）的信中表示，思考生命的起源「只是無聊的思考」，並認為「可能也有人會思考物質的起源」。當然，今天我們確實在做這件事。
23. 由上而下宇宙學避開像多重宇宙一樣因悖論而失去預測力的狀況，因為這個理論的量子根源，預測了不同波碎片的相對機率。當量子宇宙學家說宇宙的兩個性質相關，他們的意思是，在宇宙演化中有很高的機率這兩種性質的波碎片都會湧現。我們在〈永恆暴脹中的局部觀測〉（"Local Observations in Eternal Inflation"）一文中詳細闡述自上而下的預測，該文發表於：James B. Harle, S. W. Hawking, and Thomas Hertog, *Physical Review Letters* 106 (2021): 141302。我記得當時史蒂芬對這期刊要我們改論文標題一事非常生氣。他非常喜歡我們當初提交稿件的標題「沒有形而上的永恆暴脹」（"Eternal Inflation without Metaphysics"），這標題反映史蒂芬日益堅定的信念，即永恆暴脹的多重宇宙，在合適的量子視角下不會存活。

24. 在艾弗雷特量子力學的進一步發展方面做出重要貢獻的物理學家包括格里菲斯（Robert Griffiths）和奧姆涅斯（Roland Omnès），以及約斯（Erich Jos）、策（Dieter Zeh）和祖瑞克（Wojciech Zurek）。

25. 去相干歷史量子力學區分出一個系統的精細版歷史和粗略版歷史。精細版歷史描述一個系統的所有可能路徑——無論是單個粒子、生物體還是整個宇宙——進行相當精緻的密切追蹤。然而，像這樣大量的細節也代表精細歷史彼此之間不會去相干，因此若只單獨來看幾乎沒有意義。這就是粗略版歷史發揮作用的地方。粗略版歷史是將精細版歷史捆綁在一起形成單一的（粗略）歷史。它忽略系統演化的細節之多，足以讓粗略版歷史彼此之間去相干，從而能獨立擁有，像是，具有意義的機率。但哪些是應該捆綁在一起的精細版歷史呢？換句話說，應該保留哪些粗略版的歷史集合？這取決於人們想要描述或預測的系統特徵。換句話說，粗略程度與人們對系統提出的問題密切相關。這就是去相干歷史量子力學在其框架中整合觀測行為的方式。

26. Lemaître, "Primaeval Atom Hypothesis."

27. Charles W. Misner, Kip S. Thorne, and Wojciech H. Zurek, "John Wheeler, Relativity, and Quantum Information," *Physics Today* (April 2009): 40–50.

第七章：沒有時間的時間

1. 〈美麗新膜界〉始於一九九九年春季，當史蒂芬從美國返回劍橋。他進入我們的辦公室，宣布有一篇論文要寫，並且改編莎士比亞《暴風雨》（*The Tempest*）中的米蘭達的話，稱其為〈美麗新膜界〉，讓我們一時不明白這篇論文到底應該講什麼。當時的一個關鍵問題是，帶有不可見的第四空間維度的膜狀宇宙是否可以從某種大霹靂起源中出現。我們在二〇〇〇年發表於《物理評論》（*Physical Review* D 62 [2000] 043501）的論文〈美麗新膜界〉最終展示出，在史蒂芬的無邊界宇宙起源提案中，這樣的膜宇宙可以經歷量子創造過程後，從虛無中誕生。此外，我們發現到垂直於膜的額外維度，雖然我們無法直接觀測到它，但也可能在膜內的宇宙微波背景波動中留下微妙的痕跡，並為某一天我們可能能夠間接測試自己是否生活在膜宇宙中提供希望。

2. 史蒂芬的書籍確實經常包含了他的最新研究成果。他一九八三年的無邊界理論是《時間簡史》的亮點，而我們由上而下思想的最初版本出現在二〇一〇年的《大設計》中。〈美麗新膜界〉啟發了《胡桃裡的宇宙》的最後一章，史蒂芬將膜狀宇宙的誕生比作在沸水中形成汽泡。像這種穿梭在研究和科普著作之間的方式，對他的學術實踐至關重要，我相信，這反映出他的一個堅定信念，即科學，包括新的前沿洞察，如果要改變世界，應成為我們文化的一部分。上述種種也代表，當史蒂芬在他去世前不久，告訴我是時候寫一本新書——這本書時，我一點也不感到驚訝。

3. S. W. Hawking and Thomas Hertog, "A Smooth Exit from Eternal Inflation?" *Journal of High Energy Physics* 4 (2018): 147.

4. S. W. Hawking, "Breakdown of Predictability in Gravitational Collapse," *Physical Review* D 14 (1976): 2460.

5. 當然，人們可能會認為霍金的半古典方法不適合分析資訊是如何從蒸發黑洞中逃逸的。畢竟，黑洞擁有奇點，而在那裡半古典理論失去作用。然而，亞伯達大學的佩奇澄清，資訊之謎並不是關於黑洞生命結束時（奇點在那時肯定會起作用）所發生的事情，而是關於通往那當下的漫長道路。佩奇進行了自己的思想實驗，研究了黑洞內部與外部霍金輻射之間的量子糾纏總量。這是由一個稱為糾纏熵的量子版本熵來捕捉的，由數學家馮紐曼提出，用來衡量量子系統的精確波函數的資訊缺乏程度。在蒸發過程開始時，糾纏熵顯然是零，因為黑洞還沒有發射任何與之糾纏的輻射。隨著霍金輻射緩緩流出，由於散發出的粒子與視界後面的伙伴粒子糾纏在一起，黑洞與輻射之間的糾纏熵增長。佩奇推理說，如果資訊要被保存，最好在某個時刻逆轉這種趨勢，這樣當黑洞不再存在時，糾纏熵會再次歸零。他得出結論，隨著時間的推移，糾纏熵應該呈現一條倒V形的曲線，轉折點大約在蒸發過程的中途。由於那時黑洞仍然很大，史蒂芬的半古典框架應該還適用，因為在大黑洞視界附近相對低曲率的環境中，它不應該失效。然而，在霍金的半古典計算中，沒有任何東西可以使糾纏熵的曲線向下彎曲。根據霍金的說法，糾纏熵只會不斷上升。這種上升的行為便加劇悖論。想像出的量子引力效應會在黑洞消失前將所有資訊取出的這種假設瞬間看起來不太可信。佩奇對霍金的思想實驗的改進說明，黑洞資訊問題是半古典引力框架內的一個悖論。佩奇在 *Physical Review Letters* 71 (1993): 1291. 中發表了他的分析〈子系統的平均熵〉（"Average entropy of a subsystem"）

6. S. W . Hawking, "Black Holes Ain't as Black as They Are Painted," The Reith Lectures, BBC, 2015.

7. Edward Witten, "Duality, Spacetime and Quantum Mechanics," *Physics Today* 50, 5, 28 (1997).

8. 馬爾達希納藉由從兩個不同的角度，去考慮緊密堆疊的三維膜集合的性質，得出了他的全像對偶性。這些三維膜被理論家稱為三膜。在前段時間，腦袋清楚的理論家波爾欽斯基意識到，M理論中的這些膜是特殊的軌跡，而構成物質「粒子」的弦的端點會附著在這些膜上。弦可以自由地穿過膜，但不能離開膜。唯一的例外是負責引力的弦，因為這些是沒有端點的封閉迴圈，所以膜不能困住它們。在物理上這代表著，在弦論中，引力必然會從膜中洩漏，並傳播到所有空間維度，而物質可以被限制在膜上。從某個角度來看（從弦在膜中移動的內在角度），馬爾達希納發現三膜堆疊可以被描述為一個存在於三個空間維度中的量子場理論——構成三膜的三個維度。但接下來馬爾達希納從外部角度思考同一個堆疊的三膜，觀察這種堆疊會如何影響其環境。以這種方式觀察堆疊時，馬爾達希納發現到它基本上是一個引力系統。膜具有質量和能量，因此它們會彎曲附近時空。此外，由膜產生的彎曲時空實際上延伸到與膜垂直的另一個方向，形成一個 AdS 空間。而這兩種觀點看起來截然不同。然而，馬爾達希納推論道，既然它們描述的是同一個物理系統，它們最終應該是相同的。也就是說，它們應該相互對偶。因此，馬爾達希納得出了一種全像對偶性，將在 AdS 空間中的引力，和弦論與邊界表面上的量子場理論相關聯。馬爾達希納在《理論和數學物理學進展》（*Advances in Theoretical and Mathematical Physics* 2 [1998], 231-52）的論文〈超對稱場論和超引力的大型N極限〉（"The Large N limit of superconformal field theories and supergravity"）中發表他的驚人分析結果。

9. 關於在全像對偶性的引力側中包括對內部幾何總和的普遍想法，可以追溯到對偶性的早期。當維騰首次提出 AdS 宇宙中的黑洞，有個與位於邊界世界的夸克和膠子熱湯相關的雙重描述時，他也注意到在他的計算中存在著沒有黑洞在其中漂浮的第二個內部幾何。當夸克湯還熱的時候，沒有黑洞的內部處於低位。所以其波函數中的幅度可以忽略不計。但當維騰降低湯的溫度時（某種思想實驗！），他注意到其組成發生了變化，夸克會聚集在一起，形成了緊密結合的複合粒子，如質子或中子。在引力側，這種從熱到冷的轉變則對應到沒有黑洞的內部會出現黑洞來宰制內部幾何。因此，通過改變邊界表面粒子湯的溫度，內部空間會出現某種幾何——這是費曼時空疊加的生動例子。維騰在〈反德西特空間、熱相變和規範場論中的限制〉（"Anti-de Sitter space, thermal phase transition, and confinement in gauge theories" in *Advances in Theoretical and Mathematical* Physics 2 (1998), 253.）一文中發表他的分析。

10. S. W. Hawking, "Information Loss in Black Holes," *Physical Review* D 72 (2005): 084013.
11. Geoffrey Penington, "Entanglement Wedge Reconstruction and the Information Paradox," *Journal of High-Energy Physics* 09 (2020) 002; Geoff Penington, Stephen H. Shenker, Douglas Stanford, "Replica wormholes and the black hole interior," *JHEP* 03 (2022) 205; Ahmed Almheiri, Netta Engelhardt, Donald Marolf, Henry Maxfield, The entropy of bulk quantum fields and the entanglement wedge of an evaporating black hole," *JHEP* 12 (2019) 063.
12. 圖來自 John Archibald Wheeler, "Geons," *Physical Review* 97 (1955):511–36.
13. 多年來，許多理論家對於像德西特空間這樣擴張宇宙的全像對偶性的發展做出貢獻，這是一項持續至今的集體研究。最早關於dS－QFT對偶性的思考發表於二〇〇〇年代初期，包括斯特羅明格（Andrew Strominger）的研究，以及巴拉蘇布拉馬尼安（Vijay Balasubramanian）、德博爾（Jan de Boer）和米尼奇（Djordje Minic）的著作。關於這種對偶性下的普遍波函數觀點，是由下列研究論文所開創的："Non-Gaussian features of primordial fluctuations in single field inflationary models" by Maldacena [*Journal of High-Energy Physics* 05 (2003): 013], in "Holographic No-Boundary Measure" by Hartle and Hertog [*Journal of High-Energy Physics* 05 (2012): 095], and in "Wave function of Vasiliev's universe: A few slices thereof " by Dionysios Anninos, Frederik Denef and Daniel Harlow [*Physical Review* D 88 (2013) 084049].
14. Georges Lemaître, "The Beginning of the World from the Point of View of Quantum Theory."
15. John Archibald Wheeler, "Information, Physics, Quantum: The Search for Links," in *Proceedings of the 3rd International Symposium on Foundations of Quantum Mechanics*, ed. Shun'ichi Kobayashi (Tokyo: Physical Society of Japan, 1990), 354–58.
16. 在描述宇宙起源的碗狀幾何底部，無邊界波函數會趨於零。這是哈妥和霍金首次提出這個理論時的定義性特徵之一。全像理論為這一特徵提供一種資訊理論的解釋。
17. S. W . Hawking, "The Origin of the Universe," in *Proceedings of the Plenary Session, 25–29 November 2016*, eds. W. Arber, J. von Braun, and M. Sánchez Sorondo, (Vatican City, 2020), Acta 24.

第八章：在宇宙中的家

1. 鄂蘭的文章與她的著作《人的條件》序言和書的後半部相呼應。這篇文章在《過去與未來之間：政治思考的八場習練》（*Between Past and Future: Eight Exercises on Political Thought*）第二版中，也以略經編輯的形式重新發表。
2. 鄂蘭推論，人類一方面是世俗的，生於世間，面對著命運和運氣以及他無法控制的因素。另一方面，人是名創造者，能在一定程度上重塑世界。在鄂蘭的思考中，人類的自由種子就位於這兩股相互競爭力量的匯合處。
3. Werner Heisenberg, *The Physicist's Conception of Nature*, 1st American ed. (New York: Harcourt, Brace, 1958).
4. 從他們有關這個主題的著作中，很難推斷出像狄拉克或勒梅特這樣的先驅，是否已經預見到宇宙起源也是某種認識論的極限。然而，在這份書稿完成後不久，佛拉蒙廣播電視公司在其檔案中發現了一段遺失已久、一九六四年勒梅特接受韋哈赫（Jerome Verhaeghe）採訪的錄音，在之中他反思他於一九三一年提出的原始原子假設，並正是在這一點上進行詳細闡述。勒梅特非常清楚地提出一個想法，即他所設想的「原子」不僅僅代表時間的開始，而是一個更深刻的起源，這是無法以思想觸及的「在物理學出現之前，一個不可及的開端」。
5. 藉由應用運算演算法，我們可以壓縮資訊並將它們儲存在更短的資訊中。舉例來說，行星的軌道。人們可以利用指出所有行星在一系列時間點的位置和動量來描述這些軌道，但這條資訊可以壓縮為在某一時間點上的位置和動量的陳述，並結合牛頓的運動方程式。此外，許多不同的引力系統的數據，也可以壓縮到涉及相同運動方程式的訊息中。這就是賦予牛頓方程式普通定律（像是種特性）的方式。
6. 在量子宇宙學的偉大框架中，演化層次之間的區分並非根本上的，而是因為我們聚焦在宇宙波函數中不同種類的分支。更高層次的演化涉及的問題不僅取決於波函數，還取決於通往該層次分支過程的具體結果。例如，為了研究四十億年前地球上的生物起源，人們會對宇宙波函數提出化學問題。因此，人們聚焦於與那個層次相關的分支。為此除了波函數模型本身之外，還必須提供宇宙、天文物理和早期地質演化的低層次結果。
7. S. W . Hawking, "Gödel and the End of Physics."
8. Robbert Dijkgraaf, "Contemplating the End of Physics," *Quanta Magazine* (November 2020).
9. 為了支持一定程度的樂觀主義，過往就必須有特別不可能發生的演化步驟存在。而恆星形成的速率，和繞著其他恆星運行的系外行星豐富程度指出，物理條件很可能不會成為主要瓶頸。這再次顯示了物理定律的利於生命特性。但與生物演化相關的一些步驟仍然極具不確定性。演化生物學家已經確認出大約七個困難的試誤步驟，而這些步驟是通往不斷生生不息生命的主要瓶頸的合理選項。其中包括生命起源、複雜真核細胞的形成、有性生殖、多細胞生命以及智慧的出現。在接下來的十年左右，我們將進一步瞭解其中一些轉變的可能性，這得益於前往火星的任務和對系外行星大氣的觀察。如果科學家在火星上發現多細胞生命（前提是它是獨立演化而成），或者在系外行星大氣的化學成分中發現原始生命的跡象，而這些發現將排除掉一些在我們過往的演化步驟中，導致轉變不可能發生的候選選項，並進一步強化費米悖論。

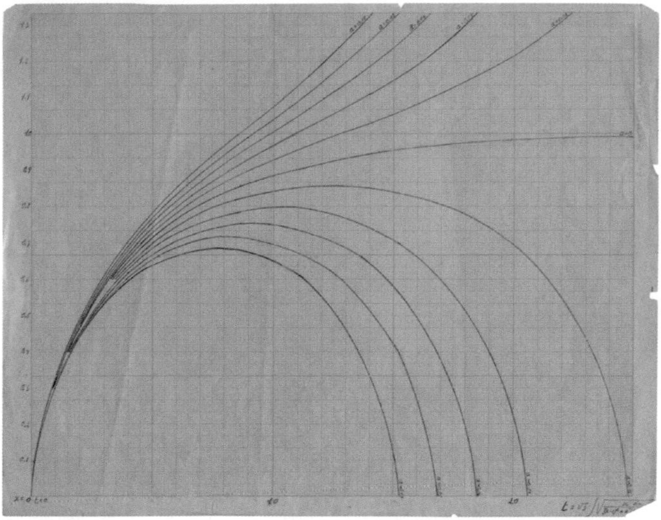

彩圖 1　勒梅特大約在一九三〇年製作出這幅展示宇宙演化的代表性圖表。在左下角，他寫道「t = 0」，這是後來被稱為大霹靂的第一個時刻。

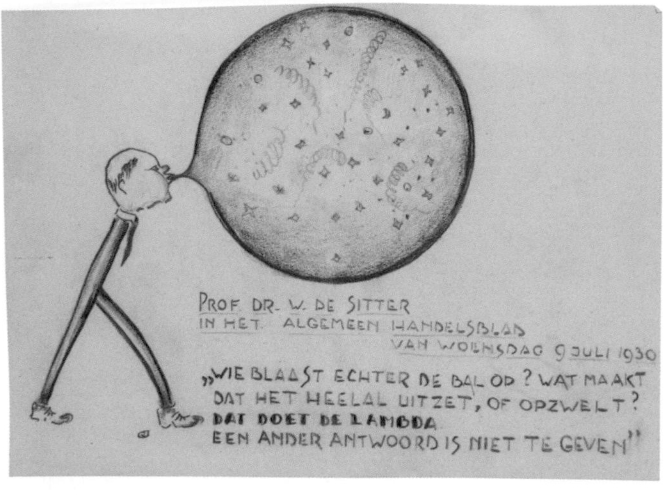

彩圖 2　「是誰吹起了氣球？是什麼導致了宇宙的擴張？」這幅漫畫，以希臘字母 λ（代表愛因斯坦的宇宙常數 λ）的形狀，描繪荷蘭天文學家德西特（Willem de Sitter）像吹氣球一樣把宇宙吹大。

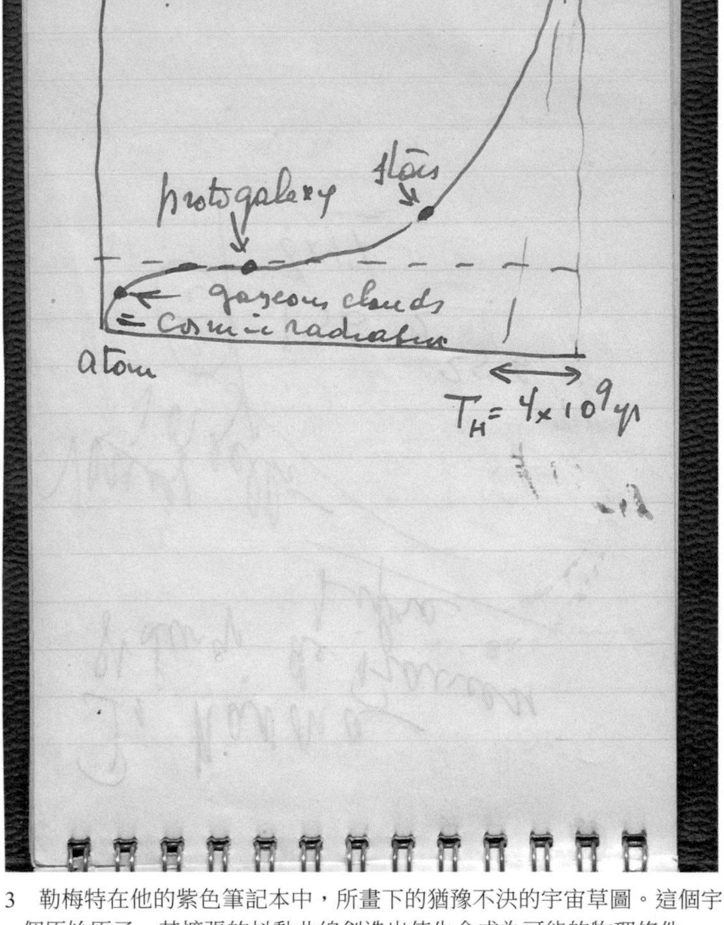

彩圖 3　勒梅特在他的紫色筆記本中，所畫下的猶豫不決的宇宙草圖。這個宇宙起源於一個原始原子，其擴張的抖動曲線創造出使生命成為可能的物理條件。

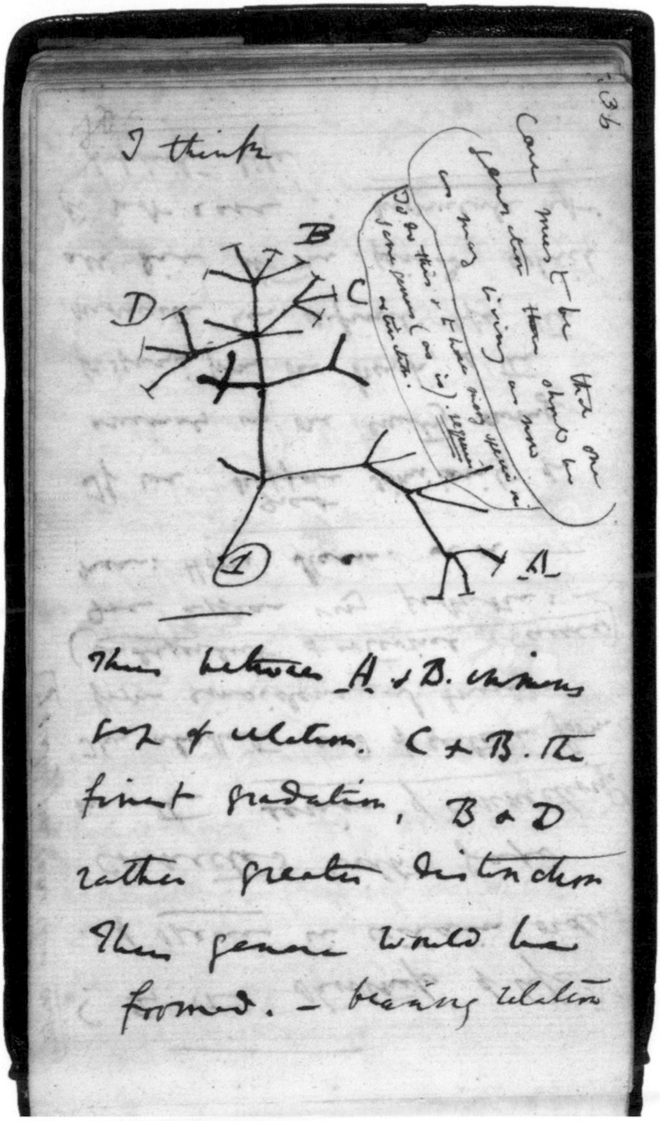

彩圖 4　達爾文在他的紅色筆記本 B 中，畫下最初的生命之樹草圖，展示出同個屬的相關物種可能起源於一個共同祖先。

LEMAITRE FOLLOWS TWO PATHS TO TRUTH

The Famous Physicist, Who Is Also a Priest, Tells Why He Finds No Conflict Between Science and Religion

By DUNCAN AIKMAN

PASADENA.

"THERE is no conflict between religion and science," the Abbé Lemaitre has been telling audiences over and over again in this country and then proving it by explaining the aims of both. His view is interesting and important not because he is a Catholic priest, not because he is one of the leading mathematical physicists of our time, but because he is both. Here is a man who believes firmly in the Bible as a revelation from on high, but who develops a theory of the universe without the slightest regard for the teachings of revealed religion on genesis. And there is no conflict!

Such an attitude would have been preposterous to a Victorian physicist. Either you accept the whole Book of Genesis and therefore shut yourself out of the world of science, or you accept science and repudiate the prophets as expositors of the manner in which the universe began. Today the physicist is meeker. Behind his formulas there is something that is still veiled. He is half mystic and ready to admit that the universe may reveal itself in other ways than in mathematical equations or the bands and lines of a spectograph. The abbé, therefore, follows the trend of modern thinking and derives from it more than ordinary satisfaction because he happens to be trained in theology as well as in mathematical physics.

Lemaitre, like Eddington, finds that science and religion supplement each other. Science can never study the universe as a whole. It selects a small portion, as much as it can handle, and then makes deductions. To a cosmologist the earth and Mars are only planets wheeling around the sun. Are they inhabited? Are they washed by air and water? Why were they created? Is there purpose in the universe? Science is indifferent to such questions, but not religion.

The questions are just as legitimate as those that are asked by the physicist when he wonders what may be the meaning of a shift to the red in the spectra of distant nebulae. To search thoroughly for the truth involves a searching of souls as well as of spectra. And it is religion that satisfies the soul-searching instinct, according to Lemaitre. In fact, he goes so far as to recommend a course in theology to him a way of looking at the Bible to physicists and biologists who see in the Book of Genesis only an interesting piece of ancient folklore.

* * *

LEMAITRE believes that if discussions could be carried on in a friendly, objective way, the church and the laboratory would find themselves closer together than they believe they are. Listen to him as he sits in a student's bare room in the atheneum of the California Institute of Technology, a stoutish young man of 38 who wears horn-rimmed glasses and the expected Roman collar of a secular Catholic priest.

"This conflict," he begins with a smile and a French inflection in his otherwise perfect English, "where is it? Here we have this wonderful, this incessantly interesting and exciting universe. When we try to learn more about it, learn how it began and how it is put together, to find what it is all about, as you say in America, what are we doing? Only seeking the truth. And is not truth-seeking a service to God? Certainly everything in the Bible and in all authoritative Christian doctrine teaches that it is. Has any logical religious thinker of any faith ever denied it?

"Do you know where the heart of the misunderstanding lies?" he asks. "It is really a joke on the scientists. They are a literal-minded lot. Hundreds of professional and amateur scientists actually believe the Bible pretends to teach science. This is a good deal like assuming that there must be authentic religious dogma in the binomial theorem. Nevertheless a lot of otherwise intelligent and well-educated men do go on believing or at least acting on such a belief. When they find the Bible's scientific references wrong, as they often are, they repudiate it utterly. Should a priest reject relativity because it contains no authoritative exposition of the doctrine of the Trinity?"

If the Bible does not teach science, among other things, what does it teach? you ask.

"The way to salvation," comes the reply. "Once you realize that the Bible does not purport to be a textbook of science, the old controversy between religion and science vanishes."

"But the Bible says that creation was accomplished in six days," you protest. "Isn't that a direct, literal statement?"

"What of it?" retorts the abbé. "There is no reason to abandon the Bible because we now believe that it took perhaps ten thousand million years to create what we think is the universe. Genesis is simply trying to teach us that one day in seven should be devoted to rest, worship and reverence—all necessary to salvation."

"And that story about Jonah and the big fish?"

"I admit that a whale cannot swallow a man and that a whale could not survive the swallowing of a man whole. But what of it? The real lesson is that by faith and righteousness a good man may attain security and salvation whatever his perils may be."

Like Eddington, the abbé believes that some things are imparted to us by revelation. There is no reasoning about the process. There is a lifting of a veil. The means of expressing what is revealed are often faulty, but the truth is there for all that.

So strongly is Lemaitre of this opinion that he is willing to attribute to the prophets all the powers with which they are credited in the Bible.

"If scientific knowledge were necessary to salvation," he says, "it would have been revealed to the writers of the Scriptures and they would have set it down in their verses. For instance, the doctrine of the Trinity is much more abstruse than anything in relativity or quantum mechanics. But, being necessary to salvation, the doctrine is stated in the Bible. If the theory of relativity had also been necessary to salvation it would have been revealed to St. Paul or Moses. Even though handicapped by the lack of a terminology and the necessary equations, all the result of an evolution that has been going on for centuries, either would have made some stumbling effort to expound it.

"As a matter of fact neither St. Paul nor Moses had the slightest idea of relativity. The writers of the Bible were illuminated more or less—some more than others—on the question of salvation. On other questions they were as wise or as ignorant as their generation. Hence it is utterly unimportant that errors of historic and scientific fact should be found in the Bible, especially if errors relate to events that were not directly observed by those who wrote about them. The idea that because they were right in their doctrine of immortality and salvation they must also be right on all other subjects is simply the fallacy of people who have an incomplete understanding of why the Bible was given to us at all."

Lemaitre tells of a classroom scene in which he figured. An old father was expounding at the desk. Before him sat the lad who was to discover the expanding universe and who, even then, was brimful of science. In his eagerness the lad read into a passage of Genesis an anticipation of modern science.

"I pointed it out," says Lemaitre, "but the old Father was skeptical. 'If there is a coincidence,' he decided, 'it is of no importance. Also if you should prove to me that it exists I would consider it unfortunate. It will merely encourage more thoughtless people to imagine that the Bible teaches infallible science, whereas the most we can say is that occasionally one of the prophets made a correct scientific guess.' "

* * *

THERE is, the abbé admits, a varying sense of conflict between science and religion in the different branches of science. "The biologists seem to have peculiar difficulties," he reasons. "There is every reason for this. They have only recently discovered a few guiding laws and principles. Hence, in the past their studies have been confusing rather than enlightening. In a way their subject-matter has been gross.

"But give the biologist more laws like those of the Abbé Mendel and a new spirit is bound to awaken. The sense that this is a morally ordered universe will be inculcated. As soon as any science passes the mere stage of description it becomes a true science. Also it becomes more religious. The mathematicians, the astronomers and the physicists, for example, have been very religious men, with a few exceptions. The deeper they penetrated into the mystery of the universe the deeper was their conviction that the power behind the stars and behind the electrons of atoms is one of law and goodness."

The real cause of conflict between science and religion is to be found in men and not in the Bible or the findings of physicists. "When men were told that they had the right to interpret the Bible's teachings according to their own lights," he holds, "naturally some were bound to decide that its science was infallible and others that it did not agree with modern instrumental measurements and was proof of opposite doctrines. The conflict has always been between those who fail to understand the true scope of either science or religion. For those who understand both, the conflict is simply about descriptions of what goes on in other people's minds."

* * *

AS a priest Lemaitre bows to the Catholic principle of leaving the interpretation of the Bible to the church. But this is good science, too, in his view. "The church has always been aware that the Bible teaches salvation, not science," he insists again. "Although the church's sense of the separate fields of science and religion has unquestionably developed through the ages, its fundamental recognition of the separate but intrinsically harmonious objects of both science and religion has always spared Catholic scientists much confusion."

"And Galileo?" you hint in the hope of tripping him up.

"Oh, Galileo was mildly disci-

(Continued on Page 18)

Associated Press Photo.

Einstein and Lemaitre—"They Have a Profound Respect and Admiration for Each Other."

彩圖 5　勒梅特遵循兩條途徑尋求真理—— 鄧肯·艾爾曼

這位著名的物理學家，同時也是一名神父，解釋了為何他認為科學與宗教之間並無衝突。

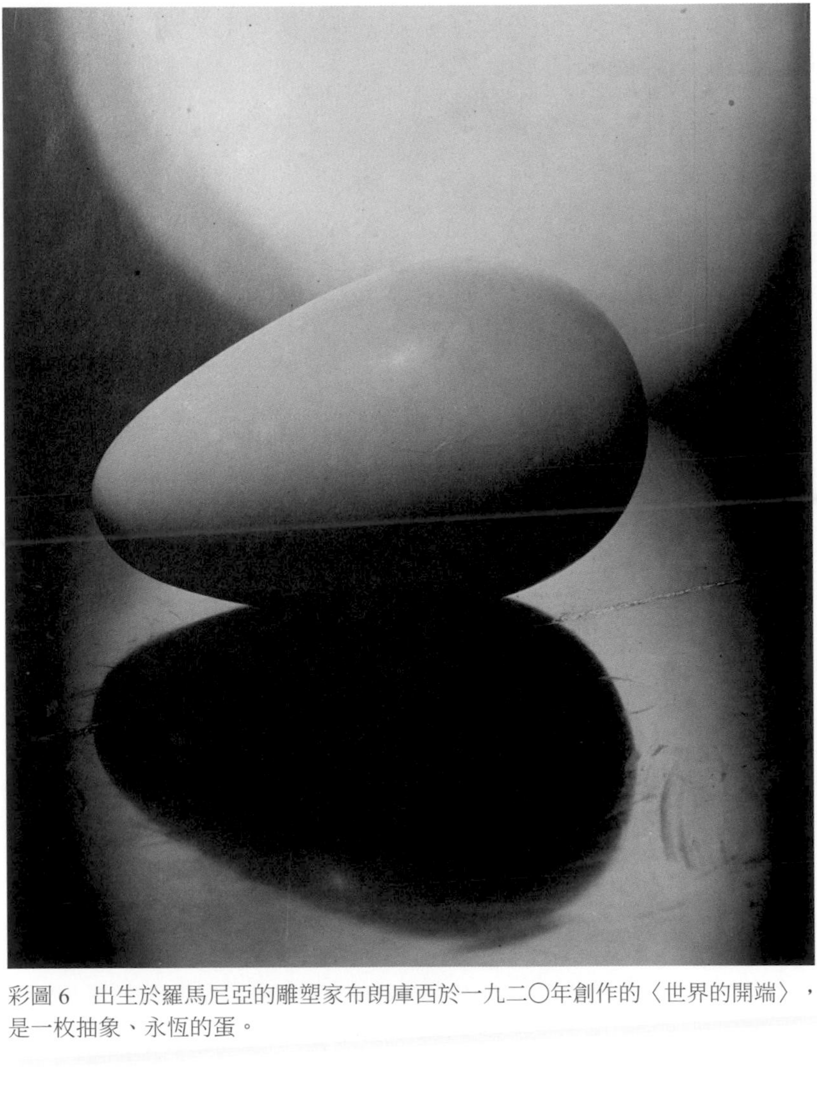

彩圖 6　出生於羅馬尼亞的雕塑家布朗庫西於一九二〇年創作的〈世界的開端〉，是一枚抽象、永恆的蛋。

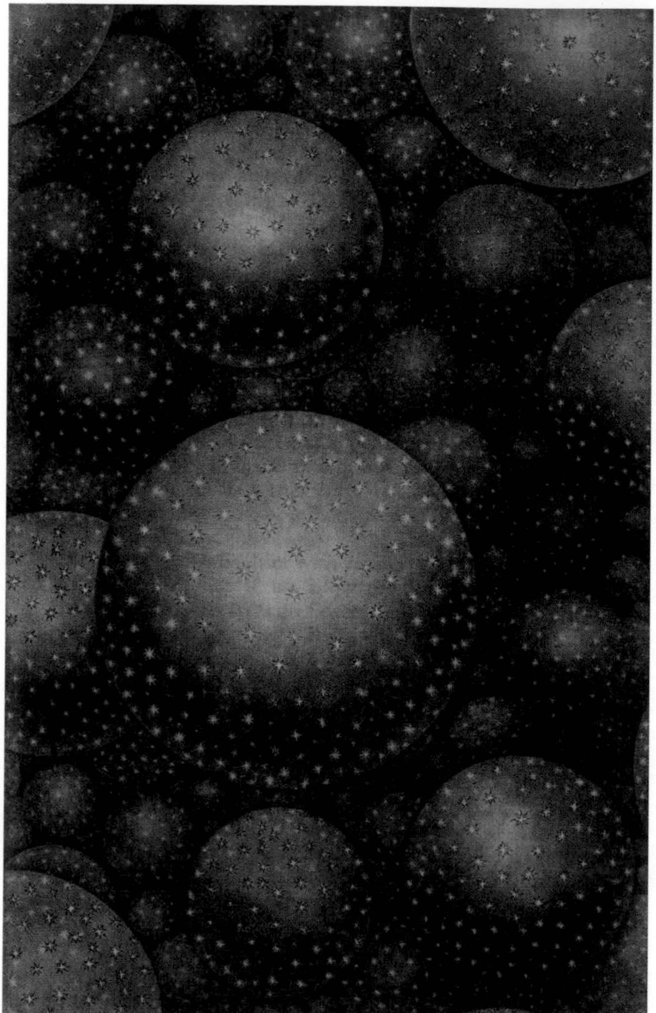

彩圖 7　萊特在一七五〇年出版的《宇宙的原始理論》（*An Original Theory of the Universe*）中想像出一個沒有邊界、充滿星系的宇宙，「創造出一個無窮的浩瀚……與銀河系完全不同」。萊特用島宇宙取代星系，而他的圖像與今日多重宇宙理論的想法相似，在多重宇宙理論中，會有新的島宇宙不斷被創造。而我們的島宇宙應該是哪種類型的？

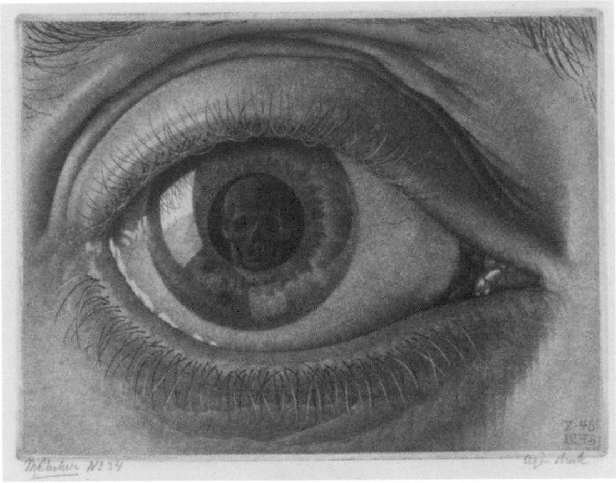

彩圖 8　艾雪（Maurits Escher）的〈眼睛〉（“Eyes”）提醒我們人類的有限性。我們在宇宙內部，向上和向外觀看，而不是在外部懸浮。

彩圖 9　遺留宇宙微波背景（CMB）從四面八方抵達地球（球體中心）時的溫度。這些遺留的輻射形成一個環繞著我們的球體，提供大霹靂發生後僅三十八萬年時的宇宙快照。這個 CMB 球體也標示出我們的宇宙視界：我們不能看得更遠。

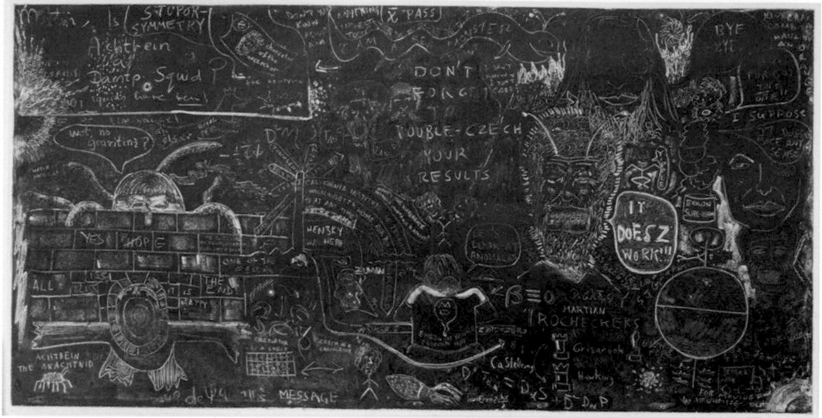

彩圖 10　這塊黑板懸掛在霍金於劍橋大學的辦公室裡。這是他一九八〇年主持超引力會議的紀念品。早期的史蒂芬認為超引力有發展成萬有理論的潛力。

彩圖 11　二〇一二年，史蒂芬七十歲生日前後，在他的劍橋辦公室。背景中的「第二面黑板」展示出作者最初的計算，而這些計算使我們將宇宙視為全像圖。後期的史蒂芬認為，宇宙理論和觀察行為在更深的意義上是緊密相連的。我們創造了宇宙，正如它創造了我們。